普通高等学校电子信息类一流本科专业建设系列教材

数字电子技术

主 编 董 玮
副主编 周敬然 李雪妍 沈 亮

科学出版社

北京

内 容 简 介

本书结合当前数字电子技术的发展，从常用门电路及集成电路芯片着手，对数字电路中常见的典型电路进行详细解析，全面介绍了数字电子技术中所涉及的各方面知识。主要内容包括：数字逻辑基础、逻辑门电路、组合逻辑电路、触发器、时序逻辑电路、脉冲波形的产生和整形电路、半导体存储器与可编程逻辑器件、数模和模数转换器、硬件描述语言 Verilog HDL 等。

本书可作为普通高等院校电子信息类、自动化类、计算机类各专业本科生的教材，也可供相关科研人员和工程技术人员参考。

图书在版编目（CIP）数据

数字电子技术 / 董玮主编. — 北京：科学出版社，2023.12
普通高等学校电子信息类一流本科专业建设系列教材
ISBN 978-7-03-077342-5

Ⅰ. ①数⋯　Ⅱ. ①董⋯　Ⅲ. ①数字电路－电子技术－高等学校－教材
Ⅳ. ①TN79

中国国家版本馆 CIP 数据核字（2023）第 239271 号

责任编辑：潘斯斯 / 责任校对：王　瑞
责任印制：赵　博 / 封面设计：马晓敏

科 学 出 版 社 出版
北京东黄城根北街 16 号
邮政编码：100717
http://www.sciencep.com
北京市金木堂数码科技有限公司印刷
科学出版社发行　各地新华书店经销
*
2023 年 12 月第 一 版　开本：787×1092　1/16
2025 年 7 月第二次印刷　印张：18
字数：420 000

定价：69.00 元
（如有印装质量问题，我社负责调换）

前　　言

世界正处于以信息产业为主导的经济发展时期，几乎所有的先进信息技术都离不开数字电子技术。党的二十大报告指出："推动战略性新兴产业融合集群发展，构建新一代信息技术、人工智能、生物技术、新能源、新材料、高端装备、绿色环保等一批新的增长引擎。"在各行各业中，数字电子技术的应用范围逐渐扩大，数字电子技术已成为信息产业不可或缺的技术支撑。在信息与技术相互融合的数字时代，全面理解数字电子技术不仅是当务之急，更是探索技术前沿的必由之路。本书立足于协助读者夯实理论基础，熟悉专业知识，助力未来专业发展。

本书内容传承了数字电子技术的基础理论，涵盖了数字电子技术的核心要点，从二进制系统、布尔代数，一直到各类逻辑门电路，剖析其工作机理，引导读者准确表达数字信号、灵活设计组合逻辑电路。在此基础上，深入讲解时序逻辑电路，详细探讨触发器的构造原理、脉冲产生和整形以及数模和模数转换等内容。在编写过程中，特别注重组合逻辑电路和时序逻辑电路的分析和设计，涵盖了相应中规模集成电路的使用方法。通过案例分析和实践项目激发读者的学习兴趣，帮助读者更好地理解关键概念、掌握逻辑器件在实际场景中的灵活运用。

在本书的编写过程中，特别关注存储器和可编程逻辑器件的最新进展。存储器作为数字系统的核心组成部分，其重要性愈发凸显。本书不仅解析存储器的工作原理，而且详细地介绍其应用方法，阐述可编程逻辑器件的内部结构和编程方法，使读者了解可编程逻辑器件在数字系统中的应用。

本书第1~3章、第7章的可编程逻辑器件部分、第8章和第9章由董玮和沈亮编写，第4章、第6章和第7章的半导体存储器部分由李雪妍编写，第5章和全部习题由周敬然编写。感谢在书稿校对和排版过程中给予帮助的吴国光老师和王迪、周伟男、丁毓娇、杨张义、侯云飞等同学。

本书力求用简洁的语言解析数字电子技术的基本概念、原理、分析与设计方法，为读者提供实用且易于理解的学习资料。希望本书能引领读者深入探究数字电子技术的基本理论和应用实践。

本书还配有"数字电子技术"课程视频，已经在"学银在线"平台上线，网址为https://www.xueyinonline.com/detail/214560154，请读者自行学习观看。

由于作者水平有限，书中难免存在疏漏之处，恳请读者批评和指正。

编　者

2023 年 9 月

目　　录

第1章 数字逻辑基础

1.1 模拟电路与数字电路

电子电路中的信号可分为模拟信号和数字信号。模拟信号在时间上和幅度上都是连续变化的，如图 1-1-1 所示，处理模拟信号的电子电路为模拟电路；数字信号在时间上和幅度上都是离散变化的，如图 1-1-2 所示，处理数字信号的电子电路为数字电路。

随着计算机技术的不断发展，用数字电路进行信号处理的优势逐渐凸显。数字信号准确可靠，有利于存储、计算和处理。模拟信号可以转化为数字信号，在数字系统中进行分析处理，得到的结果可以再转换为模拟信号进行输出。利用数字信号进行信息处理的优点是可以利用计算机或者专用设备进行程序控制，快速准确地进行数据分析，抗干扰能力强。

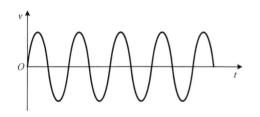

图 1-1-1　模拟信号波形图　　　　　　图 1-1-2　数字信号波形图

1.1.1 模拟电路与数字电路的区别

1. 工作任务不同

模拟电路主要研究输出信号与输入信号之间的大小、相位、失真等方面的关系；数字电路主要研究输出信号与输入信号间的逻辑关系(因果关系)。

2. 基本元件和基本电路不同

模拟电路中的元件主要有三极管、场效应管和集成运算放大器等；数字电路中的主要逻辑单元有逻辑门电路和触发器。基本的模拟电路包含信号放大及运算电路、信号处理电路、信号发生电路等；基本的数字电路包含组合逻辑电路、时序逻辑电路和 A/D、D/A 转换器等。

3. 晶体管的工作状态不同

模拟电路中的三极管主要工作在放大区，场效应管主要工作在恒流区，作为放大元件；数字电路中的三极管主要工作在饱和区或截止区，场效应管主要工作在可变电阻区或截止区，起开关作用。

1.1.2 数字信号的描述方法

数字信号可以用逻辑电平来表示，由于数字信号的幅度是随时间阶跃变化的，因此可以将数字电压用高电平和低电平表示。逻辑电平不是物理量，而是物理量的相对表示。

数字信号可以用数字波形表示，数字波形是逻辑电平对时间的图形表示，图 1-1-2 是数字波形的表示方法，它描述出数字信号的高、低电平随时间变化的情况。

数字信号还可以用二值数字逻辑表示，在二值数字逻辑中，用 0 和 1 表示两种对立的逻辑状态。

1.1.3 描述脉冲的参数

对于一个理想的脉冲，信号是在高电平和低电平之间阶跃变化的，描述理想脉冲信号的参数有脉冲幅值、脉冲周期、脉冲频率、脉冲宽度、占空比，如图 1-1-3 所示。

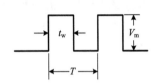

图 1-1-3 理想脉冲信号的波形图

脉冲幅值，用 V_m 表示，是指脉冲的最大变化幅度。

脉冲周期，用 T 表示，是指相邻两个脉冲的时间间隔。

脉冲频率，用 f 表示，是指单位时间内脉冲重复出现的次数，它在数值上等于周期的倒数。

脉冲宽度，用 t_w 表示，是指脉冲高电平持续的时间。

占空比，用 q 表示，是指脉冲宽度与脉冲周期之比，即

$$q = \frac{t_w}{T} 。$$

对于一个实际的脉冲信号，如图 1-1-4 所示，高、低电平的转换需要一定的时间，脉冲的边沿不可能完全陡直，所以脉冲宽度是指脉冲上升沿的 $50\%V_m$ 到下降沿的 $50\%V_m$ 两个时间点所跨越的时间。为了表征脉冲边沿变化的快慢，描述实际脉冲信号的参数除上述 5 个参数以外，还定义了上升时间和下降时间。

上升时间用 t_r 表示，是指脉冲上升沿从 $10\%V_m$ 上升到 $90\%V_m$ 所经历的时间；下降时间用 t_f 表示，是指脉冲下降沿从 $90\%V_m$ 下降到 $10\%V_m$ 所经历的时间。

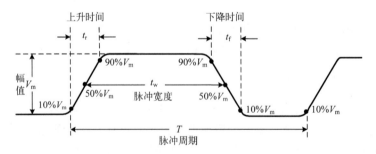

图 1-1-4 实际脉冲信号的波形图

1.1.4 数字电路的发展历程

20 世纪 30 年代末，香农开创性地采用布尔代数分析并优化开关电路，奠定了数字电路的理论基础。自此之后，数字电路迅猛发展，从最初的分立元件构造的电路到如今广泛应用

的超大规模集成电路只经历了几十年的时间。早期的数字电路只能采用分立的半导体器件、电容和电阻等元件连接而成，虽然结构简单，但是存在着体积大、工作速度慢的问题，并且只能手工制造，成本极高。使用这种方法制作大规模数字电路极为困难，可靠性也难以保证。

1961 年，美国德州仪器公司首创在硅片上制造数字电路的各种元器件，称为集成电路（Integrated Circuit，IC）。由于其体积小、重量轻、可靠性好，因而在大多数领域里迅速取代了分立器件组成的数字电路。随着集成电路制作工艺的发展，集成电路的集成度越来越高。

按照集成度的高、低，将集成电路分为小规模集成电路（Small Scale Integration Circuit，SSI）、中规模集成电路（Medium Scale Integration Circuit，MSI）、大规模集成电路（Large Scale Integration Circuit，LSI）、超大规模集成电路（Very Large Scale Integration Circuit，VLSI）。对于数字集成电路，一般认为集成 1～10 个等效门/片或 10～100 个元件/片为小规模集成电路，集成 10～100 个等效门/片或 100～1000 个元件/片为中规模集成电路，集成 100～10000 个等效门/片或 1000～100000 个元件/片为大规模集成电路，集成 10000 个以上的等效门/片或 100000 个以上的元件/片为超大规模集成电路。

根据导电类型不同，集成电路又分为双极型和单极型两大类。

双极型电路中的载流子有电子和空穴两种极性，TTL 门电路是双极型数字集成电路中使用最多的一种。到 20 世纪 80 年代初，采用双极型三极管组成的 TTL 门电路一直是数字集成电路的主流产品。TTL 门电路存在的一个主要缺点是功耗比较大。因此，TTL 门电路适合制作中小规模集成电路。

单极型电路中只有多数载流子参与导电，CMOS 门电路是单极型数字集成电路中使用最多的一种。CMOS 门电路出现于 20 世纪 60 年代后期，它最突出的优点是功耗低，非常适合制作大规模集成电路。随着制作工艺的不断进步，CMOS 门电路能在工作速度和驱动能力等关键指标上与 TTL 门电路相当。因此，CMOS 门电路逐渐取代 TTL 门电路而成为当前数字集成电路的主流产品。

1.2 数   制

数量的大小可以用数码来表示，当需要表示的数量很多时，可以用多位数码。多位数码中每一位的构成方法以及从低位到高位的进位规则称为数制。数制的种类有很多，在生活中比较常见的是十进制，在计算机领域中比较常用的是二进制或者十六进制。数码可以用来比较两个数量的大小，也可以用来进行数量间的运算，如基本的加、减、乘、除运算。在生活中的运算一般是利用十进制完成的，而在数字电路中的运算是以二进制进行的。

1.2.1 几种不同的数制

1. 十进制（Decimal System）

在十进制中，使用 0～9 十个数码进行计数和运算，如果个位数是 9，再加 1，则会向十位进位，个位数变为 0，十位数加 1，这种逢十进一的方式称为十进制。任意一个十进制数 D 都可以写成

$$D = \sum k_i \times 10^i \tag{1-2-1}$$

式中，k_i 为第 i 位的系数；10^i 为第 i 位的权。

例如，

$$123.45 = 1 \times 10^2 + 2 \times 10^1 + 3 \times 10^0 + 4 \times 10^{-1} + 5 \times 10^{-2}$$

该十进制数也可以表示为 $(123.45)_{10}$ 或 $(123.45)_D$。

2. 二进制（Binary System）

在二进制中，使用 0 和 1 两个数码进行计数和运算。二进制的进位规则是逢二进一，任意一个二进制数都可以写成

$$D = \sum k_i \times 2^i \qquad\qquad (1\text{-}2\text{-}2)$$

例如，

$$1011.01 = 1 \times 2^3 + 0 \times 2^2 + 1 \times 2^1 + 1 \times 2^0 + 0 \times 2^{-1} + 1 \times 2^{-2}$$

该二进制也可以表示为 $(1011.01)_2$ 或 $(1011.01)_B$。

数字电路中广泛采用二进制，主要是因为二进制有以下优点。

(1)二进制的每一位用两种状态与之对应即可，如开关的"开"和"关"、电压的"高"和"低"、信号的"有"和"无"。

(2)二进制的数字电路简单可靠、所用元件少。

(3)基本运算规则简单、运算操作简便。

另外，计算机只能识别二进制数，但是二进制数也有缺点，它的位数太长，使用起来不方便。八进制和十六进制是二进制的另一种表达形式，它们之间是一一对应的。因为二进制转换为十进制比较烦琐，而转换为八进制或十六进制十分方便，所以一般把二进制转换为八进制或十六进制。

3. 八进制（Octal System）

在八进制中，使用 0～7 八个数码进行计数和运算。八进制的进位规则是逢八进一，任意一个八进制数都可以写成

$$D = \sum k_i \times 8^i \qquad\qquad (1\text{-}2\text{-}3)$$

例如，

$$3126.7 = 3 \times 8^3 + 1 \times 8^2 + 2 \times 8^1 + 6 \times 8^0 + 7 \times 8^{-1}$$

该八进制数也可以表示为 $(3126.7)_8$ 或 $(3126.7)_O$。

4. 十六进制（Hexadecimal System）

在十六进制中，使用 0～9、A、B、C、D、E、F 来表示数码。其中，字母 A、B、C、D、E、F 分别对应十进制中的 10、11、12、13、14、15。十六进制的进位规则是逢十六进一，任意一个十六进制数都可以写成

$$D = \sum k_i \times 16^i \qquad\qquad (1\text{-}2\text{-}4)$$

例如，

$$A973.\ F = 10 \times 16^3 + 9 \times 16^2 + 7 \times 16^1 + 3 \times 16^0 + 15 \times 16^{-1}$$

该十六进制数也可以表示为 $(A973.\ F)_{16}$ 或 $(A973.\ F)_H$。

表 1-2-1 为常用进制数的对照表，十进制数的 0～15 如果用二进制表示，需要用 4 位二进制数，分别对应 0000～1111；如果用八进制表示，需要用 2 位，分别对应 00～17；如果用十六进制表示，仅需要 1 位，分别对应 0～9 以及 A～F，其中 A～F 对应十进制的 10～15。可见，当表示同一个数时，数制越大，所需位数越少，用二进制表示时，位数最多。

表 1-2-1　常用进制数的对照表

十进制	二进制	八进制	十六进制
0	0000	00	0
1	0001	01	1
2	0010	02	2
3	0011	03	3
4	0100	04	4
5	0101	05	5
6	0110	06	6
7	0111	07	7
8	1000	10	8
9	1001	11	9
10	1010	12	A
11	1011	13	B
12	1100	14	C
13	1101	15	D
14	1110	16	E
15	1111	17	F

1.2.2　不同数制之间的转换

1. 二–十六进制转换

二进制转换成十六进制的依据是 $16 = 2^4$，因此，可将 4 位二进制数用 1 位十六进制数表示，即用 0～F 表示 0000～1111。

对于一个含有整数和小数部分的二进制数，首先以小数点为界，整数部分从右向左 4 位一组，小数部分从左向右 4 位一组，整数部分最高一组和小数部分最低一组不足 4 位时，用 0 补足 4 位。将每组二进制数转换为对应的十六进制数，就可得到对应的十六进制数的整数部分和小数部分。

例如，将 $(0011110010110010.0111)_2$ 转换为十六进制数：

$$(0011\quad 1100\quad 1011\quad 0010.\quad 0111)_2$$
$$\downarrow\qquad \downarrow\qquad \downarrow\qquad \downarrow\qquad \downarrow$$
$$(3\qquad C\qquad B\qquad 2.\qquad 7)_{16}$$

即 $(0011110010110010.0111)_2 = (3CB2.7)_{16}$。

2. 十六–二进制转换

十六进制数转换为二进制数时，将每 1 位数字用等值的 4 位二进制数代替，即可得到对应的二进制数。

例如，将 $(6E9F.4)_{16}$ 转换为二进制数：

$$
\begin{array}{ccccc}
(6 & E & 9 & F. & 4)_{16} \\
\downarrow & \downarrow & \downarrow & \downarrow & \downarrow \\
(0110 & 1110 & 1001 & 1111. & 0100)_2
\end{array}
$$

即 $(6E9F.4)_{16} = (0110111010011111.0100)_2$。

3. 八–二进制相互转换

二进制数转换为八进制数时，将二进制数每 3 位分成一组替换成等值的八进制数，整数部分和小数部分分别转换。八进制数转换为二进制数时，将八进制数的每 1 位数字用等值的 3 位二进制数代替。

4. 非十进制转换成十进制

非十进制转换成十进制的转换方法为：先将每位的系数乘以该位的权值，然后再将各项乘积的数值按十进制数相加，得到等值的十进制数，即 $D = \sum k_i N^i$。

例如，将 $(1100.11)_2$ 转换为十进制数：

$$
(1100.11)_2 = 1 \times 2^3 + 1 \times 2^2 + 0 \times 2^1 + 0 \times 2^0 + 1 \times 2^{-1} + 1 \times 2^{-2}
$$

即 $(1100.11)_2 = (12.75)_{10}$。

5. 十进制转换成非十进制

十进制转换成非十进制需要将整数部分和小数部分分别转换。整数部分除以基数取余数，直到商为 0，从低到高排列即可得到转换后的非十进制数的整数部分，即"除基取余"。小数部分乘基数取整数，直到小数为 0 或达到转换精度要求的位数，从高到低排列即可得到转换后的小数部分，即"乘基取整"。

以二进制为例，整数部分"除基取余"的原理为：可以把十进制数的整数部分写成

$$
\begin{aligned}
(N)_{10} &= a_{n-1} \times 2^{n-1} + a_{n-2} \times 2^{n-2} + \cdots + a_1 \times 2^1 + a_0 \times 2^0 \\
&= 2(a_{n-1} \times 2^{n-2} + a_{n-2} \times 2^{n-3} + \cdots + a_2 \times 2^1 + a_1) + a_0 \\
&= 2Q_1 + a_0
\end{aligned}
\tag{1-2-5}
$$

式中

$$
Q_1 = a_{n-1} \times 2^{n-2} + a_{n-2} \times 2^{n-3} + \cdots + a_2 \times 2^1 + a_1
\tag{1-2-6}
$$

由式 (1-2-5) 可以看出，当将十进制数的整数部分 $(N)_{10}$ 除以 2 时，所得的商为 Q_1，余数是 a_0，a_0 就是二进制整数部分的最低位。重复同样的步骤，将 Q_1 再除以 2，所得余数是 a_1。将每次得到的商继续进行这样的变换，就可求得二进制整数的每一位，这就是"除基取余"法。

【例 1-1】 将十进制数 42 转换为二进制数。

解　转换过程图如图 1-2-1 所示，十进制数 42 对应的二进制数为 101010。

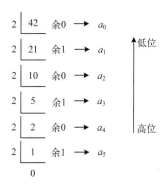

图 1-2-1　例 1-1 转换过程图

小数部分"乘基取整"的原理为：可以把十进制数的小数部分写成

$$(N)_{10} = b_{-1} \times 2^{-1} + b_{-2} \times 2^{-2} + \cdots + b_{-m} \times 2^{-m} \tag{1-2-7}$$

将式（1-2-7）两边都乘以 2，变换成

$$2(N)_{10} = b_{-1} + (b_{-2} \times 2^{-1} + \cdots + b_{-m} \times 2^{-m+1}) \tag{1-2-8}$$

从式（1-2-8）中可以看出，若将十进制数的小数部分 $(N)_{10}$ 乘以 2，则所得乘积的整数部分是 b_{-1}，也就是二进制小数部分的最高位。

将式（1-2-8）的小数部分用 F_1 表示，将 F_1 再乘以 2，又可以得到 $2F_1$：

$$2F_1 = b_{-2} + (b_{-3} \times 2^{-1} + b_{-4} \times 2^{-2} + \cdots + b_{-m} \times 2^{-m+2}) \tag{1-2-9}$$

式（1-2-9）的整数部分为 b_{-2}。将每次得到的小数部分继续进行这样的变换，就可求得二进制小数的每一位，这就是"乘基取整"法。

【例 1-2】 将十进制数 0.6875 转换为二进制小数。

解　转换过程图如图 1-2-2 所示，十进制数 0.6875 对应的二进制数为 0.1011。

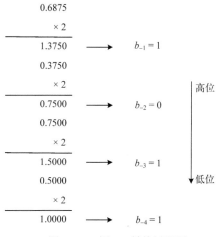

图 1-2-2　例 1-2 转换过程图

【例 1-3】 将十进制数 171.49 转换成二进制数，要求精度达到 0.1%。

解 整数部分"除基取余"，如图 1-2-3 所示。

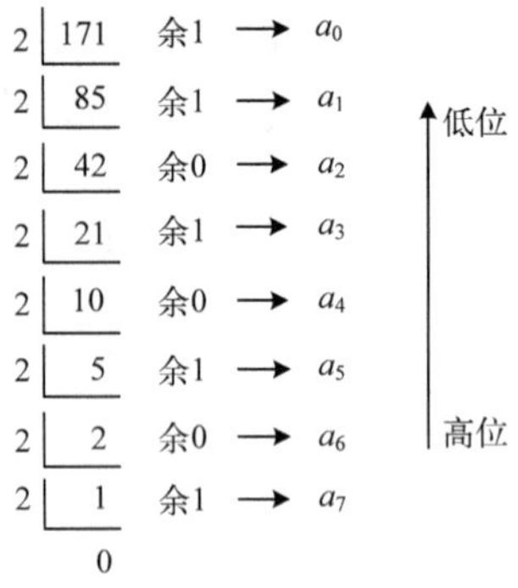

$$
\begin{array}{r|l}
2 & 171 \quad \text{余}1 \rightarrow a_0 \\
2 & 85 \quad\; \text{余}1 \rightarrow a_1 \\
2 & 42 \quad\; \text{余}0 \rightarrow a_2 \\
2 & 21 \quad\; \text{余}1 \rightarrow a_3 \\
2 & 10 \quad\; \text{余}0 \rightarrow a_4 \\
2 & 5 \quad\;\; \text{余}1 \rightarrow a_5 \\
2 & 2 \quad\;\; \text{余}0 \rightarrow a_6 \\
2 & 1 \quad\;\; \text{余}1 \rightarrow a_7 \\
& 0
\end{array}
$$

低位 ↑ 高位

图 1-2-3　例 1-3 整数部分转换过程图

小数部分"乘基取整"，由于要求精度达到 0.1%，$0.1\% \approx 1/1024$，即 $1/2^{10}$，因此需要精确到二进制小数点后 10 位。

$$0.49 \times 2 = \underline{0}.98 \rightarrow b_{-1} = 0 \qquad 0.68 \times 2 = \underline{1}.36 \rightarrow b_{-6} = 1$$
$$0.98 \times 2 = \underline{1}.96 \rightarrow b_{-2} = 1 \qquad 0.36 \times 2 = \underline{0}.72 \rightarrow b_{-7} = 0$$
$$0.96 \times 2 = \underline{1}.92 \rightarrow b_{-3} = 1 \qquad 0.72 \times 2 = \underline{1}.44 \rightarrow b_{-8} = 1$$
$$0.92 \times 2 = \underline{1}.84 \rightarrow b_{-4} = 1 \qquad 0.44 \times 2 = \underline{0}.88 \rightarrow b_{-9} = 0$$
$$0.84 \times 2 = \underline{1}.68 \rightarrow b_{-5} = 1 \qquad 0.88 \times 2 = \underline{1}.76 \rightarrow b_{-10} = 1$$

即 $(171.49)_{10} = (10101011.0111110101)_2$。

综上所述，每一个十进制数都可以分为整数部分和小数部分，将每一部分分别转换成二进制，再相加，即可得到完整的二进制数。

1.3　二进制算术运算

二进制数既可以表示数量的大小，又可以表示不同的逻辑状态。当两个二进制数表示数量的大小时，它们之间可以进行数值运算，这种运算称为二进制算术运算。

1.3.1　无符号二进制数的四则运算

二进制算术运算的规则与十进制算术运算的规则相同，但它是逢二进一，如图 1-3-1 所示。

乘法运算的规则是由低位到高位，用乘数的每 1 位去乘被乘数，得到部分积，按顺序将部分积依次左移 1 位相加。因此，可以用移位和加法实现乘法运算。

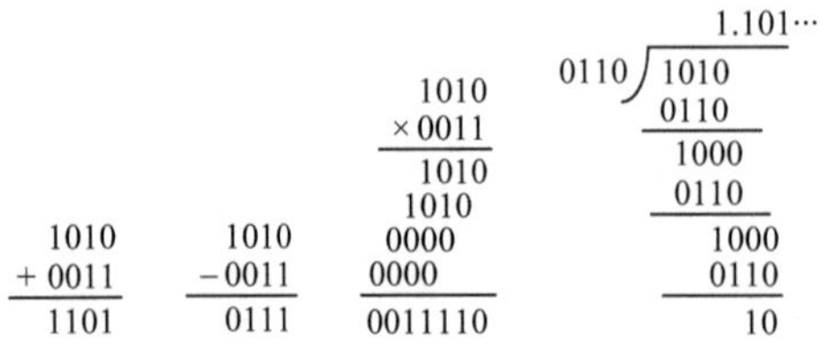

除法运算可以通过若干次的除数右移 1 位和从被除数或余数中减去除数来完成。因此，可以用移位和减法实现除法运算。如果能把减法变成某种形式的加法，那么二进制加、减、乘、除运算全部可以用移位和加法两种操作实现，这就

$$
\begin{array}{cccc}
\begin{array}{r} 1010 \\ +\,0011 \\ \hline 1101 \end{array} &
\begin{array}{r} 1010 \\ -\,0011 \\ \hline 0111 \end{array} &
\begin{array}{r} 1010 \\ \times\,0011 \\ \hline 1010 \\ 1010 \\ 0000 \\ 0000 \\ \hline 0011110 \end{array} &
\begin{array}{r} \quad\;\; 1.101\cdots \\ 0110\,\overline{)1010} \\ \underline{0110} \\ 1000 \\ \underline{0110} \\ 1000 \\ \underline{0110} \\ 10 \end{array}
\end{array}
$$

图 1-3-1　二进制的加、减、乘、除运算

是二进制算术运算的特点。正因为二进制的加、减、乘、除都可以用移位和相加两种操作来实现，可以简化电路结构，因此数字电路中普遍采用二进制算术运算。

1.3.2　原码、反码和补码

原码的最高位为符号位，正数为 0，负数为 1，其以下各位的 0 和 1 表示数值。

正数的反码与原码相同，负数的反码是将原码除了符号位以外的数值部分按位取反，即 1 改为 0，0 改为 1。

补码的最高位为符号位，正数为 0，负数为 1。正数的补码和它的原码相同，负数的补码等于数值位逐位求反(反码)后加 1。

例如，进行 1101(13)−0101(5) 的运算，直接相减得到运算结果为 1000(8)。而 1101+1011=11000，如果舍弃最高位进位，结果也为 1000(8)。1101−0101 和 1101+1011 之所以会得到相同的结果，是因为 0101+1011=2^4，所以 1011(11) 是 −0101(−5) 对模 2^4(16) 的补码。补码的作用在于可以把原码的减法运算转换为补码的加法运算。

【例 1-4】　写出 +91 和 −91 的原码、反码和补码。

解

	原码	反码	补码
+91	01011011	01011011	01011011
−91	11011011	10100100	10100101

1.3.3　补码的运算

用补码进行加法运算时，首先将参与运算的数用补码表示，然后将补码相加，数值位相加的结果就是和的数值位，符号位和来自最高数值位的进位相加的结果就是和的符号位。两个同符号数相加，绝对值之和超过数值位所能表示的最大值称为溢出，产生溢出时需要进行位扩展。

【例 1-5】　用二进制补码运算求 75+28、75−28、−75+28、−75−28 的结果。

解　由于 7 位二进制数可以表示的最大数为 127，而 75+28 和 −75−28 的绝对值为 103，所以补码的数值位为 7 位即可。

	原码	反码	补码
+75	01001011	01001011	01001011
−75	11001011	10110100	10110101
+28	00011100	00011100	00011100
−28	10011100	11100011	11100100

计算结果如下：

$$
\begin{array}{rr}
75 & 0\ 1001011 \\
+\ 28 & +\ 0\ 0011100 \\
\hline
103 & 0\ 1100111
\end{array}
\qquad
\begin{array}{rr}
75 & 0\ 1001011 \\
-\ 28 & +\ 1\ 1100100 \\
\hline
47 & ①0\ 0101111 \\
& 舍弃
\end{array}
$$

$$
\begin{array}{rr}
-\ 75 & 1\ 0110101 \\
+\ 28 & +\ 0\ 0011100 \\
\hline
-\ 47 & 1\ 1010001
\end{array}
\qquad
\begin{array}{rr}
-\ 75 & 1\ 0110101 \\
-\ 28 & +\ 1\ 1100100 \\
\hline
-103 & ①1\ 0011001 \\
& 舍弃
\end{array}
$$

1.4 常用的编码

当数码表示不同的事物时，就是一种代码。代码不能做算术运算，只能做逻辑运算。当用代码表示不同事物的时候，需要确定编制代码的规则，这就是码制。编码就是给不同事物赋予一定代码的过程。

常见的编码有自然二进制码、二-十进制代码、格雷码和美国信息交换标准代码。

1.4.1 自然二进制码

自然二进制码在数值上与对应的十进制数相等，位数 n 与需要编码的事件(或信息)的个数 N 之间应满足以下关系：

$$2^{n-1} \leqslant N \leqslant 2^n$$

如果需要对 12 个事件进行编码，则需要 4 位自然二进制码。因为 3 位二进制码有 8 个状态，不足以对应 12 个事件，而 4 位二进制码有 16 个状态，所以需要用 4 位二进制码。

表 1-4-1 给出十进制数与自然二进制码之间的对应关系，十进制数 0~15，对应自然二进制码的 0000~1111，自然二进制码是一种常用的编码。

表 1-4-1 十进制数与自然二进制码之间的对应关系

十进制数	自然二进制码	十进制数	自然二进制码
0	0000	8	1000
1	0001	9	1001
2	0010	10	1010
3	0011	11	1011
4	0100	12	1100
5	0101	13	1101
6	0110	14	1110
7	0111	15	1111

1.4.2 二-十进制代码

二-十进制代码(Binar Coded Decimal，BCD)是指用 4 位二进制码表示 1 位十进制数中的 0~9 十个数码。二-十进制代码至少需要用 4 位二进制数码来表示，而 4 位二进制数码可以有 16 种组合。当用这些组合表示十进制数 0~9 时，形成不同的二-十进制代码。

几种常用的二-十进制代码有 8421 码、余 3 码、2421 码、5211 码等，8421 码、2421 码、5211 码为有权码，余 3 码为无权码，如表 1-4-2 所示。

8421 码是最常用的 BCD 码，它选取了 4 位二进制码的前十个状态 0000~1001，分别对应十进制数的 0~9；因为它各位的权分别为 8421，所以称为 8421 码。

如果把余 3 码看作 4 位二进制数，那么它的数值比它所表示的十进制数多 3。例如，4 位二进制数 0011 对应的十进制数为 3，余 3 码 0011 对应的十进制数为 0。

2421 码的各位权分别为 2421，并且 0 与 9、1 与 8、2 与 7、3 与 6、4 与 5 互为反码。

5211 码的各位权分别为 5211，0～4 和 5～9 的后三位对应相同。

表 1-4-2　十进制数与对应的 BCD 码

十进制数	编码种类			
	8421 码	余 3 码	2421 码	5211 码
0	0000	0011	0000	0000
1	0001	0100	0001	0001
2	0010	0101	0010	0100
3	0011	0110	0011	0101
4	0100	0111	0100	0111
5	0101	1000	1011	1000
6	0110	1001	1100	1001
7	0111	1010	1101	1100
8	1000	1011	1110	1101
9	1001	1100	1111	1111

1.4.3　格雷码

格雷码又称循环码，4 位格雷码的编码如表 1-4-3 所示。格雷码的每 1 位都按照一定的规律循环，若最低位的变化规律为 0110 循环，则右边第 2 位的变化规律为 00111100 循环。每高 1 位，状态循环中连续出现的 0 和 1 数目就多一倍，通过此规律可以获得更高位的格雷码。此外，格雷码的相邻编码间只有 1 位码元产生了变化，这在数字电路中可以避免由竞争冒险产生暂态，从而提高系统的稳定性。

表 1-4-3　十进制数和格雷码对应表

十进制数	0	1	2	3	4	5	6	7
格雷码	0000	0001	0011	0010	0110	0111	0101	0100
十进制数	8	9	10	11	12	13	14	15
格雷码	1100	1101	1111	1110	1010	1011	1001	1000

1.4.4　美国信息交换标准代码

美国信息交换标准代码（American Standard Code for Information Interchange，ASCII）是由美国国家标准协会制定的一种信息代码，现在已经广泛地应用在计算机和通信领域中。ASCII 码共有 128 个编码，由 7 位二进制码组成，包括了数字，大、小写英文字母和一些常用符号及控制码。表 1-4-4 是 ASCII 编码表。

表 1-4-4　ASCII 编码表

低 4 位	高 3 位							
	000	001	010	011	100	101	110	111
0000	NUL	DLE	SP	0	@	P	`	p
0001	SOH	DC1	!	1	A	Q	a	q
0010	STX	DC2	″	2	B	R	b	r
0011	ETX	DC3	#	3	C	S	c	s

低 4 位	高 3 位							
	000	001	010	011	100	101	110	111
0100	EOT	DC4	$	4	D	T	d	t
0101	ENQ	NAK	%	5	E	U	e	u
0110	ACK	SYN	&	6	F	V	f	v
0111	BEL	ETB	'	7	G	W	g	w
1000	BS	CAN	(	8	H	X	h	x
1001	HT	EM	)	9	I	Y	i	y
1010	LF	SUB	*	:	J	Z	j	z
1011	VT	ESC	+	;	K	[	k	{
1100	FF	FS	,	<	L	\	l	|
1101	CR	GS	-	=	M	]	m	}
1110	SO	RS	.	>	N	^	n	~
1111	SI	US	/	?	O	_	o	DEL

1.5　逻辑代数中的运算

在数字电路中，事物具有两种不同的逻辑状态，这两种状态是对立的，分别由二进制数码的 0 和 1 来表示，只有两种对立状态的逻辑关系称为二值逻辑。当 0 和 1 表示不同的逻辑状态时，进行的运算是逻辑运算。

1849 年，英国的数学家乔治·布尔首次提出用于进行逻辑运算的数学方法——布尔代数。布尔代数被用于开关电路和数字逻辑电路的分析和设计中，因此也被称为开关代数和逻辑代数。逻辑代数是分析和设计数字电路的重要工具，利用逻辑代数，可以把实际逻辑问题抽象为逻辑函数来描述，并且可以用逻辑运算的方法解决逻辑电路的分析和设计问题。逻辑代数和普通代数的运算公式在形式上相近，但两者的物理意义有本质上的不同。

逻辑代数也用字母来表示变量，这种变量称为逻辑变量。逻辑变量是描述事物状态的变量，随事物状态变化而变化。

逻辑变量具有以下特点：逻辑变量的取值不是 1 就是 0；逻辑变量的值必须经过"定义"才有意义；逻辑变量有原变量和反变量。

1.5.1　三种基本运算

在逻辑代数中，有三种基本运算：与（AND）、或（OR）、非（NOT）。

1. 与运算

图 1-5-1 所示为两个串联开关 A 和 B 控制灯 Y 的电路，如果把开关合上作为条件，把灯亮作为结果，那么只有两个开关都合上，灯才能亮。

这种决定事件结果的各条件都具备，结果才会成立的逻辑关系称为与逻辑。在与逻辑中，输入可以为两个或两个以上，这些输入是决定输出结果的条件。

如果规定开关合上为逻辑 1，开关断开为逻辑 0，灯亮为逻辑 1，灯灭为逻辑 0，那么可以列出用 0 和 1 表示的开关 A、B 和灯 Y 的状态的表格，如表 1-5-1 所示，这个表格称为真值表。真值表是描述逻辑电路功能的一种方式。从表 1-5-1 中可以看出，与逻辑关系的特点是：有 0 出 0，全 1 出 1。

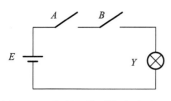

图 1-5-1　与逻辑关系的电路图

表 1-5-1　与逻辑真值表

A	B	Y
0	0	0
0	1	0
1	0	0
1	1	1

与逻辑运算又称为逻辑乘法运算，与逻辑关系可以写成

$$Y = A \cdot B = AB$$

式中，"·" 为与逻辑的运算符，逻辑相乘的符号 "·" 可以省略不写。

能够实现与逻辑运算的单元电路称为与门。与门的符号通常有两种，如图 1-5-2 所示。图 1-5-2(a) 是特殊形状符号，图 1-5-2(b) 是矩形符号。

(a)　特殊形状符号　　　　　　　　(b)　矩形符号

图 1-5-2　与运算图形符号

2. 或运算

图 1-5-3 所示为两个并联开关 A 和 B 控制灯 Y 的电路，如果把开关合上作为条件，把灯亮作为结果，那么只要有开关合上，灯就能亮。

决定事件结果的各条件中有一个或一个以上的条件具备，结果就成立的逻辑关系称为或逻辑。

如果规定开关合上为逻辑 1，开关断开为逻辑 0，灯亮为逻辑 1，灯灭为逻辑 0，那么可以列出或逻辑关系的真值表 1-5-2，从表 1-5-2 中可以看出，或逻辑关系的特点是：有 1 出 1，全 0 出 0。

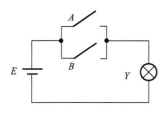

图 1-5-3　或逻辑关系的电路图

表 1-5-2　或逻辑真值表

A	B	Y
0	0	0
0	1	1
1	0	1
1	1	1

或逻辑运算又称为逻辑加法运算，或逻辑关系可以写成

$$Y = A + B$$

式中，"+" 为或逻辑的运算符。

能够实现或逻辑运算的单元电路称为或门。或门的符号通常有两种，如图1-5-4所示。

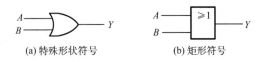

(a) 特殊形状符号　　　　　(b) 矩形符号

图 1-5-4　或运算图形符号

3. 非运算

图 1-5-5 所示为开关和灯并联电路，如果把开关合上作为条件，把灯亮作为结果，那么只有开关断开，灯才能亮。

输入条件只有一个，条件具备时结果不成立、条件不具备时结果成立的逻辑关系称为非逻辑。

如果规定开关合上为逻辑 1，开关断开为逻辑 0，灯亮为逻辑 1，灯灭为逻辑 0，那么可以列出非逻辑关系的真值表1-5-3，从表1-5-3中可以看出，非逻辑关系的特点是：1 出 0，0 出 1。

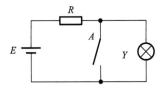

图 1-5-5　非逻辑关系的电路图

表 1-5-3　非逻辑真值表

A	Y
0	1
1	0

非逻辑运算又称为逻辑反运算，非逻辑关系可以写成

$$Y = A'$$

式中，"′"为非逻辑的运算符。

能够实现非逻辑运算的单元电路称为非门或反相器。非门的符号通常有两种，如图 1-5-6 所示。

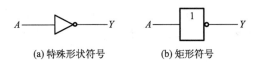

(a) 特殊形状符号　　　　　(b) 矩形符号

图 1-5-6　非运算图形符号

与、或、非为三种基本逻辑运算，在实际应用中，常用的往往是更加复杂的运算，但是都可以由这三种基本逻辑运算组合得到。

1.5.2　复合逻辑运算

常见的复合逻辑运算包括与非（NAND）、或非（NOR）、与或非（AND-NOR）、异或（XOR）和同或（XNOR）等。

1. 与非

与非运算是与运算和非运算的结合，与非逻辑的真值表如表 1-5-4 所示。从表 1-5-4 中可以看出，与非逻辑关系的特点是：有 0 出 1，全 1 出 0。

与非逻辑表达式为

$$Y = (AB)'$$

此时，两个变量先进行与运算，再进行非运算。

能够实现与非逻辑运算的单元电路称为与非门。与非门的图形符号如图 1-5-7 所示。

表 1-5-4　与非逻辑真值表

A	B	Y
0	0	1
0	1	1
1	0	1
1	1	0

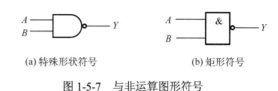

(a) 特殊形状符号　　　　(b) 矩形符号

图 1-5-7　与非运算图形符号

2. 或非

或非运算是或运算和非运算的结合，或非逻辑的真值表如表 1-5-5 所示。从表 1-5-5 中可以看出，或非逻辑关系的特点是：有 1 出 0，全 0 出 1。

或非逻辑表达式为

$$Y = (A + B)'$$

此时，两个变量先进行或运算，再进行非运算。

能够实现或非逻辑运算的单元电路称为或非门。或非门的图形符号如图 1-5-8 所示。

表 1-5-5　或非逻辑真值表

A	B	Y
0	0	1
0	1	0
1	0	0
1	1	0

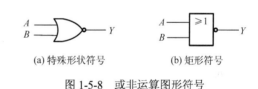

(a) 特殊形状符号　　　　(b) 矩形符号

图 1-5-8　或非运算图形符号

3. 与或非

与或非运算是与运算、或运算和非运算的结合，与或非逻辑的真值表如表 1-5-6 所示。

表 1-5-6　与或非逻辑真值表

A	B	C	D	Y	A	B	C	D	Y
0	0	0	0	1	1	0	0	0	1
0	0	0	1	1	1	0	0	1	1
0	0	1	0	1	1	0	1	0	1
0	0	1	1	0	1	0	1	1	0
0	1	0	0	1	1	1	0	0	0
0	1	0	1	1	1	1	0	1	0
0	1	1	0	1	1	1	1	0	0
0	1	1	1	0	1	1	1	1	0

与或非逻辑表达式为

$$Y = (AB + CD)'$$

与或非逻辑的图形符号如图 1-5-9 所示。

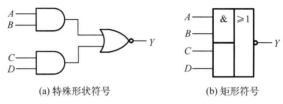

(a) 特殊形状符号 (b) 矩形符号

图 1-5-9 与或非运算图形符号

4. 异或

异或运算的逻辑关系特点是：若两个输入变量的取值不同，输出为 1；若两个输入变量的取值相同，输出为 0，对应的真值表如表 1-5-7 所示。

当只有两个输入时，异或逻辑表达式为

$$Y = A \oplus B = A'B + AB'$$

异或逻辑的图形符号如图 1-5-10 所示。

表 1-5-7 异或逻辑真值表

A	B	Y
0	0	0
0	1	1
1	0	1
1	1	0

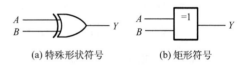

(a) 特殊形状符号 (b) 矩形符号

图 1-5-10 异或运算图形符号

5. 同或

同或运算的逻辑关系特点是：若两个输入变量的取值相同，输出为 1；若两个输入变量的取值不同，输出为 0，对应的真值表如表 1-5-8 所示。可见，同或运算和异或运算是互反的逻辑关系。

当只有两个输入时，同或逻辑表达式为

$$Y = A \odot B = AB + A'B' = (A \oplus B)'$$

同或逻辑的图形符号如图 1-5-11 所示。

表 1-5-8 同或逻辑真值表

A	B	Y
0	0	1
0	1	0
1	0	0
1	1	1

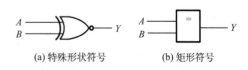

(a) 特殊形状符号 (b) 矩形符号

图 1-5-11 同或运算图形符号

1.6　基本公式和常用公式

1.6.1　基本公式

逻辑代数的基本公式如表 1-6-1 所示。

表 1-6-1　逻辑代数的基本公式

名称	公式	
0-1 律	$0 \cdot A = 0$	$1 + A = 1$
	$1 \cdot A = A$	$0 + A = A$
重叠律	$A \cdot A = A$	$A + A = A$
互补律	$A \cdot A' = 0$	$A + A' = 1$
交换律	$A \cdot B = B \cdot A$	$A + B = B + A$
结合律	$A \cdot (B \cdot C) = (A \cdot B) \cdot C$	$A + (B + C) = (A + B) + C$
分配律	$A \cdot (B + C) = A \cdot B + A \cdot C$	$A + B \cdot C = (A + B) \cdot (A + C)$
反演律(摩根定理)	$(A \cdot B)' = A' + B'$	$(A + B)' = A' \cdot B'$
还原律	$(A')' = A$	

　　0-1 律是指变量乘 0 等于 0，变量加 1 等于 1，变量乘 1 或加 0 等于它本身。0-1 律可以用在处理门电路的多余输入端，对于与门或者与非门，可以把多余的输入端接"1"；对于或门或者或非门，可以把多余的输入端接"0"，如图 1-6-1 所示。

　　重叠律是指变量自身相乘或相加均等于它本身。重叠律也可用在处理门电路的多余输入端，从逻辑上讲，可以利用重叠律把门电路多余的输入端接在一起当一个输入端使用，如图 1-6-2 所示。但是在具体使用时，还需要考虑前级电路的驱动能力。

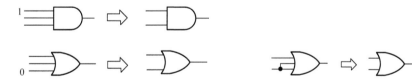

　　图 1-6-1　0-1 律处理门电路多余输入端　　　　图 1-6-2　重叠律处理门电路多余输入端

　　互补律是指变量与其反变量相乘等于 0，与其反变量相加等于 1。

　　交换律和结合律的形式与普通代数一样。结合律是指多个变量进行与运算或者或运算时，变量的分组情况不影响输出结果，如图 1-6-3 所示。

　　分配律是指用一个变量和另外两个不同变量的或运算的结果进行与运算时，可以先将该变量与两个不同变量进行与运算，再把两个与运算的结果相加，如图 1-6-4 所示。

　　反演律又称为摩根定理，是指两个或多个变量进行与运算后再取反，等价于单个变量取反后再进行或运算，即与非等于非或；两个或多个变量进行或运算后再取反，等价于单个变量取反后再进行与运算，即或非等于非与。

　　还原律是指变量偶次取反等于它本身。如果变量奇次取反，则等于它的反变量。

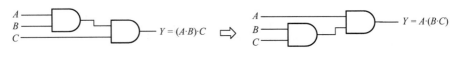

(a) 乘法结合律

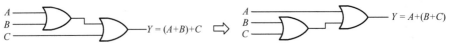

(b) 加法结合律

图 1-6-3　结合律

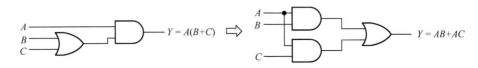

图 1-6-4　分配律

这些公式的证明可以用列真值表的方法完成，在输入变量取值相同时，公式两边函数式对应的取值相等，即可证明公式成立。另外，也可以用已有的公式证明新的公式。

【例 1-6】　证明分配律公式 $A + BC = (A+B)(A+C)$ 。

解　用真值表法证明，列出 A 、 B 、 C 的 8 种取值组合时对应的 $A + BC$ 和 $(A+B)(A+C)$ 的值，得到表 1-6-2。在输入变量的 8 种取值下， $A + BC$ 和 $(A+B)(A+C)$ 均相等，因此可以证明 $A + BC = (A+B)(A+C)$ 。

表 1-6-2　用真值表证明分配律

ABC	$A+BC$	$(A+B)(A+C)$	ABC	$A+BC$	$(A+B)(A+C)$
000	0	0	100	1	1
001	0	0	101	1	1
010	0	0	110	1	1
011	1	1	111	1	1

用公式法证明：

$$(A+B)(A+C) = AA + AB + AC + BC$$
$$= A + AB + AC + BC$$
$$= A(1 + B + C) + BC$$
$$= A + BC$$

1.6.2　其他常用公式

除了上述基本公式，逻辑代数还有一些常用公式，常用公式都是根据基本公式导出的结果，方便进行逻辑函数的化简和变换。

1. 吸收律

吸收律表达式为

$$A + AB = A \tag{1-6-1}$$

$$A + A'B = A + B \tag{1-6-2}$$

证明　可以用基本公式证明吸收律：

$$A + AB = A(1 + B) = A \cdot 1 = A$$

式(1-6-1)表明，在一个与或逻辑关系中，如果一个与项包含在另外一个与项之中，则另外一个与项是多余的。

$$A + A'B = (A + AB) + A'B$$
$$= A + (AB + A'B)$$
$$= A + B$$

式(1-6-2)表明，在一个与或逻辑关系中，如果一个与项包含了另一个与项的反，则另一个与项的反是多余的。

2. 冗余律

冗余律表达式为

$$AB + A'C + BC = AB + A'C \quad \text{和} \quad AB + A'C + BCD = AB + A'C \tag{1-6-3}$$

证明
$$AB + A'C + BC = AB + A'C + BC(A + A')$$
$$= AB + A'C + ABC + A'BC$$
$$= AB(1 + C) + A'C(1 + B)$$
$$= AB + A'C$$

式(1-6-3)表明，在一个与或逻辑关系中，如果一个与项(这里指 BC)包含了另外两个含有互为反变量的与项的其余部分，则这个与项是多余的。

1.7　基　本　定　理

逻辑代数有三个基本定理：代入定理、反演定理和对偶定理。

1.7.1　代入定理

将一个逻辑等式中的 A 全部替换成其他逻辑式时，该逻辑等式不变。

因为无论是 A 还是任何其他的逻辑式，取值只有 0 和 1 两种情况，所以将 A 全部替换成其他的逻辑式而逻辑等式保持不变是可行的。

【**例 1-7**】 已知分配律 $A + BC = (A + B)(A + C)$，求证 $A + BDE = (A + B)(A + D)(A + E)$。

证明　用逻辑式 DE 代替分配律中的 C，则有

$$A + BDE = (A + B)(A + DE) = (A + B)(A + D)(A + E)$$

1.7.2　反演定理

对于任何一个逻辑函数式 Y，将其中所有的"·"换成"+"，"+"换成"·"，1 换成 0，0 换成 1，原变量换成反变量，反变量换成原变量，得到的结果就是 Y 的反函数 Y'。在应用反演定理时，要注意运算优先顺序，同时，不属于单个变量的非号不应改变。

【例 1-8】 求 $Y = ((A'B)' + C + D)' + C$ 的反函数 Y' 。

解 $Y' = ((A + B')' \cdot C' \cdot D')' \cdot C'$

进一步展开，可以得到

$$Y' = (((A + B')')' + (C')' + (D')') \cdot C'$$
$$= (A + B' + C + D) \cdot C'$$
$$= AC' + B'C' + CC' + C'D$$
$$= AC' + B'C' + C'D$$

1.7.3　对偶定理

对于任何一个逻辑函数式 Y，将其中所有的"·"换成"+"，"+"换成"·"，1 换成 0，0 换成 1，而变量保持不变，则得出的逻辑函数式就是 Y 的对偶式，记为 Y^D。Y 和 Y^D 互为对偶式。在求对偶式时，也要注意保持运算优先顺序不变。

【例 1-9】 已知 $Y_1 = AB + AC$ ，$Y_2 = (A + B)(C + D)'$ ，求 Y_1 和 Y_2 的对偶式。

解
$$Y_1^D = (A + B)(A + C)$$

$$Y_2^D = AB + (CD)'$$

对偶定理描述为若两个逻辑式相等，则它们的对偶式也相等。

利用对偶定理，在证明两个逻辑函数相等时，可以通过证明它们的对偶式相等来实现。

【例 1-10】 证明 $A + BCD = (A + B)(A + C)(A + D)$ 。

证明 设 $Y = A + BCD$ ，$G = (A + B)(A + C)(A + D)$ ，则它们的对偶式分别为
$$Y^D = A(B + C + D)$$
$$= AB + AC + AD$$
$$G^D = AB + AC + AD$$

因此，$Y^D = G^D$ 。

由对偶定理可得，$Y = G$ ，即 $A + BCD = (A + B)(A + C)(A + D)$ 。

表 1-6-1 的公式中，除最后一行以外，其他同一行的两个公式都互为对偶式。

1.8　逻辑函数及其表示方法

1.8.1　逻辑函数

如果以逻辑变量 A、B、C……作为输入，以运算结果 Y 作为输出，当输入变量 A、B、C……的取值确定后，输出 Y 的取值也随之确定，则输出与输入之间形成的函数关系称为逻辑函数。该函数关系可以表示为

$$Y = F(A, B, C, \cdots)$$

任何一个具体的因果关系都可以用一个逻辑函数描述。

例如，想要实现表决功能，当三个评委 A、B、C 中的两人或两人以上同意时，表决结果 Y 为通过，否则表决结果 Y 为未通过，因此，表决结果 Y 的状态(通过与未通过)就是三人 A、B、C 状态(同意与不同意)的函数。可以用一个逻辑函数 $Y = F(A, B, C)$ 表示这种逻辑关系。

1.8.2　逻辑函数的表示方法

逻辑函数常用的表示方法有逻辑真值表、逻辑函数式、卡诺图、逻辑图和波形图等。卡诺图将在1.10.5节中进行学习。

1. 逻辑真值表

逻辑真值表是将输入变量所有可能取值组合及其对应的输出值列成的表格。

由于每1个变量均有0、1两种取值，因此，n 个变量共有 2^n 种不同的取值，将这 2^n 种不同的取值按顺序(一般按二进制递增规律)排列起来，同时在相应位置上填写输出值，便可得到逻辑函数的真值表。

【例1-11】 列写三变量多数表决电路的逻辑真值表。

解　3个输入变量用 A、B、C 表示，输出用 Y 表示。根据表决电路的功能，当 A、B、C 中有2个或2个以上为1时，输出 $Y=1$；否则 $Y=0$，可列得如表1-8-1所示的真值表。

表1-8-1　三变量多数表决电路的逻辑真值表

A	B	C	Y	A	B	C	Y
0	0	0	0	1	0	0	0
0	0	1	0	1	0	1	1
0	1	0	0	1	1	0	1
0	1	1	1	1	1	1	1

2. 逻辑函数式

将输出和输入的关系用各种不同的运算(如与、或、非等)表达出来，并用组合式表示，该组合式称为逻辑函数式。

例如

$$Y = A'BC + ABC' + ABC \tag{1-8-1}$$

3. 逻辑图

将逻辑函数式中的逻辑关系用图形符号表示出来，就能够得到表示这种逻辑关系的逻辑图。逻辑式(1-8-1)对应的逻辑图如图1-8-1所示。

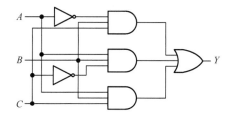

图1-8-1　逻辑式(1-8-1)对应的逻辑图

4. 波形图

波形图也称时序图，是将输入变量所有可能取值的高、低电平及其对应输出的高、低电平按时间顺序排列起来构成的图形。

【例 1-12】 画出逻辑函数 $Y = A'BC + ABC' + ABC$ 的波形图。

解 如图 1-8-2 所示为输入变量取 000~111 时 Y 的波形图。

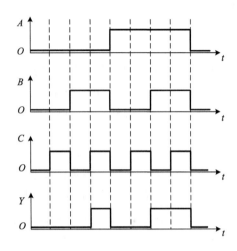

图 1-8-2 例 1-12 的波形图

1.8.3 不同表示方法的相互转换

同一个逻辑函数，可以用上述的任何一种方法表示，不同的表示方法有各自的特点，并且可以相互转换。在具体使用时，可根据实际情况，选择最合适的表示方法。

1. 由真值表到逻辑函数式

由真值表到逻辑函数式的转换方法如下。

(1)在真值表中找出使输出结果为 1 时，输入变量的所有组合。

(2)每组输入变量的组合对应一个乘积项，取值为 1 的写成原变量，取值为 0 的写成反变量。

(3)把这些乘积项相加，即可得到逻辑函数式。

【例 1-13】 真值表如表 1-8-2 所示，写出它的逻辑函数式。

表 1-8-2 例 1-13 的真值表

A	B	C	Y	A	B	C	Y
0	0	0	0	1	0	0	0
0	0	1	0	1	0	1	1
0	1	0	0	1	1	0	1
0	1	1	1	1	1	1	1

解 从真值表 1-8-2 可以看出，使输出 Y 为 1 的输入变量 ABC 取值分别为 011、101、110、111。因此，该逻辑函数 Y 可以表示为

$$Y = A'BC + AB'C + ABC' + ABC$$

2. 由逻辑函数式到真值表

由逻辑函数式到真值表的转换方法是：将输入变量取值的所有组合状态逐一代入逻辑函数式，求出对应的函数值，列成表格。

【例1-14】 已知逻辑函数式 $Y = A + B'C + A'BC'$，求对应的真值表。

解　将输入变量 A、B、C 的 8 种取值逐一代入逻辑函数式，即可得到如表 1-8-3 所示的真值表。

表 1-8-3　例 1-14 逻辑函数的真值表

A	B	C	$B'C$	$A'BC'$	Y	A	B	C	$B'C$	$A'BC'$	Y
0	0	0	0	0	0	1	0	0	0	0	1
0	0	1	1	0	1	1	0	1	1	0	1
0	1	0	0	1	1	1	1	0	0	0	1
0	1	1	0	0	0	1	1	1	0	0	1

3. 由逻辑函数式到逻辑图

由逻辑函数式到逻辑图的转换方法是：将逻辑函数式中各变量之间的与、或、非等逻辑关系用图形符号表示出来，就可以得到表示函数关系的逻辑图。

【例1-15】 已知逻辑函数式 $Y = A + (B + C)'$，画出逻辑图。

解　将逻辑函数式中的函数关系用对应的图形符号表示，即可得到如图 1-8-3 所示的逻辑图。

图 1-8-3　例 1-15 的逻辑图

4. 由逻辑图到逻辑函数式

由逻辑图到逻辑函数式的转换方法是：从输入端到输出端逐级写出每个图形符号对应的逻辑函数式，即可得到整体的逻辑函数式。

【例1-16】 已知逻辑图如图 1-8-4 所示，写出逻辑函数式。

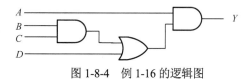

图 1-8-4　例 1-16 的逻辑图

解　从输入端开始逐一写出每个逻辑符号对应的逻辑函数式，即可得到

$$Y = A(BC + D)$$

5. 由波形图到真值表

由波形图到真值表的转换方法是：根据波形图中输入变量的取值和输出，可以得到所有

输入情况和它们输出的结果，将所有的输入和与其对应的输出列入表中即可。

【例 1-17】 已知逻辑函数 Y 的波形图如图 1-8-5 所示，列出该逻辑函数的真值表。

解 根据波形图 1-8-5 中输出 Y 与输入 A、B、C 之间的关系，可以列出如表 1-8-4 所示的真值表。

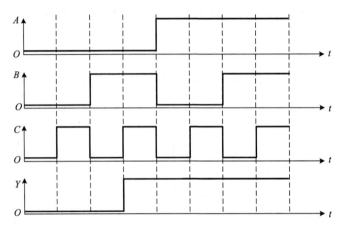

图 1-8-5 例 1-17 的波形图

表 1-8-4 例 1-17 的真值表

A	B	C	Y	A	B	C	Y
0	0	0	0	1	0	0	1
0	0	1	0	1	0	1	1
0	1	0	0	1	1	0	1
0	1	1	1	1	1	1	1

6. 由真值表到波形图

由真值表到波形图的转换方法是：按照真值表的输入、输出取值，画出对应输入、输出的波形。

1.9 逻辑函数的两种标准形式

逻辑函数有最小项之和和最大项之积两种标准形式。

1.9.1 最小项

如果一个逻辑函数中有 n 个变量，设 m 为包含所有变量的乘积，且每个变量均以原变量或反变量的形式在乘积项 m 中出现一次，则称该乘积项为 n 变量的最小项。

二变量 A、B 对应的最小项为 AB、$A'B$、AB'、$A'B'$，共有 4 个最小项。变量 A、B 的每一组取值都能使一个对应的最小项的值为 1。因此，可以将每一组取值和此条件下结果为 1 的最小项联系起来，形成一种对应关系。例如，当 A、B 两个变量的取值为 0、0 时，取值为 1 的最小项为 $A'B'$，如果将 00 看作一个二进制数，它对应的十进制数为 0，那么可以将 $A'B'$ 这个最小项记为 m_0。同理，2 个变量对应的其他最小项编号为 m_1、m_2 和 m_3。

三变量 A、B、C 有 ABC、ABC'、$AB'C$、$AB'C'$、$A'BC$、$A'BC'$、$A'B'C$、$A'B'C'$ 共 8 个最小项，对应的编号从 m_7 到 m_0，如表 1-9-1 所示。

对于 n 个变量的逻辑函数，最小项的个数为 2^n。

表 1-9-1　三变量最小项编号表

最小项	最小项为 1 时变量取值			对应的十进制数	编号
	A	B	C		
$A'B'C'$	0	0	0	0	m_0
$A'B'C$	0	0	1	1	m_1
$A'BC'$	0	1	0	2	m_2
$A'BC$	0	1	1	3	m_3
$AB'C'$	1	0	0	4	m_4
$AB'C$	1	0	1	5	m_5
ABC'	1	1	0	6	m_6
ABC	1	1	1	7	m_7

根据最小项的定义，结合表 1-9-1，可以总结出最小项的性质如下。

(1)对于输入变量的每一组取值，有且仅有一个最小项取值为 1。

(2)所有最小项的和为 1。

(3)任意两个最小项的积为 0。

(4)逻辑相邻的两个最小项之和可以合并，并消去一对因子。

如果两个最小项只有一个因子不同，那么这两个最小项具有逻辑相邻性。最小项 $A'B'C$ 和 $AB'C$ 仅有一个因子不同，因此，这两个最小项逻辑相邻。这两个最小项之和可以合并，消去因子 A' 和 A，即

$$A'B'C + AB'C = B'C$$

1.9.2　最大项

如果一个逻辑函数有 n 个变量，设 M 为 n 个变量之和，且每个变量均以原变量或者反变量的形式在或项 M 中出现一次，则称该或项为 n 变量的最大项。

二变量 A、B 对应的最大项为 $A+B$、$A+B'$、$A'+B$、$A'+B'$。变量 A、B 的每一组取值都能使一个对应的最大项的值为 0。因此，可以将每一组取值和此条件下结果为 0 的最大项联系起来，形成一种对应关系。例如，当 A、B 两个变量的取值为 0、0 时，取值为 0 的最大项为 $A+B$，如果将 00 看作一个二进制数，它对应的十进制数为 0，那么可以将 $A+B$ 这个最大项记为 M_0。同理，二变量对应的其他最大项编号为 M_1、M_2 和 M_3。

三变量 A、B、C 有 $A+B+C$、$A+B+C'$、$A+B'+C$、$A+B'+C'$、$A'+B+C$、$A'+B+C'$、$A'+B'+C$、$A'+B'+C'$ 共 8 个最大项，对应的编号从 M_0 到 M_7，如表 1-9-2 所示。

对于 n 个变量的逻辑函数，最大项的个数为 2^n。

表 1-9-2 三变量最大项编号表

最大项	最大项为 0 时变量取值			对应的十进制数	编号
	A	B	C		
$A+B+C$	0	0	0	0	M_0
$A+B+C'$	0	0	1	1	M_1
$A+B'+C$	0	1	0	2	M_2
$A+B'+C'$	0	1	1	3	M_3
$A'+B+C$	1	0	0	4	M_4
$A'+B+C'$	1	0	1	5	M_5
$A'+B'+C$	1	1	0	6	M_6
$A'+B'+C'$	1	1	1	7	M_7

根据最大项的定义，结合表 1-9-2，可以总结出最大项的性质如下。

(1)对于输入变量的每一组取值，有且仅有一个最大项取值为 0。

(2)所有最大项的积为 0。

(3)任意两个最大项的和为 1。

(4)如果两个最大项只有一个变量不同，那么它们的乘积等于各相同变量的和。

比较表 1-9-1 和表 1-9-2 中的最小项 $A'BC$ 和最大项 $A+B'+C'$，可知

$$(A'BC)' = A+B'+C'$$

$$m_3' = M_3 \tag{1-9-1}$$

由式(1-9-1)可知，编号相同的最小项和最大项之间是互为反的逻辑关系，即

$$m_i' = M_i \tag{1-9-2}$$

可以根据式(1-9-2)进行最大项和最小项的相互转换。

1.9.3 逻辑函数的最小项之和

一个逻辑函数可以写成几个乘积项之和的形式，即与或式。如果每一个乘积项都是最小项，则为最小项之和的形式。对于一个缺少变量的乘积项，可以通过将原式和 $(A+A')$ 相乘再展开的方式使乘积项变换为最小项。因此，每一个逻辑函数都可以写成最小项之和的形式，这是逻辑函数的一种标准形式，也是应用最广泛的形式。

【例 1-18】 将逻辑函数 $Y(A,B,C) = A'B + AC'$ 展开成最小项之和的形式。

解 由于是三变量逻辑函数，每个最小项中应该有 3 个因子，乘积项 $A'B$ 中缺少变量 C，乘积项 AC' 中缺少变量 B，采用如下的转换方法，可以将逻辑函数式变换为最小项之和的形式：

$$Y(A,B,C) = A'B + AC' = A'B(C'+C) + AC'(B'+B)$$
$$= A'BC' + A'BC + AB'C' + ABC'$$
$$= m_2 + m_3 + m_4 + m_6$$
$$= \sum m(2,3,4,6)$$

1.9.4　逻辑函数的最大项之积

一个逻辑函数可以写成几个或项相乘的形式，即或与式。如果每一个或项都是最大项，则为最大项之积的形式。对于一个缺少变量的或项，可以通过在原式中加 AA'，将或项中缺少的变量补齐，再经过相应的变换，就可以使或与式转换成最大项之积的形式。

【例 1-19】　将 $Y(A,B,C) = (A+B)(A'+C)$ 转换成最大项之积的形式。

解　由于是三变量逻辑函数，每个最大项中应该有 3 项相加，或项 $(A+B)$ 中缺少变量 C，或项 $(A'+C)$ 中缺少变量 B，采用如下的转换方法，可以将逻辑函数式变换为最大项之积的形式：

$$\begin{aligned}
Y(A,B,C) &= (A+B)(A'+C) = (A+B+CC')(A'+C+BB') \\
&= (A+B+C)(A+B+C')(A'+B+C)(A'+B'+C) \\
&= M_0 \cdot M_1 \cdot M_4 \cdot M_6 \\
&= \prod M(0,1,4,6)
\end{aligned}$$

1.10　逻辑函数的化简

逻辑函数化简的意义在于通过化简可以将复杂的表达式变换成简洁的表达式，有利于进行逻辑函数的分析，也有利于后续将逻辑函数进行硬件实现。

如图 1-10-1 所示的逻辑电路，可以写出输出逻辑函数式：

$$Y = (A+B)B' + B' + BC \tag{1-10-1}$$

将式（1-10-1）化简可得

$$\begin{aligned}
Y &= AB' + BB' + B' + BC \\
&= B'(A+1) + BC \\
&= B' + BC \\
&= B' + C
\end{aligned} \tag{1-10-2}$$

将式（1-10-2）用逻辑电路实现，可得到如图 1-10-2 所示的逻辑电路图。可见，通过化简，可以大大简化电路结构，节省硬件资源，提高电路可靠性。

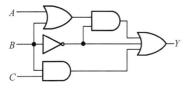

图 1-10-1　式（1-10-1）的逻辑电路图

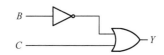

图 1-10-2　化简后的逻辑电路图

对逻辑函数进行化简时，通常根据目标器件类型，将逻辑函数化简为不同的表达式。

1.10.1　逻辑函数的多种表达式

一个逻辑函数可以有多种不同的表达式。对于同一个逻辑函数，尽管表达式不同，但是表示的逻辑功能是一样的，这些表达式之间可以相互转换。常用的几种逻辑函数的表达式有与或式、与非-与非式、或与式、或非-或非式和与或非式。

与或式	$Y = A'B + AC'$
与非-与非式	$Y = ((A'B)'(AC')')'$
或与式	$Y = (A + B)(A' + C')$
或非-或非式	$Y = ((A + B)' + (A' + C')')'$
与或非式	$Y = (A'B' + AC)'$

1.10.2 逻辑函数最简形式的标准

1. 最简的与或表达式

乘积项最少，并且每个乘积项中的变量也最少的与或表达式为最简的与或表达式。

根据上述标准，$Y = A'B + AC'$ 为最简的与或表达式。

2. 最简的与非-与非表达式

非号最少，并且每个非号内乘积项中的变量也最少的与非-与非表达式为最简的与非-与非表达式。

【例 1-20】 将最简的与或表达式 $Y = A'B + AC'$ 转换为最简的与非-与非表达式。

解 对最简的与或表达式取两次反，然后用摩根定理去掉内层的非号：

$$Y = A'B + AC' = ((A'B + AC')')' = ((A'B)'(AC')')'$$

3. 最简的或与表达式

括号最少，并且每个括号内相加的变量也最少的或与表达式为最简的或与表达式。

【例 1-21】 将最简的与或表达式 $Y = A'B + AC'$ 转换为最简的或与表达式。

解 首先求出反函数 Y' 的最简与或表达式，然后用反演定理得到最简的或与表达式：

$$Y' = (A'B + AC')' = A'B' + AC$$
$$Y = (A + B)(A' + C')$$

4. 最简的或非-或非表达式

非号最少，并且每个非号内相加的变量也最少的或非-或非表达式为最简的或非-或非表达式。

【例 1-22】 将最简的与或表达式 $Y = A'B + AC'$ 转换为最简的或非-或非表达式。

解 首先求出最简的或与表达式，再对最简的或与表达式取两次反，最后用摩根定理去掉内层的非号：

$$Y = A'B + AC' = (A + B)(A' + C')$$
$$= (((A + B)(A' + C'))')' = ((A + B)' + (A' + C')')'$$

5. 最简的与或非表达式

非号内相加的乘积项最少，并且每个乘积项中相乘的变量也最少的与或非表达式为最简的与或非表达式。

【例 1-23】 将最简的与或表达式 $Y = A'B + AC'$ 转换为最简的与或非表达式。

解 首先求出最简的或非-或非表达式，然后用摩根定理去掉内层的非号：

$$Y = A'B + AC' = ((A+B)' + (A'+C')')' = (A'B' + AC)'$$

1.10.3　逻辑函数的形式变换

在实际应用中，为了减少门电路的种类或适应已有的器件，需要对逻辑函数式进行形式变换。

逻辑函数常用的形式是与或形式，对于与或式 $Y = AB + BC'$，在不限制门的种类时，根据表达式得到如图 1-10-3 所示的逻辑图。从图 1-10-3 中可以看出，为实现该逻辑功能需要 2 个二输入与门和 1 个二输入或门。

如果限定只用二输入与非门实现，则需要把逻辑函数式变换成与非-与非的形式。根据 1.10.2 节中的变换方法可以得到 $Y = ((AB)'(BC')')'$，如图 1-10-4 所示的逻辑图，用到 4 个二输入与非门。

如果限定只用二输入或非门实现，则需要把逻辑函数式变换成或非-或非的形式。根据 1.10.2 节中的变换方法可以得到 $Y = ((A+C')' + B')'$，如图 1-10-5 所示的逻辑图，用到 4 个二输入或非门。

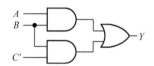
图 1-10-3　用与门和或门实现的逻辑图

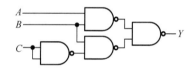
图 1-10-4　只用与非门实现的逻辑图

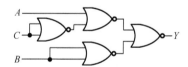
图 1-10-5　只用或非门实现的逻辑图

1.10.4　公式化简法

公式化简法是通过使用逻辑代数的基本公式、常用公式和基本定理进行消项或消因子，以得到逻辑函数式的最简形式。根据所使用的公式不同，公式化简法通常可以分为：并项法、吸收法、消项法、消因子法和配项法。

1. 并项法

并项法是利用公式 $AB + AB' = A$ 将两个与项合并成一项，并消去一对互补因子 B 和 B'。A 和 B 可以是逻辑变量，也可以是逻辑式。

【例 1-24】 化简逻辑函数 $Y = AB'C' + ABC' + ABC + AB'C$。

解
$$Y = AB'C' + ABC' + ABC + AB'C$$
$$= A(B'C' + BC') + A(BC + B'C)$$
$$= AC' + AC$$
$$= A$$

并项法可以描述为若两个乘积项中分别包含同一个因子的原变量和反变量，而其他因子都相同，则这两项可以合并成一项，并消去互为反变量的因子。

2. 吸收法

吸收法是利用吸收律公式 $A + AB = A$ ，可将 AB 项消去。

【**例 1-25**】 化简逻辑函数 $Y = AB + ABC' + ABD + AB(C' + D')$ 。

解
$$Y = AB + ABC' + ABD + AB(C' + D')$$
$$= AB$$

3. 消项法

消项法是利用冗余律公式 $AB + A'C + BC = AB + A'C$ 及 $AB + A'C + BCD = AB + A'C$ ，将 BC 或 BCD 消去。

【**例 1-26**】 化简逻辑函数 $Y = AB'CD' + (AB')'E + A'CD'E$ 。

解
$$Y = AB'CD' + (AB')'E + A'CD'E$$
$$= (AB')CD' + (AB')'E + (CD')(E)A'$$
$$= AB'CD' + (AB')'E$$

4. 消因子法

消因子法是利用吸收律公式 $A + A'B = A + B$ ，可将 $A'B$ 中的 A' 消去。

【**例 1-27**】 化简逻辑函数 $Y = AB + A'C + B'C$ 。

解
$$Y = AB + A'C + B'C$$
$$= AB + (A' + B')C$$
$$= AB + (AB)'C$$
$$= AB + C$$

5. 配项法

配项法可以利用重叠律公式 $A + A = A$ ，在逻辑函数式中重复写入 A 。还可以利用互补律公式 $A + A' = 1$ ，将逻辑函数式中的某一项乘以 $(A + A')$ ，然后进行化简。

【**例 1-28**】 化简逻辑函数 $Y = A'B'C' + A'BC' + A'BC + ABC'$ 。

解
$$Y = A'B'C' + A'BC' + A'BC + ABC'$$
$$= (A'B'C' + A'BC') + (A'BC' + A'BC) + (A'BC' + ABC')$$
$$= A'C' + A'B + BC'$$

【**例 1-29**】 化简逻辑函数 $Y = A'B' + B'C' + BC + AB$ 。

解
$$Y = A'B' + B'C' + BC + AB$$
$$= A'B'(C + C') + B'C' + BC(A + A') + AB$$
$$= A'B'C + A'B'C' + B'C' + ABC + A'BC + AB$$
$$= A'C + B'C' + AB$$

利用公式法化简需要对已有的公式特别熟悉，然后再通过观察，合理利用公式。

1.10.5　卡诺图化简法

公式化简法的优点是不受变量数目的约束，当对公式和定理十分熟练时，化简比较方便。但是，公式化简法有以下局限性：逻辑代数与普通代数的公式易混淆，化简过程要求对所有公式熟练掌握；无一套完善的方法可循，需要经验和灵活度；技巧性强，较难掌握，在很多情况下难以判断化简结果是否最简。卡诺图化简法能在一定程度上解决公式化简法存在的问题。

1. 卡诺图的构成

卡诺图是由美国贝尔实验室的电信工程师莫里斯·卡诺提出的。将 n 变量的所有最小项用小方块和对应的编号表示出来，并将具有逻辑相邻性的最小项几何位置也相邻地排列在一起，得到的图形称为 n 变量的卡诺图。

根据卡诺图的构成规则，可以得到二变量、三变量、四变量和五变量的卡诺图，如图 1-10-6 所示。把图形外面的 0 和 1 按照高、低位的顺序组成二进制数，其对应的十进制数的大小即为方格内的最小项的编号。每个二变量的最小项有 2 个最小项与它相邻，最小项 m_0 与 m_1、m_2 相邻。每个三变量的最小项有 3 个最小项与它相邻，m_1 与 m_0、m_3、m_5 相邻。每个四变量的最小项有 4 个最小项与它相邻，m_5 与 m_1、m_4、m_7、m_{13} 相邻，最左列的最小项 m_{12} 与最右列对应的最小项 m_{14} 是相邻的，最上一行的最小项 m_3 与最下一行对应的最小项 m_{11} 也是相邻的。每个五变量的最小项有 5 个最小项与它相邻，在五变量最小项的卡诺图中，除了几何位置相邻的最小项具有逻辑相邻性以外，图 1-10-6(d) 中以双竖线为轴左右对称位置上的两个最小项也具有逻辑相邻性，如 m_9 和 m_{13} 逻辑相邻。

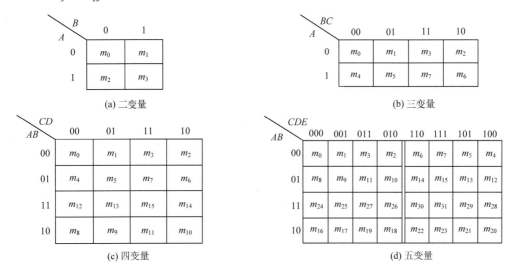

(a) 二变量　　　　　　　　　　　　　　　(b) 三变量

(c) 四变量　　　　　　　　　　　　　　　(d) 五变量

图 1-10-6　最小项的卡诺图

2. 用卡诺图表示逻辑函数

当给定逻辑函数的真值表时,首先根据变量个数画出卡诺图,再按真值表填写每一个小方块的值(0 或 1)即可。需要注意卡诺图中最小项的排列顺序。

【例 1-30】 根据逻辑函数 Y 的真值表 1-10-1,画出 Y 的卡诺图。

解　首先由真值表 1-10-1 可知是三变量的函数,画出三变量 ABC 的卡诺图,再将真值表中 Y 的取值填到对应的小方块中,ABC 为 001、010、100、111 时的对应位置填 1,其他位置填 0,如图 1-10-7 所示,0 也可以不填。

表 1-10-1　例 1-30 的真值表

A	B	C	Y
0	0	0	0
0	0	1	1
0	1	0	1
0	1	1	0
1	0	0	1
1	0	1	0
1	1	0	0
1	1	1	1

A \ BC	00	01	11	10
0	0	1	0	1
1	1	0	1	0

图 1-10-7　例 1-30 的卡诺图

如果已知逻辑函数最小项之和的形式,则在最小项之和表达式中所有的最小项对应的小方块中填入 1,其余的小方块中填入 0。

【例 1-31】 已知函数 $Y(A, B, C, D) = \sum m(0,3,5,7,9,12,15)$,画出卡诺图。

解　由表达式可知是四变量的逻辑函数,先画出四变量的卡诺图,再将最小项之和表达式中所有的最小项 m_0、m_3、m_5、m_7、m_9、m_{12}、m_{15} 对应的小方块中填入 1,其余的小方块中填入 0,如图 1-10-8 所示。

当给定逻辑函数的一般与或式时,可以先把逻辑函数式化为最小项之和的形式,然后填写卡诺图,也可以根据一般与或式直接填写卡诺图。

【例 1-32】 画出逻辑函数 $Y = A'CD + ABD$ 的卡诺图。

解　先画出四变量的卡诺图,与项 $A'CD$ 包含所有含有 $A'CD$ 因子的最小项,而不管另一个因子是 B 还是 B',所以可以直接在卡诺图上对应 $A=0$、$C=1$、$D=1$ 的小方块中填入 1。同理,与项 ABD 包含所有含有 ABD 因子的最小项,而不管另一个因子是 C 还是 C',就可以直接在卡诺图上对应 $A=1$、$B=1$、$D=1$ 的小方块中填入 1。其余最小项对应的位置填 0 即可,如图 1-10-9 所示。

AB \ CD	00	01	11	10
00	1	0	1	0
01	0	1	1	0
11	1	0	1	0
10	0	0	0	0

AB \ CD	00	01	11	10
00	0	0	1	0
01	0	0	1	0
11	0	1	1	0
10	0	0	0	0

图 1-10-8　例 1-31 的卡诺图　　　　图 1-10-9　例 1-32 的卡诺图

3. 卡诺图化简法

在卡诺图中，位置相邻的两个最小项具有逻辑相邻性，因此，可以直接合并，消去不同的因子，即 $AB + AB' = A$，这就是卡诺图化简的依据。

图1-10-10为四变量卡诺图，最小项 m_2 和 m_3 相邻，可以合并，消去因子 D：

$$m_2 + m_3 = A'B'CD' + A'B'CD = A'B'C$$

最小项 m_4、m_5、m_{12}、m_{13} 相邻，可以合并，消去因子 A 和 D：

$$m_4 + m_5 + m_{12} + m_{13} = A'BC'D' + A'BC'D + ABC'D' + ABC'D = BC'$$

最小项 m_1、m_3、m_5、m_7、m_{13}、m_{15}、m_9、m_{11} 相邻，可以合并，消去因子 A、B 和 C：

$$m_1 + m_3 + m_5 + m_7 + m_{13} + m_{15} + m_9 + m_{11}$$
$$= A'B'C'D + A'B'CD + A'BC'D + A'BCD + ABC'D + ABCD + AB'C'D + AB'CD$$
$$= D$$

从图1-10-10中可以看出，2 个相邻的最小项（小方块）合并，消去 1 个取值不同的变量；4 个相邻的最小项合并，消去 2 个取值不同的变量；8 个相邻的最小项合并，消去 3 个取值不同的变量。2^n 个最小项相邻（$n=1,2,\cdots$）并排列成一个矩形，可以合并成一项，并消去 n 对不同的因子。

利用卡诺图化简逻辑函数的步骤如下。

(1) 将逻辑函数用卡诺图表示。

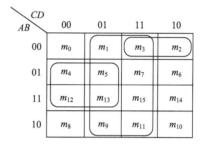

图1-10-10　卡诺图化简

(2) 合并最小项。合并最小项应保证矩形尽量大、数量尽量少，每个矩形内只能含有 2^n 个最小项，要特别注意对边相邻性和四角相邻性；不能漏掉任何一个取值为 1 的最小项；最小项的小方块可以重复使用，但每个矩形内必须至少包含 1 个新的最小项。

(3) 写出最简式。每一个矩形对应一个与项，取值为 1 的变量用原变量表示，取值为 0 的变量用反变量表示，将这些变量相与。所有与项进行逻辑加，得到最简的与或表达式。

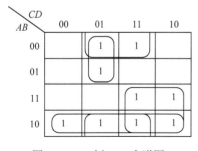

图1-10-11　例 1-33 卡诺图

【例 1-33】　利用卡诺图化简逻辑函数 $Y = AB' + ABC + A'C'D + A'B'D$。

解　根据卡诺图化简步骤，首先画出逻辑函数对应的卡诺图，如图1-10-11所示。然后找相邻最小项，可以画出 4 个矩形，写出 4 个矩形对应的与项，把它们相加，得到最简的与或表达式：

$$Y = AB' + AC + A'C'D + B'D$$

从图1-10-11中可以看出，在化简的时候为了使化简的结果简单，有些最小项可以被重复利用，但是一定要保证每个矩形内必须至少包含 1 个新的最小项。

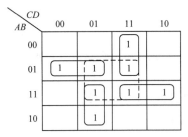

图 1-10-12　例 1-34 卡诺图

【**例 1-34**】如图 1-10-12 所示的卡诺图，写出输出 Y 最简的与或形式。

解　如图 1-10-12 所示画矩形，中间的虚线矩形中所有的 1 都被其他矩形覆盖，即中间这个矩形里不包含新的最小项，因此，其对应的与项 BD 不能写入化简结果中。化简结果为其余四个矩形对应的与项相加：

$$Y = A'BC' + A'CD + ABC + AC'D$$

在利用卡诺图化简时，有时还会出现化简结果不唯一的情况。

【**例 1-35**】利用卡诺图法化简逻辑函数 $Y = AC' + A'C + BC' + B'C$。

解　画出 Y 的卡诺图，可以有两种化简结果 $Y = AB' + A'C + BC'$ 和 $Y = A'B + AC' + B'C$，分别对应图 1-10-13(a) 和 (b)。这两个结果的简化程度是一样的，都是最简的结果。

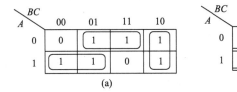

图 1-10-13　例 1-35 的卡诺图

在卡诺图中圈 0 可以得到反函数最简的与或式，然后将等号两边同时取反，可以得到最简的与或非式。

【**例 1-36**】将逻辑函数 $Y(A, B, C, D) = \sum m(1, 3, 6, 7, 9, 11, 13, 14, 15)$ 化为最简的与或非式。

解　首先将逻辑函数用卡诺图表示，如图 1-10-14 所示。通过圈 0 可以得到反函数 Y' 最简的与或式：

$$Y' = C'D' + B'D' + A'BC'$$

两边取反，可以得到 Y 对应的与或非式：

$$Y = (C'D' + B'D' + A'BC')'$$

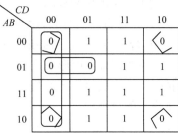

图 1-10-14　例 1-36 的卡诺图

1.11　特殊情况的逻辑函数化简

1.11.1　含有无关项的逻辑函数化简

1. 无关项及其表示方法

在实际的逻辑问题中，有些输入变量的取值不是任意的，也就是说，输入变量的有些取值是被限制的，这些被限制的输入变量取值对应的最小项称为约束项。约束项由于是不可能出现的，所以相应的最小项的取值为 0。而在有些具体的逻辑问题中，对应于输入变量的某些取值，函数值是任意的，可以为 0，也可以为 1，并不影响电路的功能，这些变量的取值对应的最小项称为任意项。在逻辑函数中，约束项和任意项统称为无关项。

以电梯运行状态指示电路为例理解无关项。$A=1$ 表示电梯上行，$B=1$ 表示电梯停止，$C=1$ 表示电梯下行，$Y=1$ 表示电梯运行，$Y=0$ 表示电梯停止。因为任何时候电梯只能执行其中一种命令，所以不允许两个或两个以上的变量同时为 1，因此，ABC 的取值只能为 001、010 和 100，不允许取其他 5 种取值。

根据上述分析，可以列出表示输出与输入关系的逻辑真值表，如表 1-11-1 所示，×表示无关项。

表 1-11-1　具有约束项的真值表

A	B	C	Y
0	0	0	×
0	0	1	1
0	1	0	0
0	1	1	×
1	0	0	1
1	0	1	×
1	1	0	×
1	1	1	×

由于 ABC 的取值为 000、011、101、110、111 这 5 种情况不可能出现，因此 A、B、C 为具有约束的逻辑变量，Y 为具有约束的逻辑函数。以上 5 种情况可以表示为 $A'B'C'=0$、$A'BC=0$、$AB'C=0$、$ABC'=0$、$ABC=0$ 或 $A'B'C'+A'BC+AB'C+ABC'+ABC=0$。

表 1-11-1 所示的具有无关项的逻辑函数，可以表示为

$$\begin{cases} Y = A'B'C + A'BC' + AB'C' \\ A'B'C' + A'BC + AB'C + ABC' + ABC = 0 \end{cases}$$

或表示成

$$Y(A,B,C) = \sum m(1,2,4) + \sum d(0,3,5,6,7)$$

2. 含有无关项的逻辑函数化简

在利用卡诺图表示逻辑函数时，无关项的位置可以写成"×"或者"∅"，化简时可根据需要把无关项当作 1，也可以当作 0，目标是使逻辑函数化简结果更为简单。

【例 1-37】　将下列具有无关项的逻辑函数化简为最简的与或式。

$$Y(A,B,C,D) = \sum m(7,8,10,11,12,13,14) + \sum d(5,6,9,15)$$

解　在卡诺图中，将对应最小项的位置填入 1，对应无关项的位置填入×，其他位置填入 0，如图 1-11-1 所示，化简后的逻辑函数为

$$\begin{cases} Y = A + BC \\ \sum d(5,6,9,15) = 0 \end{cases}$$

由此可知，化简具有无关项的逻辑函数时，如果能合理利用无关项，一般都可得到更加简单的化简结果。

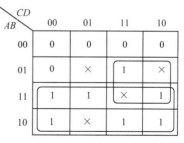

图 1-11-1　例 1-37 的卡诺图

1.11.2　多输出逻辑函数的化简

以上化简过程中，无论是普通的卡诺图化简还是含有无关项的卡诺图化简都是单输出的情况，只考虑化简结果最简即可。但是对于多输出的逻辑函数，化简时不能只考虑单个输出最简，而是要保证整体结果最简。

【例 1-38】 已知一组多输出逻辑函数，要求用最少的与门和或门实现。

$$Y_1(A,B,C,D) = \sum m(2,6,7,8,10,12,14,15)$$

$$Y_2(A,B,C,D) = \sum m(5,8,9,10,11,12,13,14,15)$$

$$Y_3(A,B,C,D) = \sum m(2,6,7,9,11,13,15)$$

解　分别把 3 个输出单独化简，如图 1-11-2 所示，可以得到

$$Y_1 = AD' + BC + CD'$$

$$Y_2 = A + BC'D$$

$$Y_3 = AD + BCD + A'CD'$$

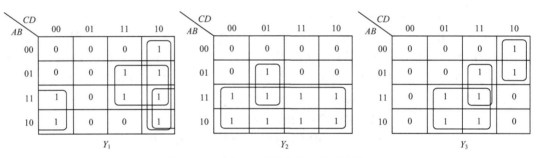

图 1-11-2　例 1-38 单独化简时的卡诺图

用与门和或门实现，如图 1-11-3 所示，需要 7 个与门、3 个或门。这样的化简结果虽然每一个输出是最简的，但是整体并不是最优化的。

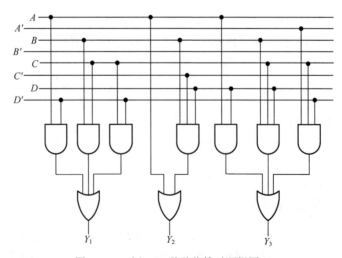

图 1-11-3　例 1-38 单独化简时逻辑图

综合考虑 3 个卡诺图之间的公共项，可以采用如图 1-11-4 的化简方案，得到如下的化简结果：

$$Y_1 = AD' + BCD + A'CD'$$
$$Y_2 = AD' + BC'D + AD$$
$$Y_3 = BCD + AD + A'CD'$$

用与门和或门实现，如图 1-11-5 所示，需要 5 个与门、3 个或门，和图 1-11-3 相比，少用了 2 个与门。

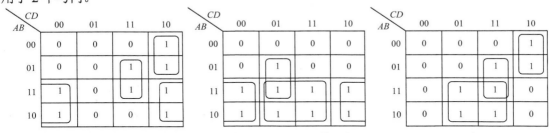

图 1-11-4　例 1-38 多输出化简的卡诺图

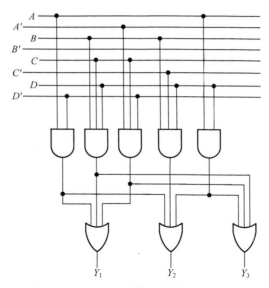

图 1-11-5　例 1-38 多输出化简的逻辑图

本 章 小 结

　　数字信号在时间上和幅度上都是离散变化的，数字电路主要研究输出与输入间的逻辑关系，基本的数字电路包含组合逻辑电路、时序逻辑电路和 A/D、D/A 转换器等。数字信号可以用数字波形表示，数字波形是逻辑电平对时间的图形表示。描述实际脉冲信号的参数有脉冲幅值、脉冲周期、脉冲频率、脉冲宽度、占空比、上升时间和下降时间等。

　　常用的数制有二进制、八进制、十进制、十六进制，表示同一含义时，数制越大，所需位数越少，用二进制数表示时，位数最多。数字电路中采用二进制是因为二进制的数字电路简单可靠、所用元件少，二进制的基本运算规则简单、运算操作简便。二进制、八进制、十六进制以及十进制数之间可以相互转换。

当数码表示不同的事物时，它就是一种代码，代码不能做算术运算，只能做逻辑运算。给不同事物赋予一定代码的过程为编码，常用的编码有自然二进制码、二-十进制码、格雷码和 ASCII 码。二-十进制码有 8421 码、余 3 码、2421 码、5211 码。格雷码的特点是相邻两个代码之间只有一位发生变化，这在数字电路中可以避免由竞争冒险产生的暂态。

当二进制数表示数量的大小时，可以进行算术运算。采用补码，可以把减法运算转换成补码的加法运算，二进制加、减、乘、除运算可以用移位和相加两种操作实现。因此，可以简化电路结构，数字电路中普遍采用二进制算术运算。

逻辑代数是分析和设计数字电路的重要工具。逻辑代数中有与、或、非三种基本逻辑运算，常用的复合逻辑运算有与非、或非、与或非、异或和同或运算。

逻辑代数的公式和定理是化简和变换逻辑函数的基础，逻辑代数的基本公式包括交换律、结合律、分配律和反演律等。常用公式包括吸收律和冗余律公式等，基本定理包括代入定理、反演定理和对偶定理。

逻辑函数描述了输出和输入之间的因果关系，是二值函数。逻辑函数的描述方法有逻辑真值表、逻辑函数式、逻辑图、波形图、卡诺图等，同一个逻辑函数可以用这几种不同的方法描述，但有时根据不同的需要还要完成各种描述方法之间的转换。

逻辑函数的两种标准形式为最小项之和和最大项之积。变量个数相同时，编号相同的最小项和最大项之间是互为反的逻辑关系。最小项之和是标准与或式，是最常用的标准形式。逻辑相邻的两个最小项之和可以合并，并消去一对因子，这个性质可以用来进行逻辑函数的化简。

常用的逻辑函数的表达式有与或式、或与式、与非-与非式、或非-或非式、与或非式。利用公式法化简逻辑函数需要熟记公式，通过观察、反复使用公式来完成化简。逻辑函数的形式变换主要是为了适应器件的需要。

把逻辑相邻的最小项几何位置也相邻地排列起来构成卡诺图，卡诺图可以看作上、下，左、右都闭合的图形。合并最小项应保证矩形尽量大、数量尽量少，每个矩形内必须至少包含 1 个新的最小项。通过圈 0 再取反可以得到最简的与或非的表达式。

无关项包含约束项和任意项，约束项是被限制的输入变量取值对应的最小项，任意项是输入变量的某些取值下函数值是 1 是 0 均可以时所对应的最小项。卡诺图化简时，无关项既可以当作 0，也可以当作 1，目标是使化简结果更为简单。对于多输出逻辑函数的化简不能孤立地考虑每一个输出最简，要充分利用公共项，使整体结果最简。

习　题

1-1　将二十六个英文字母区分大小写编码，如果采用二进制代码，则最少需要用几位？如果改用八进制或十六进制代码，则最少各需要用几位？

1-2　将下列二进制数转换为等值的十进制数。

(1) 00100　　　　(2) 11011　　　　(3) 1001001　　　　(4) 11011011

(5) 0.00100　　　(6) 0.11011　　　(7) 0.1001001　　　(8) 0.11011011

(9) 0011.0011　　(10) 1100.1100

1-3　将下列二进制数转换为等值的八进制数和十六进制数。

(1) 110.110　　　　(2) 11.11　　　　　　(3) 0101.0101　　　　(4) 1010.1010

1-4　将下列十六进制数转换为等值的十进制数和二进制数。

(1) FF　　　　　　(2) A0.0E　　　　　　(3) ACE　　　　　　　(4) 10.01

1-5　将下列十进制数转换为等值的二进制数和十六进制数(要求保留小数点以后 8 位有效数字)。

(1) 33.3　　　　　(2) 16　　　　　　　 (3) 255　　　　　　　 (4) 102.6875

1-6　写出下列二进制数的原码、反码和补码。

(1) +0001　　　　 (2) +1110　　　　　　(3) −10011　　　　　　(4) −01100

1-7　将下列原码转换成对应的反码和补码。

(1) 0001　　　　　(2) 1110　　　　　　 (3) 10011　　　　　　 (4) 01100

1-8　用 6 位二进制补码表示下列十进制数。

(1) 16　　　　　　(2) −16　　　　　　　(3) 27　　　　　　　　(4) −30

1-9　用二进制补码运算下列各式。

(1) 1010+1100　　 (2) 1011+0100　　　　(3) −1011+0100　　　　(4) −1001+1100

(5) 1010−1100　　 (6) 1011−0100　　　　(7) −1011−0100　　　　(8) −1001−1100

1-10　用二进制补码运算下列各式(式中数字为十进制数)。

(1) 14+3　　　　　(2) 14−3　　　　　　 (3) −14+3　　　　　　 (4) −14−3

(5) 22+11　　　　 (6) −22+11　　　　　 (7) −22−11　　　　　　(8) 22−11

1-11　用真值表的方法证明下列各式。

(1) $A \oplus 1 = A'$　　　　　　　　　　　　(2) $A \oplus 0 = A$

(3) $(A \oplus B) \oplus C = A \oplus (B \oplus C)$　　　　　(4) $A(B \oplus C) = AB \oplus AC$

(5) $A + A'B = A + B$

1-12　用逻辑代数公式证明下列各式。

(1) $ABC + AB'C + ABC' = AB + AC$　　　(2) $(A + B)(A + B') = A$

(3) $(A + B)(B + C)(A' + C) = (A + B)(A' + C)$　(4) $A'B' + BC' + A' + B' + ABC = 1$

1-13　求下列逻辑函数式的反函数。

(1) $Y = AB + A'B'$　　　　　　　　　　　(2) $Y = A'BCD + (B' \odot C)'D + AD$

(3) $Y = AC' + (AC)' + (A + B')'$

1-14　求下列逻辑函数式的对偶式。

(1) $Y = A'B + AB'$　　　　　　　　　　　(2) $Y = (AB + C'D)'E + A(CD)'$

(3) $Y = AB'CD + ABD + AC'D$

1-15　根据表题 1-15 逻辑函数的真值表写出对应的逻辑函数式。

表题 1-15

A	B	C	Y	A	B	C	Y
0	0	0	1	1	0	0	0
0	0	1	0	1	0	1	1
0	1	0	0	1	1	0	1
0	1	1	1	1	1	1	0

1-16 根据逻辑函数式写出对应的逻辑真值表。

(1) $Y = AB(A+B)'$

(2) $Y = (A+B)((A+B'+C)'+D')'$

1-17 根据逻辑函数式画出对应的逻辑电路图。

(1) $Y = A'BC + (A+B')C$

(2) $Y = AB'(A'+B)(A'CD + (AD+B'C')')$

1-18 根据图题 1-18 所示的逻辑电路写出对应的逻辑函数式。

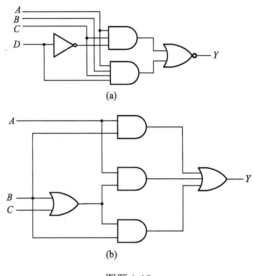

(a)

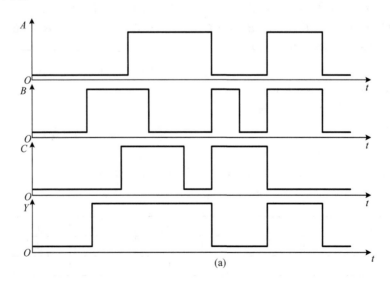

(b)

图题 1-18

1-19 根据图题 1-19 所示的波形图，写出逻辑函数的真值表和逻辑函数式。A、B、C 为输入，Y 为输出。

(a)

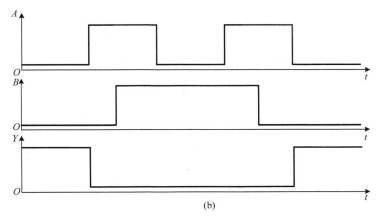

图题 1-19

1-20 将下列逻辑函数式化为最小项之和的形式。

(1) $Y = A'BC + AB'C + AB$ (2) $Y = AB' + BD + A'CD$

(3) $Y = AB'(C + D) + BC(C + D)'$ (4) $Y = ABC + B'CD + AC'D + ABD'$

1-21 将下列逻辑函数式化为最大项之积的形式。

(1) $Y = AB + AC$ (2) $Y = AC'D + AB'(C + D)$

(3) $Y = AB'C + ABD + A'C + CD'$ (4) $Y = (A + D')(B + D)' + (A'B + CD)'$

1-22 利用公式化简法，将下列逻辑函数式化为最简与或形式。

(1) $Y = (A'B + AC')'$ (2) $Y = ABCD + AB'CD + ABCD' + AB'CD'$

(3) $Y = AB(A + B')$ (4) $Y = ABCD' + ABD + BCD' + ABC + AD + BC'$

1-23 利用卡诺图化简法，将下列逻辑函数式化简为最简与或形式，然后变换成与非-与非形式。

(1) $Y = (AC + A'BC + B'C)' + ABC'$

(2) $Y = AB'CD + ABC'D + AB' + AD' + AB'C + A'BCD$

(3) $Y(A,B,C,D) = \Sigma m(0,2,5,7,8,10,13,15)$

(4) $Y(A,B,C,D) = \Sigma m(1,3,4,9,11,12,14)$

1-24 利用卡诺图化简法，求下列逻辑函数式的反函数最简与或形式。

(1) $Y(A,B,C,D) = \Sigma m(0,1,2,3,4,5,9,11,12,14)$

(2) $Y = (A' + B)(A + B')C$

1-25 将下列含无关项的逻辑函数式化简为最简与或形式。

(1) $Y(A,B,C,D) = \Sigma m(1,3,6,7,9) + \Sigma d(10,11,12,13,14,15)$

(2) $Y(A,B,C,D) = \Sigma m(0,2,6,7) + \Sigma d(8,11,14,15)$

1-26 化简下列多输出逻辑函数，要求将这些逻辑函数从总体上化为最简，并将化简结果与各自独立化简的结果进行比较。

(1) $Y_1(A,B,C,D) = \Sigma m(1,3,4,5,7,9,10,11,13,14,15)$

(2) $Y_2(A,B,C,D) = \Sigma m(2,3,4,5,6,7,12,13)$

(3) $Y_3(A,B,C,D) = \Sigma m(10,12,13,14)$

第 2 章　逻辑门电路

2.1　概　　述

输出和输入之间符合基本逻辑关系和常用逻辑关系的单元电路称为逻辑门电路，它是数字电路中最基本的逻辑单元，也是实现逻辑运算的基本单元。与逻辑关系相对应，常见的门电路有与门、或门、非门三种，它们也称为基本逻辑运算单元。除此之外，还有与非门、或非门、与或非门、异或门和同或门等复合逻辑单元。

由于数字电路中只存在逻辑 0 和逻辑 1 两种数字量，不像模拟电路那样取值连续，因此数字电路在工作过程中的高、低电平都有一个允许的范围，如图 2-1-1 所示。只要电压的取值在允许的范围内，数字电路就能正常工作，所以其对元器件精度和电源稳定性的需求较低。正因为如此，数字电路很难出现累积误差，其运算精度主要由数字信号的位数决定，所以通过平行扩展数字电路的规模，实现大规模数据的高精度计算较为容易。

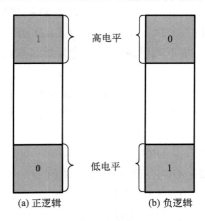

图 2-1-1　正逻辑和负逻辑表示方法

如图 2-1-1 所示，当用高、低电平表示逻辑 1 和逻辑 0 时，有两种表示方法：若以高电平表示逻辑 1，则以低电平表示逻辑 0，这种表示方法为正逻辑；若以高电平表示逻辑 0，则以低电平表示逻辑 1，这种表示方法为负逻辑。对于同一电路，可以采用正逻辑，也可以采用负逻辑。正逻辑与负逻辑的规定不涉及逻辑电路本身的结构与性能好坏，但不同的规定可使同一电路具有不同的逻辑功能。在本书中，若无特殊说明，约定按正逻辑讨论问题，所有门电路的符号均按正逻辑表示。

可以通过开关电路获得逻辑电平，在如图 2-1-2 (a) 和 (b) 所示的开关电路中，若 v_I 使开关 S_1 断开，则输出 v_O 为高电平，即逻辑 1；若 v_I 使开关 S_1 闭合，则输出 v_O 为低电平，即逻辑 0。如果采用半导体三极管或场效应管导通和截止的两个工作状态取代开关 S_1，即可通过三极管的基极或场效应管的栅极输入电压来控制"开关"的闭合与断开，于是可以得到由外部输入电压来控制输出状态的非门模型。

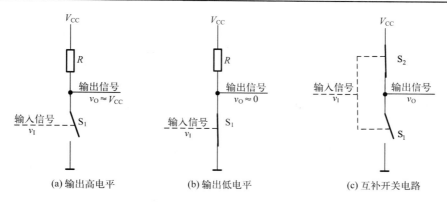

(a) 输出高电平　　　　　　　　(b) 输出低电平　　　　　　　　(c) 互补开关电路

图 2-1-2　用于获得高低电平的开关电路

但这样的逻辑门存在一个很明显的缺点，当输入 v_I 为高电平时，晶体管导通，输出 v_O 为低电平，在这种工作状态下，始终会有一定的功率消耗在电阻 R 上。为了克服这一缺点，可以采用两个晶体管组成互补结构的开关电路模型，即用另一个晶体管作为开关 S_2 替代图 2-1-2(a) 中的电阻 R，如图 2-1-2(c) 所示。若 v_I 使 S_1 闭合的同时使 S_2 断开，则输出 v_O 为低电平；若 v_I 使 S_1 断开的同时使 S_2 闭合，则输出 v_O 为高电平。虽然晶体管的导通和截止状态都受到同一输入的控制，但其导通与截止状态相反，这样无论输入 v_I 是高电平还是低电平，两个晶体管始终有一个工作于截止状态，从而减小了电路的功耗。因此，这种互补开关电路是数字集成电路中广泛采用的电路结构。

2.2　基本 CMOS 门电路

2.2.1　MOS 管的基本特性

利用 MOS 管作为开关器件，可以构成互补金属氧化物半导体电路(Complementary Metal-Oxide-Semiconductor Circuit，CMOS)，即 CMOS 门电路。MOS 管主要有 4 种类型：N 沟道增强型、P 沟道增强型、N 沟道耗尽型和 P 沟道耗尽型。

1. MOS 管的结构与工作原理

1) N 沟道增强型

N 沟道增强型 MOS(NMOS)管的结构示意图和符号如图 2-2-1 所示。在 P 型半导体衬底 B(Bulk)上制作两个高掺杂浓度的 N 型区，在 P 型材料的上表面制作一层很薄的 SiO$_2$ 绝缘层，通常情况下该层的厚度在 0.1 μm 以内，在绝缘层的表面由金属铝或多晶硅制作栅极 G(Gate)，在两个高掺杂浓度的 N 型区制作源极 S(Source)和漏极 D(Drain)，如图 2-2-1(a)所示。栅极通过衬底表面极薄的 SiO$_2$ 层实现与另外两极的绝缘。

为了防止因衬底和源极之间的电位不同而产生传导电流，一般将衬底和源极相连或将衬底连接到系统的最低电位上。当栅极和源极之间的电压 $v_{GS}=0$ 时，源极 S 和漏极 D 之间相当于两个"背靠背"的 PN 结。因此，无论源极 S 和漏极 D 之间施加何种极性的电压 v_{DS}，D、S 之间均不能导通，电流 $i_D=0$。

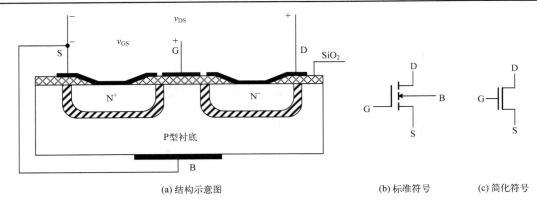

(a) 结构示意图　　　　　　　　　　　(b) 标准符号　　　(c) 简化符号

图 2-2-1　N 沟道增强型 MOS 管

当栅极 G 和源极 S 之间施加正电压 $v_{GS} > 0$ 时，在栅极与衬底之间的电压差产生一个由栅极指向衬底的电场。在这个电场的作用下，衬底中的少数载流子电子被吸引到衬底中栅极 G 的下方。当 v_{GS} 大于某一电压值时，在衬底表面形成一个 N 型反型层，为 D、S 之间提供了导电沟道，在源极 S 和漏极 D 之间便有电流形成，$i_D \neq 0$。开始形成导电沟道所需的 v_{GS} 称为阈值电压或开启电压，用 V_T 表示。显然，当 $v_{GS} = 0$ 时，没有导电沟道；当 v_{GS} 足够大时，才能形成 N 型导电沟道。随着 v_{GS} 增加，衬底中被吸引到表面的载流子增多，沟道的导通能力增强，因此称为 N 沟道增强型 MOS 管。图 2-2-1(b) 中衬底上的箭头指向 MOS 管内部表示该 MOS 管的导电沟道是 N 型，图 2-2-1(c) 符号简图中 D、S 之间断开的线段表示 $v_{GS} = 0$ 时没有导电沟道存在。NMOS 管导电沟道中的载流子是电子，其迁移率高、速度快，因此，NMOS 管广泛用于数字电路中。

2) P 沟道增强型

P 沟道增强型 MOS 管是在 N 型衬底上制作两个高掺杂的 P 型区，在 N 型材料的上表面制作绝缘层后引出三个电极 G、S、D，如图 2-2-2(a) 所示。图 2-2-2(b) 中衬底上指向 MOS 管外部的箭头代表该 MOS 管的导电沟道为 P 型。当栅极和源极之间的电压 $v_{GS} = 0$ 时，没有导电沟道形成。当栅极 G 施加负电压时，在栅极与衬底之间的电压差产生的电场的作用下，使得衬底中的少数载流子空穴被吸引到衬底中栅极 G 的下方。当负电压 v_{GS} 足够大时，在衬底表面形成了一个 P 型反型层，为 D、S 之间提供了导电沟道。PMOS 管工作时需要使用负电源，并将衬底与源极相连或接至系统最高电位上。

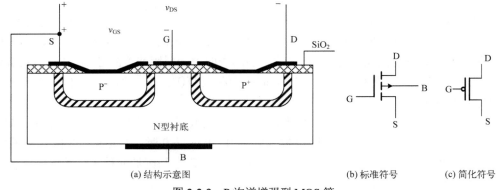

(a) 结构示意图　　　　　　　　　　　(b) 标准符号　　　(c) 简化符号

图 2-2-2　P 沟道增强型 MOS 管

3) N 沟道耗尽型和 P 沟道耗尽型

MOS 管还有 N 沟道耗尽型和 P 沟道耗尽型，它们的基本结构分别与对应导电沟道类型的增强型 MOS 管相似，但不同之处在于耗尽型的 MOS 管在衬底和栅极之间的 SiO_2 绝缘层中加入了一定浓度的正离子或负离子。绝缘层中正、负离子的存在，使得 $v_{GS}=0$ 时衬底中存在一定强度的电场，能吸引足够数量的少数载流子到达栅极下方的衬底表面，在源极 S 和漏极 D 之间形成导电沟道。

对于 N 沟道耗尽型 MOS 管，当 v_{GS} 为正时，外加电场与绝缘层中正离子产生的电场相互叠加增强，使源极 S 与漏极 D 之间的导电沟道变宽，i_D 增大；当 v_{GS} 为负时，外加电场和固有电场相互叠加减弱，使得衬底中的导电沟道变窄，i_D 减小。当外加的负电压 v_{GS} 增大到一定限度时，导电沟道最终消失，此时 MOS 管截止，$i_D=0$，称此时的电压 V_P 为 N 沟道耗尽型 MOS 管的夹断电压。N 沟道耗尽型 MOS 管的符号如图 2-2-3(a) 所示，与图 2-2-1(b) 相比，N 沟道耗尽型 MOS 管 D、S 之间断开的线段变为了实线，用以表示外加电压 $v_{GS}=0$ 时衬底中有导电沟道存在，其正常工作时也应将衬底与源极相连或将其连接至系统的最低电位上。P 沟道耗尽型与 N 沟道耗尽型 MOS 管相似，如图 2-2-3(b) 所示。

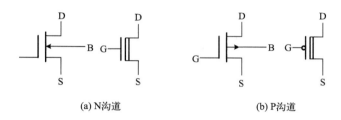

(a) N沟道　　　　　　　　　　(b) P沟道

图 2-2-3　耗尽型 MOS 管符号

2. MOS 管的输出特性和转移特性

MOS 管中以栅极 G 和源极 S 间的回路作为输入回路，以漏极 D 和源极 S 间的回路作为输出回路，由于源极 S 既在输入回路又在输出回路，因此称为共源极接法，图 2-2-4 为 NMOS 管共源极接法示意图。由于栅极和衬底之间有 SiO_2 绝缘层，因此栅极电流为 0，且随着 v_{GS} 的变化，栅极电流不变。

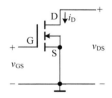

图 2-2-4　NMOS 管共源极接法

MOS 管的输出特性是指当 v_{GS} 一定时，i_D 与 v_{DS} 之间的关系。共源极接法输出特性曲线又称为 MOS 管的漏极特性曲线，如图 2-2-5(a) 所示。输出特性曲线大致可划分为三个工作区，即截止区、可变电阻区和恒流区。

截止区：$v_{GS} < V_T$，此时外加电压形成的电场不足以使衬底中的少数载流子在源极 S 和漏极 D 之间形成导电沟道，D、S 之间的截止电阻 R_{OFF} 一般为 $10^9\ \Omega$ 以上，$i_D \approx 0$，MOS 管处于截止状态。

可变电阻区：$v_{GS} \geqslant V_T$，外加电压形成的电场将衬底中少数载流子吸引到栅极下方，D、S 之间形成导电沟道，当 v_{DS} 比较小时，i_D 随着 v_{DS} 的增大线性增加。MOS 管的漏极和源极之间呈现为线性电阻，且阻值 R_{ON} 受 v_{GS} 控制。

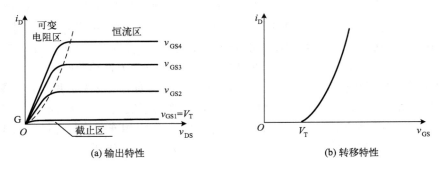

(a) 输出特性   (b) 转移特性

图 2-2-5   NMOS 管共源极接法的特性曲线

恒流区：当 v_{DS} 增加到一定数值时，D、S 之间的电场开始导致靠近漏极的沟道变窄，电阻变大。随着 v_{GS} 增大，电流 i_D 几乎不再增加，i_D 只与 v_{GS} 有关。恒流区 i_D 与 v_{GS} 之间的关系可表示为

$$i_D = I_{DS}\left(\frac{v_{GS}}{V_T} - 1\right)^2 \tag{2-2-1}$$

式中，I_{DS} 为 $v_{GS} = 2V_T$ 时的 i_D 值。在 $v_{GS} \gg V_T$ 时，i_D 近似与 v_{GS}^2 成正比。

转移特性是指在 v_{DS} 一定的条件下，i_D 与 v_{GS} 之间的关系，可以由图 2-2-5(a) 所示的输出特性转换得到。在恒流区中，v_{DS} 对 i_D 的影响较小，所以 v_{DS} 的大小对转移特性几乎没有影响。在转移特性曲线中，$i_D = 0$ 时对应的 v_{GS} 值，即为开启电压 V_T，如图 2-2-5(b) 所示。

P 沟道增强型 MOS 管的输出特性和转移特性曲线如图 2-2-6 所示。PMOS 管的 v_{GS} 为负值，V_T 也为负值，i_D 的实际方向是从源极到漏极，与通常假设的正方向相反，所以也为负值。

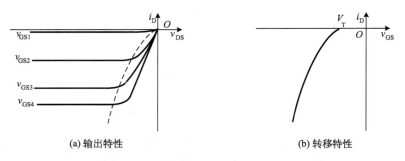

(a) 输出特性   (b) 转移特性

图 2-2-6   PMOS 管的特性曲线

MOS 管是用栅极电压的变化控制漏极电流 i_D 的变化，属于电压控制型半导体器件。

3．MOS 管的基本开关电路

通过上述分析可知，MOS 管可看作一个受电压控制的开关，用 N 沟道增强型 MOS 管替代图 2-1-2(a) 中的开关 S_1，得到如图 2-2-7 所示的 MOS 管基本开关电路。

当 $v_I < V_T$ 时，MOS 管工作在截止区，输出等效电路如图 2-2-8(a) 所示。输出电压 $v_O = \dfrac{R_{OFF}}{R_{OFF} + R_D} V_{DD}$，由于 MOS 管截止时，其电阻高达 $10^9 \Omega$，因此只要 R_D 的取值合理，电路输出则为高电平，$v_O = V_{OH} \approx V_{DD}$。此时，MOS 管 D、S 之间相当于断开的开关，如图 2-2-8(b) 所示。

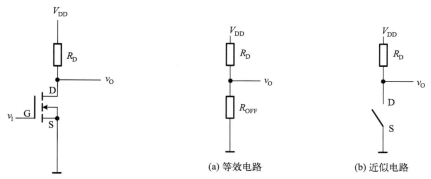

图 2-2-7　MOS 管基本开关电路　　　　图 2-2-8　MOS 管截止时开关电路

当 $v_I > V_T$，并且 v_I 取值足够大时，MOS 管工作在可变电阻区，输出等效电路如图 2-2-9(a) 所示。输出电压 $v_O = \dfrac{R_{ON}}{R_{ON} + R_D} V_{DD}$，一般情况下，导通电阻 R_{ON} 小于 $1k\Omega$，当 v_I 足够大时，R_{ON} 为 $25 \sim 200\Omega$，只要 R_D 的取值合理，电路输出则为低电平，$v_O = V_{OL} \approx 0$。此时，MOS 管 D、S 之间相当于闭合的开关，如图 2-2-9(b) 所示。

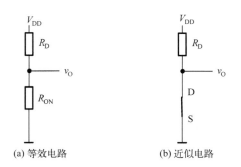

图 2-2-9　MOS 管导通时开关电路

因此，只要选取适当的负载电阻 R_D，即可保证图 2-2-7 所示的电路在输入 v_I 为高电平时输出 v_O 为低电平，输入 v_I 为低电平时输出 v_O 为高电平，即该电路实现了非门的功能。但是考虑到功耗的问题，通常用 PMOS 管替代电阻 R_D 构成集成 CMOS 反相器。

由于 MOS 管中电容以及导通电阻的存在，因此在其动态工作情况下，受到电容充、放电的影响，输出电压滞后于输入电压，同时输出电压波形上升沿和下降沿变缓，如图 2-2-10

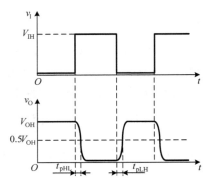

图 2-2-10　MOS 管传输延迟示意图

所示。输出由高电平变为低电平的传输延迟时间和由低电平变为高电平的传输延迟时间分别用 t_{pHL} 和 t_{pLH} 表示。

2.2.2　CMOS 反相器

1. 工作原理

利用 NMOS 管和 PMOS 管组成互补的 MOS 电路称为 CMOS 门电路，CMOS 反相器是 CMOS 逻辑电路的基本组成单元之一。CMOS 反相器电路结构如图 2-2-11 所示，T_P 为 P 沟道增强型 MOS 管，T_N 为 N 沟道增强型 MOS 管，开启电压分别用 V_{TP} 和 V_{TN} 表示。两个 MOS 管的栅极接在一起作为输入端，漏极接在一起作为输出端，PMOS 管的源极接 V_{DD}，NMOS 管的源极接地。为保证电路正常工作，电源电压 $V_{\text{DD}} > V_{\text{TN}} + |V_{\text{TP}}|$。

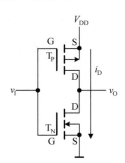

图 2-2-11　CMOS 反相器

当 $v_{\text{I}} = V_{\text{IL}} = 0$ 时，NMOS 管的 $v_{\text{GS}} = 0 < V_{\text{TN}}$，$T_N$ 管截止，等效电阻为 R_{OFF}；PMOS 管的 $|v_{\text{GS}}| = V_{\text{DD}} > |V_{\text{TP}}|$，$T_P$ 管导通，等效电阻为 R_{ON}，此时输出为

$$v_{\text{O}} = \frac{R_{\text{OFF}}}{R_{\text{ON}} + R_{\text{OFF}}} V_{\text{DD}} \tag{2-2-2}$$

由于 $R_{\text{OFF}} \gg R_{\text{ON}}$，因此输出高电平 $V_{\text{OH}} \approx V_{\text{DD}}$。

当 $v_{\text{I}} = V_{\text{IH}} = V_{\text{DD}}$ 时，NMOS 管的 $v_{\text{GS}} = V_{\text{DD}} > V_{\text{TN}}$，$T_N$ 管导通，PMOS 管的 $|v_{\text{GS}}| = 0 < |V_{\text{TP}}|$，$T_P$ 管截止，因此输出低电平 $V_{\text{OL}} \approx 0$。

综上所述，输出电平与输入电平总是相反的，因此该电路实现了非门的功能。并且无论 v_{I} 是高电平 V_{IH} 还是低电平 V_{IL}，电路中的两个 MOS 管总是工作在一个导通一个截止的状态，即互补状态。由于这种互补的工作状态，流过两个 MOS 管的电流很小，因此 CMOS 反相器具有较小的静态功耗。

2. 传输特性

CMOS 反相器的传输特性分为电压传输特性和电流传输特性。电压传输特性是指输出电压 v_{O} 与输入电压 v_{I} 之间的对应关系；电流传输特性是指输出电流 i_{D} 与输入电压 v_{I} 之间的对应关系。如图 2-2-11 所示的 CMOS 反相器，当 $V_{\text{DD}} > V_{\text{TN}} + |V_{\text{TP}}|$ 且 NMOS 和 PMOS 的参数完全对称时，则有如图 2-2-12 所示的传输特性曲线，可以分为五段。

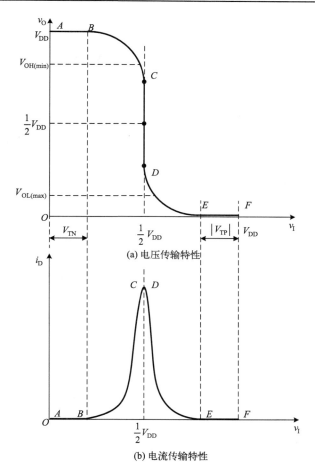

(a) 电压传输特性

(b) 电流传输特性

图 2-2-12 CMOS 反相器的传输特性

AB 段: $0 < v_I \leqslant V_{TN}$, T_N 管截止, T_P 管导通, 输出高电平 $V_{OH} \approx V_{DD}$。

BC 段: $V_{TN} < v_I < \dfrac{1}{2}V_{DD}$, T_N 管和 T_P 管均导通, 但由于 $v_{GSN} < |v_{GSP}|$, 因此 NMOS 管工作在恒流区, PMOS 管工作在可变电阻区, NMOS 管的导通电阻大于 PMOS 管的导通电阻, 输出电压 v_O 开始下降。

CD 段: $v_I = \dfrac{1}{2}V_{DD}$, $v_{GSN} = |v_{GSP}|$, T_N 管和 T_P 管工作在恒流区, 且导通电阻相同, $v_O = \dfrac{1}{2}V_{DD}$。

DE 段: $\dfrac{1}{2}V_{DD} < v_I \leqslant V_{DD} - |V_{TP}|$, 与 BC 段相反, NMOS 管工作在可变电阻区, PMOS 管工作在恒流区, PMOS 管的导通电阻大于 NMOS 管的导通电阻, 输出电压继续降低。

EF 段: $V_{DD} - |V_{TP}| < v_I < V_{DD}$, T_N 管导通, T_P 管截止, 输出低电平 $V_{OL} \approx 0$。

两个 MOS 管的状态在 $v_I = \dfrac{1}{2}V_{DD}$ 时转换, 因此, 电压传输特性曲线转折点的输入电压称为反相器的阈值电压，记为 V_{TH}，CMOS 反相器的阈值电压 $V_{TH} = \dfrac{1}{2} V_{DD}$，由图 2-2-12（a）可以看出阈值电压 V_{TH} 附近输出电压斜率很大，非常接近理想开关的电压传输特性。

CMOS 反相器的电流传输特性曲线如图 2-2-12（b）所示，与电压传输特性曲线相对应。

在 AB 段和 EF 段，由于 T_N 管和 T_P 管分别截止，电阻 R_{OFF} 非常大，因此 i_D 几乎等于 0。在这两种工作状态下，电路的静态功耗极小，CMOS 门电路的功耗主要是动态功耗。

在 BC 和 DE 段，T_N 管和 T_P 管同时导通，电流 i_D 同时流过两个 MOS 管，MOS 管的导通电阻随输入电压 v_I 的变化而单调变化，且两个 MOS 管导通电阻的变化趋势相反，当 $v_I = V_{TH}$ 时，i_D 达到最大值，CMOS 反相器会有较大的功耗。因此，在实际使用时要尽量避免长时间工作在这两个区域，防止因功耗过大而损坏器件。

2.2.3 CMOS 与非门

如图 2-2-13 所示为 CMOS 与非门电路，包含两个并联的 P 沟道增强型 MOS 管 T_{P1} 和 T_{P2}，以及两个串联的 N 沟道增强型 MOS 管 T_{N1} 和 T_{N2}。A、B 为输入，Y 为输出。设 MOS 管截止内阻 $R_{OFF} \gg R_{ON}$。

当 A、B 均为高电平时，两个串联的 NMOS 管同时导通，两个并联的 PMOS 管同时截止，Y 为低电平，输出电阻为 $2R_{ON}$。

当 A、B 中有一个为低电平时，两个串联的 NMOS 管不能同时导通，两个并联的 PMOS 管有一个导通，Y 为高电平，输出电阻为 R_{ON}。

当 A、B 均为低电平时，两个串联的 NMOS 管均不导通，两个并联的 PMOS 管同时导通，Y 为高电平，输出电阻为 $\dfrac{1}{2} R_{ON}$。

因此，输出 Y 和输入 A、B 之间满足与非关系，即 $Y = (A \cdot B)'$。

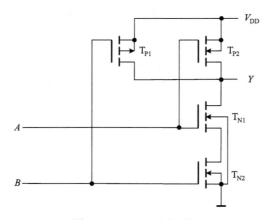

图 2-2-13　CMOS 与非门

2.2.4 CMOS 或非门

如图 2-2-14 所示为 CMOS 或非门电路，包含两个串联的 P 沟道增强型 MOS 管 T_{P1} 和 T_{P2}，以及两个并联的 N 沟道增强型 MOS 管 T_{N1} 和 T_{N2}。A、B 为输入，Y 为输出。设 MOS 管截止

内阻 $R_{\text{OFF}} \gg R_{\text{ON}}$。

当 A、B 均为低电平时，两个串联的 PMOS 管同时导通，两个并联的 NMOS 管同时截止，Y 为高电平，输出电阻为 $2R_{\text{ON}}$。

当 A、B 中有一个为高电平时，两个串联的 PMOS 管不能同时导通，两个并联的 NMOS 管有一个导通，Y 为低电平，输出电阻为 R_{ON}。

当 A、B 中均为高电平时，两个串联的 PMOS 管同时截止，两个并联的 NMOS 管同时导通，Y 为低电平，输出电阻为 $\dfrac{1}{2}R_{\text{ON}}$。

因此，输出 Y 和输入 A、B 之间满足或非关系，即 $Y = (A + B)'$。

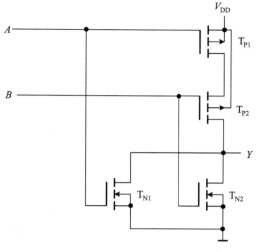

图 2-2-14　CMOS 或非门

2.2.5　带缓冲级的 CMOS 门电路

由 2.2.3 节可知，当 CMOS 与非门输入信号不同时，输出电阻 R_{O} 不同。同时，输出高、低电平也受输入端数目的影响。输入端的数目越多，串联的 NMOS 管的数目越多，输出的低电平越高；并联的 PMOS 管导通的个数越多，输出的高电平越高。为了解决输出电平变化的问题，实际应用中的门电路都会在输入与输出端加上一个反相器作为缓冲级。为了在输入和输出端加上缓冲级后电路能实现与非门的逻辑功能，如图 2-2-15 虚线框内的部分应为或非门。

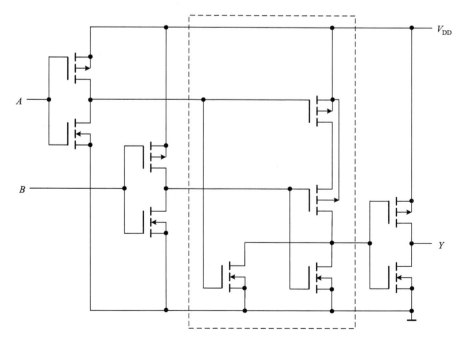

图 2-2-15　带缓冲级的 CMOS 与非门

与 CMOS 与非门类似，也可以构成带缓冲级的 CMOS 或非门电路，如图 2-2-16 所示。

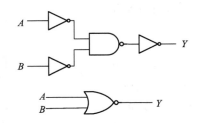

图 2-2-16　带缓冲级的 CMOS 或非门

由于增加了缓冲级用以隔离输入与输出，因此这类门电路的输出电阻、电压传输特性曲线以及输出的高、低电平不再受输入端状态的影响。同时，由于缓冲级的反相器具有较好的特性参数，因此具有缓冲级的电路的输入和输出特性不再随内部逻辑不同而发生变化，电路的性能得到很大提高。

2.3　CMOS 门电路的特性参数

2.3.1　CMOS 门电路的静态特性

1. 输入和输出逻辑电平

如图 2-2-12(a) 所示的反相器的电压传输特性曲线，规定输出高电平应不低于 $V_{OH(min)}$，输出低电平应不高于 $V_{OL(max)}$。输出高电平 $V_{OH(min)}$ 对应的输入电平为 V_{OFF}，输出低电平 $V_{OL(max)}$ 对应的输入电平为 V_{ON}。为了保证门电路的抗干扰能力，用输入低电平的最大值 $V_{IL(max)}$ 和输入高电平的最小值 $V_{IH(min)}$ 分别代替 V_{OFF} 和 V_{ON}。不同系列的集成电路，输入和输出电平的参数不同。

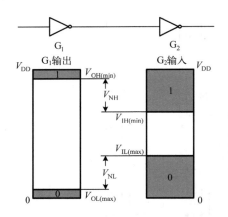

图 2-3-1　输入端噪声容限示意图

2. 噪声容限

当门电路的输入电压在一定的范围内波动时，输出电压并没有立刻改变，允许输入电压有一定的变化范围。噪声容限是指保证输出高、低电平在规定范围内，允许输入信号高、低电平的波动范围。噪声容限反映了门电路的抗干扰能力。如图 2-3-1 所示，两个 CMOS 反相器 G_1 和 G_2 串联，G_1 为驱动门，G_2 为负载门，G_1 的输出作为 G_2 的输入。

反相器输入高电平时的噪声容限 V_{NH} 为输出高电平的最小值 $V_{OH(min)}$ 与输入高电平的最小值 $V_{IH(min)}$ 之差，即

$$V_{NH} = V_{OH(min)} - V_{IH(min)} \tag{2-3-1}$$

同理，反相器输入低电平时的噪声容限 V_{NL} 为输入低电平的最大值 $V_{IL(max)}$ 与输出低电平

的最大值 $V_{\text{OL(max)}}$ 之差，即

$$V_{\text{NL}} = V_{\text{IL(max)}} - V_{\text{OL(max)}} \tag{2-3-2}$$

CMOS 门电路的噪声容限大小和 V_{DD} 有关，V_{DD} 越高，噪声容限越大。

3. 输入特性

门电路的输入特性是指输入电流与输入电压之间的关系。当输入电压为高电平时，输入电流为高电平输入电流，用 I_{IH} 表示；当输入电压为低电平时，输入电流为低电平输入电流，用 I_{IL} 表示。由于 MOS 管栅极和衬底之间有 SiO_2 绝缘层，因此 CMOS 门电路的高电平输入电流和低电平输入电流都很小。又由于 SiO_2 绝缘层非常薄，容易被击穿，实际 CMOS 反相器电路需要在图 2-2-11 所示的基本电路输入端集成输入保护电路。常用的 74HC/HCT 系列 CMOS 集成电路的输入保护电路如图 2-3-2 中的虚线框内部所示，D_2 为分布式二极管，可以通过较大的电流。C_P 和 C_N 分别对应 PMOS 管和 NMOS 管的栅极等效电容。D_1 和 D_2 的正向导通压降 V_{DF} 为 $0.5 \sim 0.7V$，反向击穿电压约为 30V。电阻 R 和 MOS 管的栅极等效电容构成阻容网络，会使输入的高电压幅度衰减并且延时之后作用到 MOS 管的栅极上。为了减小延迟对门电路动态性能的影响，R 取值一般为 $1.5 \sim 2.5k\Omega$。

当输入电压 v_{I} 的取值为 $0 \sim V_{\text{DD}}$ 时，属于门电路正常输入电压，二极管 D_1 和 D_2 均截止，保护电路不起作用。

当输入电压 v_{I} 的取值在大于 $V_{\text{DD}} + V_{\text{DF}}$ 的一定范围内时，二极管 D_1 导通，两个 MOS 管的栅极电压被钳位在 $V_{\text{DD}} + V_{\text{DF}}$；当输入电压 v_{I} 的取值在小于 $-V_{\text{DF}}$ 的一定范围内时，二极管 D_2 导通，两个 MOS 管的栅极电压被钳位在 $-V_{\text{DF}}$。因此，输入端保护电路可以在一定的输入电压范围内保护后端 MOS 管栅极的 SiO_2 绝缘层不被击穿。当输入过冲电压超过允许范围时，如果过冲时间比较短，即使 D_1 或 D_2 被击穿，在过冲电压消失后，保护二极管仍能恢复工作。但是，输入保护电路起到的作用也是有限的，若输入端的过冲电压幅度过大或者持续时间过长，将导致输入保护电路损坏，使 MOS 管栅极被击穿。

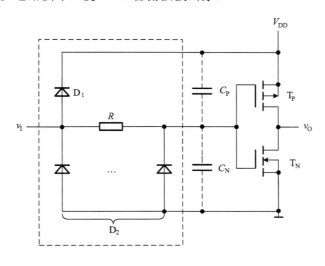

图 2-3-2 CMOS 集成电路输入保护电路

4. 输出特性

CMOS 反相器输出电压与输出电流之间的关系称为输出特性。反相器有高电平输出和低电平输出两种情况，需要分别讨论高电平输出特性和低电平输出特性。

当如图 2-2-11 所示的 CMOS 反相器输入 v_I 为低电平时，PMOS 管导通，NMOS 管截止，输出为高电平，带电阻性负载 R_L 的输出等效电路如图 2-3-3(a) 所示。负载电流实际方向与图 2-3-3(a) 中规定的正方向相反，从 CMOS 反相器的输出端流向外电路，因此，输出高电平电流 I_{OH} 称为拉电流。输出高电平 $V_{OH} = V_{DD} - R_{ONP}I_{OH}$，由于 PMOS 管的导通电阻 R_{ONP} 值很小，因此随着 I_{OH} 增加，V_{OH} 会缓慢下降。由于 V_{DD} 取值变大时 R_{ONP} 的数值变小，因此 V_{DD} 越大，V_{OH} 随 I_{OH} 变化的趋势越缓慢，如图 2-3-3(b) 所示，$V_{DD3} > V_{DD2} > V_{DD1}$。

当 CMOS 反相器输入 v_I 为高电平时，PMOS 管截止，NMOS 管导通，输出为低电平，带电阻性负载 R_L 的输出等效电路如图 2-3-4(a) 所示。负载电流实际方向是从外电路流入 CMOS 反相器的输出端，因此，输出低电平电流 I_{OL} 称为灌电流。输出低电平 $V_{OL} = I_{OL}R_{ONN}$，由于 NMOS 管的导通电阻 R_{ONN} 值很小，因此随着 I_{OL} 增加，V_{OL} 会缓慢增加。由于 V_{DD} 取值变大时 R_{ONN} 的数值变小，因此 V_{DD} 越大，V_{OL} 随 I_{OL} 变化的趋势越缓慢，如图 2-3-4(b) 所示，$V_{DD3} > V_{DD2} > V_{DD1}$。

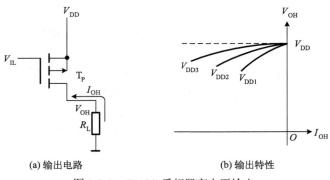

(a) 输出电路   (b) 输出特性

图 2-3-3 CMOS 反相器高电平输出

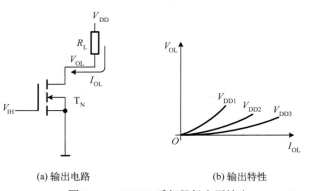

(a) 输出电路   (b) 输出特性

图 2-3-4 CMOS 反相器低电平输出

综上所述，CMOS 反相器的输出电平与负载电流密切相关，并且随着负载电流的增大，其输出高电平会降低、低电平会升高。当负载电流过大时，门电路输出的高、低电平可能会不符合要求,因此门电路的输出能力是有限的,通常用扇出数衡量门电路的带负载能力。

5. 扇出数

门电路能够驱动同类门输入端的数目称为扇出数,它能反映门电路的带负载能力。扇出数和驱动门的输出特性以及负载门的输入特性均有关。由于门电路有高电平输出和低电平输出两种状态,因此扇出数的计算也要分为两种情况,如图 2-3-5 所示,图 2-3-5(a) 为灌电流负载,图 2-3-5(b) 为拉电流负载。

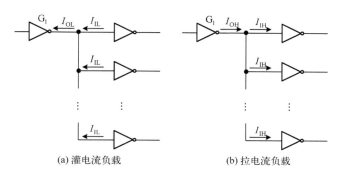

(a) 灌电流负载　　　　　　　(b) 拉电流负载

图 2-3-5　CMOS 反相器扇出数计算图

当 G_1 输出低电平时,随着负载门个数增加,流入 G_1 的灌电流 I_{OL} 增加,由反相器低电平输出特性曲线图 2-3-4(b) 可知,G_1 输出低电平 V_{OL} 会上升,为保证 $V_{OL} \le V_{OL(max)}$,驱动门 G_1 最多可驱动负载门反相器的个数为输出低电平时的扇出数,用 N_{OL} 表示:

$$N_{OL} = \frac{I_{OL}}{I_{IL}} \qquad (2\text{-}3\text{-}3)$$

同样,当 G_1 输出高电平时,随着负载门个数增加,流出 G_1 的拉电流 I_{OH} 增加,由反相器高电平输出特性曲线图 2-3-3(b) 可知,G_1 输出高电平 V_{OH} 会下降,为保证 $V_{OH} \ge V_{OH(min)}$,驱动门 G_1 最多可驱动负载门反相器的个数为输出高电平时的扇出数,用 N_{OH} 表示:

$$N_{OH} = \frac{I_{OH}}{I_{IH}} \qquad (2\text{-}3\text{-}4)$$

反相器的扇出数 $N_O = \mathrm{MIN}(N_{OH}, N_{OL})$。

2.3.2　CMOS 门电路的动态特性

CMOS 门电路的输入信号发生变化会引起电路状态发生转换,这种在过渡过程中表现出来的性质称为动态特性。动态特性主要包括传输延迟时间、交流噪声容限、动态功耗、延时-功耗积等。

1. 传输延迟时间

门电路的传输延迟时间是指输出电压变化滞后于输入电压变化的时间。传输延迟时间产生的原因是 MOS 管的寄生电容和负载电容的存在,使得 CMOS 反相器的输出电压的变化一定滞后于输入电压的变化。取输入电压和输出电压高电平的 50%为基准,将输出由高电平跳变为低电平时的传输延迟时间记为 t_pHL;输出由低电平跳变为高电平的传输延迟时间记为 t_pLH,如图 2-3-6 所示。由于 CMOS 反向器的互补对称结构,通常情况下 t_pHL 和 t_pLH 相等。在表征门电路开关速度时一般不单独使用 t_pHL 和 t_pLH,而是用平均传输延迟时间 t_pd, $t_\text{pd} = \dfrac{t_\text{pHL} + t_\text{pLH}}{2}$,其典型值小于 10ns(1ns=$10^{-9}$s)。为尽量减少门的传输延迟时间,一般可采取减小后级电路的等效电容和降低 MOS 管的导通电阻等措施,此外,提高电源电压也是比较有效的方法。

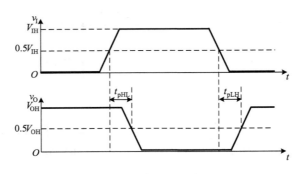

图 2-3-6　CMOS 反相器传输延迟时间

2. 交流噪声容限

当门电路的输入信号为窄脉冲,且脉冲的宽度与门电路的传输延迟时间相近时,门电路的噪声容限称为交流噪声容限。由于 MOS 管固有的寄生电容和负载电容的存在,因此输入信号状态变化时必须有足够的变化幅度和作用时间才能使输出状态改变。噪声脉冲的宽度越小、电源电压越高,交流噪声容限越大,且交流噪声容限大于直流噪声容限。

3. 动态功耗

门电路的总功耗分为动态功耗和静态功耗两部分。由于 CMOS 反相器静态时输出电流很小,因此静态功耗很低。动态功耗是指 CMOS 反相器输出状态转换过程中所产生的功耗,它主要由两部分组成:一部分是电路状态转换过程中短时间内两个 MOS 管同时导通而产生的瞬时功耗,记为 P_T;另一部分是输出状态转换过程中对负载电容进行充电或放电所消耗的功率,记为 P_C。因此,CMOS 反相器的主要功耗为动态功耗。

1)两个 MOS 管同时导通所产生的瞬时功耗 P_T

由 CMOS 反相器的传输特性图 2-2-12 可以看出,在 B-E 段,NMOS 管和 PMOS 管同时导通,有较大的瞬时电流同时流过两个 MOS 管,由此引起的瞬时功耗可表示为

$$P_\text{T} = C_\text{PD} f V_\text{DD}^2 \tag{2-3-5}$$

式中,V_DD 为电源电压;f 为工作频率;C_PD 为功耗电容,数值由器件手册给出。对于 74HC 系列门电路,C_PD 的典型值约为 20pF。只有当输入信号的上升时间和下降时间小于器件手册上给出的最大值时,C_PD 的数值才是有效的。因此,式(2-3-5)适用于输入信号状态快速变化

的情况，如果输入信号变化缓慢，会使 NMOS 管和 PMOS 管同时导通时间变长，引起较大的功耗。

2）负载电容 C_L 充、放电所产生的功耗 P_C

由于负载电容的存在，当 CMOS 反相器的输出状态转换时，会对负载电容充电或放电，由此产生的功耗可表示为

$$P_C = C_L f V_{DD}^2 \qquad (2\text{-}3\text{-}6)$$

式中，V_{DD} 为电源电压；f 为工作频率；C_L 为负载电容。

CMOS 反相器总的动态功耗可表示为

$$P_D = P_C + P_T = (C_L + C_{PD}) f V_{DD}^2 \qquad (2\text{-}3\text{-}7)$$

由式（2-3-7）可以看出，CMOS 门电路动态功耗与输出信号频率以及电源电压的平方成正比，因此，选用低电源电压的门电路和减小输出信号频率均可以降低动态功耗。

CMOS 反相器 74HC04 的参数为电源电压 $V_{DD} = 6\text{V}$，静态电源电流 $I_{CC} = 2.0\mu\text{A}$，负载电容 $C_L = 50\text{pF}$，功耗电容 $C_{PD} = 20\text{pF}$，工作频率为 100kHz。静态功耗为 0.012mW，动态功耗为 0.252mW。当工作频率为 1MHz 时，动态功耗为 2.52mW。

4. 延时-功耗积

理想的门电路应该同时具有延时时间短和功耗低的特点，但在实际工程应用中，很难实现这种理想的情况，高速度需要以较大的功耗为代价。通常采用延时-功耗积综合衡量门电路的性能，用 DP 表示，单位为焦耳，即

$$DP = t_{pd} P_D \qquad (2\text{-}3\text{-}8)$$

式中，t_{pd} 为门电路的平均传输延迟时间；P_D 为门电路的功耗。DP 越小，门电路的性能越好。

2.4　其他类型的 CMOS 门电路

2.4.1　漏极开路输出的 CMOS 门电路

在图 2-4-1 所示的电路中，两个 CMOS 反相器输出端并联，由于基本 CMOS 门电路无论输出高电平还是低电平，输出阻抗都很低，因此会有较大的电流同时流过两个反相器的输出端，将会引起发热，甚至损坏器件，所以基本 CMOS 门电路输出端不能直接并联。

漏极开路（Open Drain，OD）输出的 CMOS 门电路也称为 OD 门。图 2-4-2（a）中虚线框内为漏极开路输出的与非门的电路结构，其输出级 NMOS 管 T_N 漏极开路。由于漏极开路，使用时应将输出端经上拉电阻 R_L 接到电源上，可以与 CMOS 门电路共用电源 V_{DD}，也可以单独接电源 V_{DD}'。OD 门的逻辑符号如图 2-4-2（b）所示，在基本逻辑门的符号中加入"◇"。

如图 2-4-3 所示为两个 OD 与非门 G_1 和 G_2 输出端并联示意图。当 G_1 和 G_2 输出均为高电平时，Y 为高电平；当 G_1 和 G_2 输出有低电平时，Y 为低电平，实现了与逻辑关系。门电路输出端并联而实现与逻辑关系的连接方式称为线与。

$$Y = (AB)' \cdot (CD)' = (AB + CD)' \qquad (2\text{-}4\text{-}1)$$

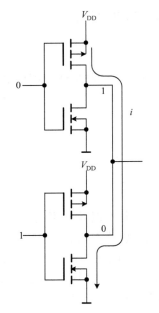

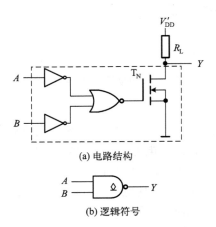

(a) 电路结构

(b) 逻辑符号

图 2-4-1 普通 CMOS 反相器级联　　图 2-4-2 漏极开路输出的与非门

由式 (2-4-1) 可知，两个 OD 与非门线与可以实现与或非逻辑功能。

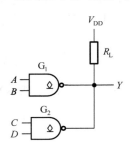

图 2-4-3 OD 门线与连接方法

电阻 R_L 的选择应使输出的高、低电平符合要求。输出高电平为电源电压减去电阻 R_L 的压降，若 R_L 取值过大，则会拉低高电平输出电压使其无法满足要求；输出为低电平时，负载电流全部流入导通的 OD 门，若灌电流过大，则会抬高低电平输出电压使其无法满足要求。

【例 2-1】 如图 2-4-4 所示电路，n 个 OD 门并联驱动 m 个 CMOS 负载门，负载门总输入端个数为 m'，OD 门输出管截止时的漏电流为 I_{OH}，输出管导通时允许的负载电流为 I_{OL}。负载门输入高电平电流为 I_{IH}，输入低电平电流为 I_{IL}。电源电压为 V_{DD}，为保证驱动门线与输出的高电平不低于 V_{OH}、低电平不高于 V_{OL}，试计算上拉电阻 R_L 的取值。

解 如图 2-4-4(a) 所示，当输出为低电平时，考虑一种极端情况，即并联的 OD 门中只有一个门输出低电平，为保证输出低电平不高于 V_{OL}，可以计算出电阻 R_L 的最小值 $R_{L(min)}$，即

$$V_{DD} - (I_{OL} - m'|I_{IL}|)R_L \leqslant V_{OL} \tag{2-4-2}$$

因此，　$R_L \geqslant \dfrac{V_{DD} - V_{OL}}{I_{OL} - m'|I_{IL}|} = R_{L(min)}$。

如图 2-4-4(b) 所示，当输出为高电平时，所有 OD 门都处于截止状态，为保证输出高电平不低于 V_{OH}，可以计算出电阻 R_L 的最大允许值 $R_{L(max)}$，即

$$V_{DD} - (nI_{OH} + m'I_{IH})R_L \geqslant V_{OH} \tag{2-4-3}$$

因此，　$R_L \leqslant \dfrac{V_{DD} - V_{OH}}{nI_{OH} + m'I_{IH}} = R_{L(max)}$。

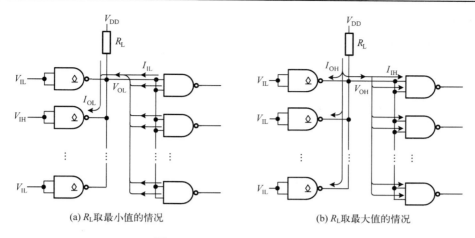

(a) R_L取最小值的情况　　　　(b) R_L取最大值的情况

图 2-4-4　OD 门上拉电阻的计算

R_L 的取值范围为 $R_{L(min)} \leqslant R_L \leqslant R_{L(max)}$，即 $\dfrac{V_{DD} - V_{OL}}{I_{OL} - m'|I_{IL}|} \leqslant R_L \leqslant \dfrac{V_{DD} - V_{OH}}{nI_{OH} + m'I_{IH}}$。

OD 门还可以实现逻辑电平的转换。如图 2-4-5 所示，只要选取适当参数的上拉电阻 R_L，便可保证 OD 门输出高电平 $V_{OH} \approx V_{DD1}$，输出低电平 $V_{OL} \approx 0$，通过改变 V_{DD1} 即可完成输出电平的转换。

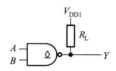

图 2-4-5　OD 门实现电平转换

2.4.2　三态输出的 CMOS 门电路

三态输出的 CMOS 门电路又称为 CMOS 三态门，输出有高电平、低电平和高阻态三个状态，高阻态通常用 Z 表示。高阻态输出既不是高电平也不是低电平，如果接入下一级电路，对下级电路没有影响。如图 2-4-6 所示为具有三态输出的 CMOS 反相器的电路结构和逻辑符号，在基本逻辑门的符号中加入"▽"，表示三态输出结构，A 为反相器的输入，Y 为输出，EN 为三态控制端，用来控制三态门的工作状态。三态门常被接在集成电路的输出端，因此也称为输出缓冲器。

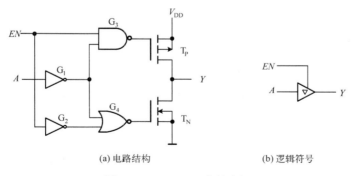

(a) 电路结构　　　　　　　　　(b) 逻辑符号

图 2-4-6　CMOS 三态输出门

当控制端 $EN = 0$ 时，无论输入端 A 取何值，G_3 输出高电平，G_4 输出低电平，T_N 和 T_P 均截止，输出为高阻态。

当控制端 $EN=1$ 时，若输入 $A=1$，则 G_3 输出高电平，G_4 输出高电平，T_N 导通而 T_P 截止，输出 $Y=0$；若输入 $A=0$，则 G_3 输出低电平，G_4 输出低电平，T_P 导通而 T_N 截止，输出 $Y=1$。

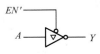

图 2-4-7　控制端低电平有效的 CMOS 三态门

由于 $EN=0$ 时输出为高阻态，$EN=1$ 时电路为正常工作状态，因此图 2-4-6 所示为控制端高电平有效的三态门。若控制端低电平有效，则用 EN' 表示，并且图形符号上对应 EN' 的位置有小圆圈，如图 2-4-7 所示。

三态门广泛应用于计算机的总线结构中，将具有三态输出的多个门电路输出端连接到总线上，在控制信号的作用下，同一时刻只能有一个门输出的高电平或低电平传送到总线上，其他门的输出均为高阻态，相当于没接到总线上。如图 2-4-8 所示，G_0、G_1、$\cdots$、G_{n-1} 均为三态输出反相器，只要在工作过程中使各反相器控制端 EN_i 轮流为 1，便可轮流地把各个反相器的输出信号送到总线上。

三态门还可用来实现数据的双向传输，如图 2-4-9 所示为实现数据双向传输的电路。当 $EN=1$ 时，G_1 处于导通状态而 G_2 处于高阻态，A 为输入，B 为输出，$B=A$；当 $EN=0$ 时，G_1 处于高阻态而 G_2 处于导通状态，B 为输入，A 为输出，$A=B$。

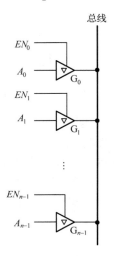

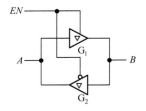

图 2-4-8　三态输出反相器接成总线传输结构　　　图 2-4-9　三态输出反相器实现数据双向传输

2.4.3　CMOS 传输门

由一对互补的 NMOS 管和 PMOS 管组成的 CMOS 传输门（Transmission Gate，TG）及其逻辑符号如图 2-4-10 所示，C 和 C' 为控制端，使用时施加互补的控制信号。两个 MOS 管的源极 S 和漏极 D 分别相连作为传输门的输入端和输出端。

v_I 的变化范围为 $0 \sim V_{DD}$，控制端 C 和 C' 的高电平为 V_{DD}，低电平为 0。设两个 MOS 管的开启电压 $V_{TN}=|V_{TP}|$，并将 NMOS 管的衬底接 0V，PMOS 管的衬底接 V_{DD}。

当 $C=1$，$C'=0$ 时，$0<v_I<V_{DD}-V_{TN}$，T_N 导通；当 $|V_{TP}| \leqslant v_I \leqslant V_{DD}$ 时，T_P 导通。因此，v_I 在 $0 \sim V_{DD}$ 的范围内变化时，T_N 和 T_P 至少有一个导通，传输门导通，CMOS 传输门可以同相传输信号。

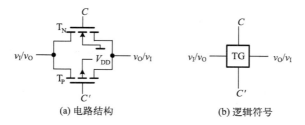

(a) 电路结构 (b) 逻辑符号

图 2-4-10 CMOS 传输门

当 $C=0$, $C'=1$ 时, v_I 在 $0\sim V_{DD}$ 的范围内变化, T_N 和 T_P 都截止, 传输门截止, 相当于开关断开。

由于 NMOS 管和 PMOS 管结构对称, 因此 CMOS 传输门可作为双向器件, 其输入与输出端也可互换使用。CMOS 传输门可以用作双向模拟开关传输模拟信号, 当 $C=1$ 时, 模拟开关导通; 当 $C=0$ 时, 模拟开关截止。

CMOS 传输门还可用于组成复杂的电路, 如数据选择器、异或门、寄存器和计数器等。如图 2-4-11 所示为由 CMOS 传输门和反相器组成的数据选择器。当 $C=0$ 时, TG_1 导通, TG_2 断开, $Y=A$; 当 $C=1$ 时, TG_1 断开, TG_2 导通, $Y=B$。由控制端 C 决定将输入 A 和 B 中的哪一个传送到输出端 Y, 完成数据选择功能。

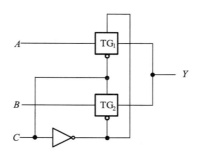

图 2-4-11 由 CMOS 传输门和反相器组成的数据选择器

2.5 常用 CMOS 门电路系列

1963 年, CMOS 技术被美国仙童半导体公司的工程师提出。1966 年, 美国无线电公司研制出第一个 CMOS 集成电路。1968 年, 该公司成功攻克了第一个商用化的 CMOS 集成电路。随着 CMOS 工艺逐渐成熟, 集成度、速度和功耗等性能指标显著提高。CMOS 集成电路主要有以下几个系列。

1. 基本 CMOS 4000 系列

4000 系列是最早的 CMOS 集成逻辑门产品, 其电源电压范围为 3~18V, 功耗低、噪声容限大。它的缺点是驱动能力差、工作速度较低、平均传输延迟时间长, 一般为几十纳秒。

2. 高速 CMOS 74HC/74HCT 系列

74HC 系列采用短沟道技术和硅栅自对准工艺，缩短沟道长度，实现更小的面积和更高的集成度，提高芯片的开关速度和性能，平均传输延迟时间小于 10ns。74HC 系列的电源电压范围为 2～6V，与 74HC 系列相比，74HCT 系列与 TTL 逻辑电平兼容，电源电压范围为 4.5～5.5V。

3. 先进 CMOS 74AHC/AHCT 系列

74AHC 系列具有更高速运算能力，典型传输延迟时间为 5ns。同时保持了 CMOS 超低功耗的特点，最大静态工作电流仅为 1μA。74AHC 系列的电源电压范围为 2～5.5V，74AHCT 系列与 TTL 逻辑电平兼容。

4. 低压 CMOS 74LVC 系列

74LVC 系列的工作电压范围为 1.65～3.6V，输入能以 3.3V 或 5V 的电压驱动，从而适用于电压转换应用。平均传输延迟时间一般为几纳秒，可以实现更快的开关速度和更低的功耗。

54/74 系列是数字集成电路标准化和系列化的产品，不同系列的参数有很大差异，54 系列和 74 系列允许的工作温度范围和电源电压范围不同。54 系列的工作温度范围为 −55～125℃，电源电压允许变化的范围为 ±10%。74 系列的工作温度范围为 0～70℃，电源电压允许变化的范围为 ±5%。在不同系列的 CMOS 器件中，只要器件型号的后几位数码相同，其逻辑功能就完全相同。例如，74HC00 和 74HCT00、HC 和 HCT 是不同系列的名称，这里的数字 00 指与非门。给出 CMOS 不同系列与非门电路的电压、电流参数，如表 2-5-1 所示。其中，74HC/HCT 和 74AHC/AHCT 的电源电压 V_{DD} 为 5V，74LVC 的电源电压 V_{DD} 为 3V。

表 2-5-1　不同 CMOS 系列 2 输入与非门电压、电流参数

参数名称		系列名称				
		74HC00	74HCT00	74AHC00	74AHCT00	74LVC00
输入高电平最小值 $V_{IH(min)}$/V		3.5	2	3.5	2	2
输入低电平最大值 $V_{IL(max)}$/V		1.5	0.8	1.5	0.8	0.8
输出高电平最小值 $V_{OH(min)}$/V	CMOS 负载	4.9	4.9	4.9	4.9	2.8
	TTL 负载	4.4	4.4	4.4	4.4	2.2
输出低电平最大值 $V_{OL(max)}$/V	CMOS 负载	0.1	0.1	0.1	0.1	0.2
	TTL 负载	0.33	0.33	0.44	0.44	0.55
输出高电平电流最大值 $I_{OH(max)}$/mA	CMOS 负载	−0.02	−0.02	−0.05	−0.05	−0.1
	TTL 负载	−4	−4	−8	−8	−24
输出低电平电流最大值 $I_{OL(max)}$/mA	CMOS 负载	0.02	0.02	0.05	0.05	0.1
	TTL 负载	4	4	8	8	24
输入高电平电流最大值 $I_{IH(max)}$/μA		1	1	1	1	5
输入低电平电流最大值 $I_{IL(max)}$/μA		−1	−1	−1	−1	−5

2.6　半导体二极管门电路

2.6.1　半导体二极管的开关特性

半导体二极管具有单向导电性，当外加正向电压时，二极管导通；外加反向电压时，二极管截止。因此，可以把二极管看作一个受电压控制的开关。如图 2-6-1(a) 为由二极管组成的开关电路，二极管的伏安特性可以用如下公式描述：

$$i_D = I_S(e^{v_D/V_T} - 1) \tag{2-6-1}$$

式中，i_D 为流过二极管的电流；I_S 为反向饱和电流；v_D 为二极管两端的电压；$V_T = kT/q$，k 为玻尔兹曼常数，T 为热力学温度，q 为电子电荷，在常温（$T = 300\mathrm{K}$）下，$V_T \approx 26\mathrm{mV}$。

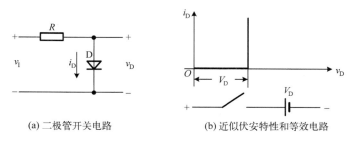

(a) 二极管开关电路　　　　　(b) 近似伏安特性和等效电路

图 2-6-1　二极管电路和伏安特性

为了便于分析，通常在一定的条件下，用线性元件所构成的电路来近似模拟二极管的特性，并用来替代电路中的二极管。能够模拟二极管特性的电路称为二极管的等效电路，也称为二极管的等效模型。对于不同的应用场合，根据二极管的伏安特性可以构造多种等效电路。在图 2-6-1(a) 中，当 v_I 与二极管的正向导通压降幅值相差不大，而 R 远大于二极管的正向电阻时，二极管导通压降为一个常量，正向电阻可以忽略，截止时反向电流为零。因此，等效电路是理想的开关与电压源串联，如图 2-6-1(b) 所示。在数字电路中，大多数情况采用这种等效方式，其中硅二极管的正向压降为 $0.6 \sim 0.8\mathrm{V}$，锗二极管的正向压降为 $0.2 \sim 0.3\mathrm{V}$。

当图 2-6-1(a) 所示的电路处于动态，即二极管两端电压突然反向时，二极管所呈现的开关特性称为动态特性，如图 2-6-2 所示。

输入从低电平到高电平转换时，二极管由反向截止到正向导通，内电场的建立需要一定的时间，所以二极管电流缓慢上升；输入从高电平到低电平转换时，二极管由正向导通到反向截止，随着存储电荷的消散，反向电流迅速衰减并趋近于稳态时的反向饱和电流需要一定的时间。反向恢复时间 t_{re} 即存储电荷消失所需要的时间，它远大于正向导通所需要的时间。因此，二极管的导通时间是很短的，它对开关速度的影响很小，可以忽略不计。影响二极管的开关时间主要是反向恢复时间。

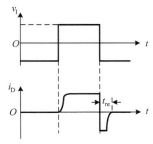

图 2-6-2　二极管的动态特性

在输入信号频率较低时，二极管的导通和截止的转换可以认为是瞬间完成的。但在输入信号频率较高时，转换时间不能忽略。

2.6.2　二极管与门电路

通过控制如图 2-6-1(a)所示的电路输入电压，可以改变二极管工作状态，进而获得不同电平的输出，利用二极管的这种特性，可以构成二极管门电路。

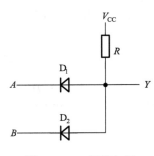

图 2-6-3　二极管与门

如图 2-6-3 所示为二极管与门的电路，两个二极管 D_1 和 D_2 的阳极连接在一起，D_1 的阴极接输入信号 A，D_2 的阴极接输入信号 B，Y 为输出。一般情况下，设电源电压 $V_{CC}=5V$，二极管导通时的压降 $v_D=0.7V$，输入信号的高电平为 5V，低电平为 0V。

若两个输入 A、B 均为高电平，则两个二极管都处于截止状态，输出 Y 为高电平。

若 A、B 不全为高电平，则对应输入为低电平的二极管为导通状态，输出电压则被拉低为二极管的导通压降 v_D，即 Y 为低电平。根据上述分析，可以得到二极管与门的输出电压与输入电压之间的关系以及真值表，如表 2-6-1 和表 2-6-2 所示。

表 2-6-1　二极管与门输出与输入电压关系表

V_A/V	V_B/V	V_Y/V
0	0	0.7
0	5	0.7
5	0	0.7
5	5	5

表 2-6-2　二极管与门的真值表

A	B	Y
0	0	0
0	1	0
1	0	0
1	1	1

由二极管和电阻构成的简单门电路虽然可以实现各类数字电路，但实际上并没有被广泛应用，主要原因是：虽然二极管逻辑门的输出电平在允许的范围内，但总会发生电平偏移现象，即逻辑门输出电压与输入电压之间相差二极管的导通压降 v_D。在构建大规模数字电路时常常需要将一个逻辑门的输出作为另一个逻辑门的输入，而这种偏移现象会在门电路之间传递和累积，最终可能会造成逻辑门输出错误的电平。

2.7　TTL 门电路

2.7.1　双极型三极管反相器

双极型三极管(Bipolar Junction Transistor，BJT)又称为 BJT 三极管，如图 2-7-1 所示为 NPN 型三极管共射极接法的开关电路和输出特性曲线。

输出特性曲线大致可以划分为三个区域，即放大区、饱和区和截止区。

输出特性曲线中靠近纵轴虚线左侧区域称为饱和区，饱和区的特点是：发射结正偏，集电结正偏，集电极电流 i_C 不再受基极电流 i_B 控制。对于硅三极管来说，开始进入饱和区时集电极和发射极之间的导通压降 v_{CE} 一般为 $0.6 \sim 0.7V$。在深度饱和状态下，饱和压降 V_{CES} 更低一些，典型值一般为 0.3V 以下。

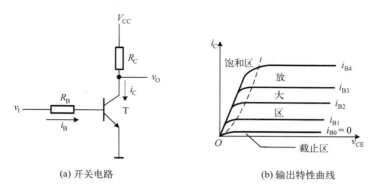

(a) 开关电路　　　　　　　　　　　(b) 输出特性曲线

图 2-7-1　NPN 型三极管

　　输出特性曲线中 $i_B = 0$ 的下方区域称为截止区，截止区的特点是：发射结反偏，集电结反偏，三极管工作在截止状态，$i_B \approx 0$，$i_C \approx 0$，仅有极微小的反向穿透电流 I_{CEO} 流过，硅三极管的 I_{CEO} 较小，为 1μA 以下。

　　中间部分为放大区，放大区的特点是：发射结正偏，集电结反偏，i_B 控制 i_C，i_C 与 i_B 近似呈线性关系。

　　模拟电路中更多地关心如何正确地设置电路参数，使得三极管能工作在放大区，对基极输入信号进行放大。但在数字电路中，三极管更多地工作于饱和区和截止区，被当作开关器件来使用。

　　图 2-7-1(a) 所示的开关电路，当输入为低电平，即 v_I 小于三极管的开启电压时，三极管处于截止状态，$i_B \approx 0$，$i_C \approx 0$，此时输出为高电平，$v_O \approx V_{CC}$。

　　当输入 v_I 大于三极管的开启电压时，可以求得三极管基极电流为

$$i_B = \frac{v_I - v_{BE}}{R_B} \tag{2-7-1}$$

则输出电压 v_O 可表示为

$$v_O = v_{CE} = V_{CC} - i_C R_C = V_{CC} - \beta i_B R_C \tag{2-7-2}$$

式中，β 为三极管的电流放大系数。

　　由式 (2-7-1) 和式 (2-7-2) 可知，随着输入电压 v_I 的升高，基极电流 i_B 也逐渐增大，于是集电极电阻 R_C 上的压降增大，从而输出电压 v_O 下降。当输入电压 v_I 增加至使 R_C 上的压降接近电源电压 V_{CC} 时，三极管将处于深度饱和状态，饱和导通电阻 R_{CES} 和导通压降 V_{CES} 均很小，此时输出为低电平，$v_O \approx 0$。

　　由上述分析可以看出，在选取适当电路参数的条件下，当输入电压 v_I 为低电平时，三极管处于截止状态；当输入电压 v_I 为高电平时，三极管处于饱和导通状态。于是，可把三极管的集电极 C 和发射极 E 之间看作一个受输入电压 v_I 控制的开关，输入低电平时相当于开关断开，输出高电平；输入高电平时开关导通，输出为低电平。于是，实现了三极管反相器的功能。

　　三极管在截止与饱和导通两种状态间迅速转换时，由于三极管内部电荷的建立和消散均

需要一定的时间，因此集电极电流的变化相对于输入电压的变化有一定时间的滞后，因此整个开关电路的输出电压的变化也滞后于输入电压。

2.7.2 标准系列的基本 TTL 门电路

晶体管-晶体管逻辑（Transistor-Transistor Logic，TTL）电路也称为 TTL 门电路，它采用双极型工艺制造。1962 年，世界上第一个 TTL 门电路研制成功，为了提高速度和降低功耗，TTL 门电路的结构和元件参数经历多次改进。

74 系列：又称为标准系列，是最早的 TTL 门电路，后来又出现了不同的系列，在 74 后面加字母表示不同系列的 TTL 门电路。

74H（High-speed TTL）系列：高速系列。其工作速度的提高是用增加功耗的代价换取的，效果不够理想。

74S（Schottky TTL）系列：肖特基系列。采用抗饱和三极管，提高了工作速度，但电路功耗加大，并且输出的低电平升高。

74LS（Low-power Schottky TTL）系列：低功耗肖特基系列。兼顾功耗和速度两个方面，得到更小的延时-功耗积。

74AS（Advanced Schottky TTL）系列：先进肖特基系列。进一步缩短传输延迟时间，缺点是功耗较大。

74ALS（Advanced Low-power Schottky TTL）系列：先进低功耗肖特基系列。延时-功耗积是 TTL 门电路所有系列中最小的一种。

在不同系列的 TTL 器件中，只要器件型号的后几位数码相同，其逻辑功能则完全相同。

1. TTL 反相器

如图 2-7-2 所示为 74 标准系列 TTL 反相器的电路结构，利用 BJT 三极管开关特性，增加了输入级和输出级，分别用于输入保护和增强带负载能力，因此更具实用性，由于这类电路的输入与输出端均为三极管结构，因此称为 TTL 门电路。

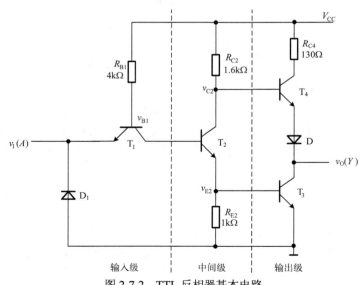

图 2-7-2　TTL 反相器基本电路

电路可分为输入级、中间级和输出级。输入级由 T_1、R_{B1} 和 D_1 组成；中间级由 T_2、R_{C2} 和 R_{E2} 组成；输出级是由 T_3、T_4、R_{C4}、D 组成的推拉式结构。

输入级中的 D_1 为保护二极管，在输入信号为正常逻辑电平范围内时，D_1 处于反偏状态，不起作用。当输入信号出现负向干扰时，D_1 导通，输入端的电压被钳位在 -0.7V，用来抑制输入端的负向干扰脉冲和防止输入电压为负时流过 T_1 发射结的电流过大。

中间级的 T_2 由截止变为导通时，v_{C2} 下降而 v_{E2} 上升；T_2 由导通变为截止时，v_{C2} 上升而 v_{E2} 下降。因此，T_2 集电极输出 v_{C2} 和发射极输出 v_{E2} 变化方向总是相反的，故称为倒相级。

输出级中两个三极管 T_3 和 T_4 在正常工作状态时总是一个导通一个截止,将这类电路称为推拉式输出或图腾柱输出电路，它有效地降低了输出级的静态功耗，提升了电路的带负载能力。当输出为低电平时，其输出阻抗小于 10Ω，所以 TTL 反相器在输出低电平时有较强的驱动能力。而输出级中的二极管 D 可在电路输出为低电平时拉高 T_4 发射极电压，从而有效地保证 T_3 导通时，T_4 能够可靠截止。

设 $V_{CC}=5\text{V}$，输入高电平 $V_{IH}=3.6\text{V}$，输入低电平 $V_{IL}=0.3\text{V}$，三极管饱和时 C-E 之间的结压降 $V_{CES}\approx 0.3\text{V}$，PN 结的导通压降 $v_D=0.7\text{V}$。

当输入电压为低电平 $v_I=V_{IL}=0.3\text{V}$ 时，T_1 的发射结导通，此时基极电压 $v_{B1}=V_{IL}+v_{BE1}=1.0\text{V}$，该电压作用在 T_1 的集电结、T_2 和 T_3 的发射结，不足以使 T_2 导通。T_1 的集电极电阻为 R_{C2} 与 T_2 的集电结的反向电阻串联，因此阻值很大，所以 T_1 工作在深度饱和状态。T_2 处于截止状态，v_{E2} 为低电平，v_{C2} 为高电平，T_4 和 D 导通，T_3 截止，输出为高电平。由于 T_2 的集电极电流很小，可以忽略 R_{C2} 上的压降，输出高电平 $V_{OH}=V_{CC}-v_{BE4}-v_D\approx 3.6\text{V}$。

当输入电压 v_I 为高电平 $V_{IH}=3.6\text{V}$ 时，在仅考虑 T_1 的情况下，$v_{B1}=V_{IH}+v_{BE1}=4.3\text{V}$，但是由于 T_2 和 T_3 的存在，V_{CC} 会通过电阻 R_{B1}、T_1 的集电结使 T_2 和 T_3 的发射结导通，当 T_2 和 T_3 的发射结都导通之后，T_1 的基极电压 v_{B1} 被钳位在 2.1V，由于 T_1 的基极电压为 2.1V，发射极的电压为 3.6V，同时 T_1 的集电结导通，因此 T_1 工作在倒置状态，相当于把发射极与集电极对调使用，倒置状态的三极管的电流放大系数 $\beta_{反}$ 通常很小。如果电路的参数选择合适，能使 T_2 和 T_3 工作在饱和状态。T_2 的集电极电压 $v_{C2}=v_{E2}+V_{CES2}=1.0\text{V}$，不足以使 T_4 和 D 同时导通。因此，电路输出级 T_4 和 D 截止而 T_3 导通，输出为低电平 $V_{OL}=V_{CES3}\approx 0.3\text{V}$。

综合上述两种情况，电路在输入为低电平时，输出高电平；输入为高电平时，输出低电平，因此该电路实现了逻辑非门的功能，即 $Y=A'$。

2. 与非门

利用多发射极三极管替代图 2-7-2 中的输入级三极管 T_1，便可得到如图 2-7-3 所示的与非门电路。多发射极三极管基区和集电区是共用的，发射极是独立的。为了便于分析，一般可将多发射极三极管看作发射极独立而基极和集电极分别并联的结构。

设 $V_{CC}=5\text{V}$，输入高电平 $V_{IH}=3.6\text{V}$，输入低电平 $V_{IL}=0.3\text{V}$，三极管饱和时 C-E 之间的结压降 $V_{CES}\approx 0.3\text{V}$，PN 结的导通压降 $v_D=0.7\text{V}$。

当两个输入端 A、B 中有低电平 V_{IL} 时(其中一个为低电平或两个同时为低电平)，T_1 有发射结导通，则 T_1 的基极电压 $v_{B1}=V_{IL}+v_{BE1}=1.0\text{V}$。此时，$T_2$ 和 T_3 截止，T_4 和 D 导通，输出为高电平 $V_{OH}\approx 3.6\text{V}$。

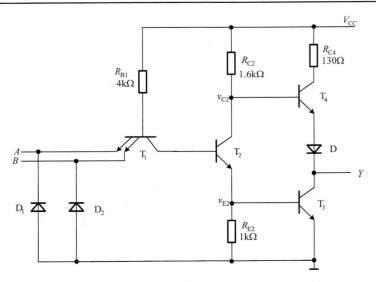

图 2-7-3　TTL 与非门电路

当两个输入端 A、B 全为高电平 V_{IH} 时，T_1 的基极电压被钳位在 $2.1V$，T_2 和 T_3 同时导通，T_4 和 D 截止，输出为低电平 $V_{OL} \approx 0.3V$。

因此，该电路输入有低电平时，输出为高电平；输入全部是高电平时，输出为低电平，实现了与非的逻辑功能，即 $Y = (AB)'$。

TTL 与非门作为负载门，当有多个负载门输入端并联后接低电平时，总的低电平输入电流和每个输入端单独接低电平的输入电流相同；当有多个负载门输入端并联后接高电平时，总的高电平输入电流为单个输入端高电平输入电流乘以输入端个数。在图 2-7-4 中，m 为负载门的个数，而 m' 为并联的输入端的个数。

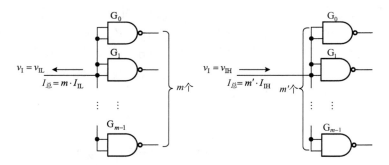

图 2-7-4　与非门作为负载门输入端并联时的总输入电流

3. 或非门

74 系列或非门的电路结构如图 2-7-5 所示。当输入 A 和 B 中有高电平(其中一个为高电平或两个同时为高电平)时，T_2 和 T_3、T_2' 和 T_3 中至少有一组同时导通，T_4 和 D 截止，输出 Y 为低电平。当输入 A 和 B 均为低电平时，T_2 和 T_2' 同时截止，T_3 截止，T_4 和 D 导通，输出 Y 为高电平。

因此，该电路输入有高电平时，输出为低电平；输入全部是低电平时，输出为高电平，实现了或非的逻辑功能，即 $Y = (A + B)'$。

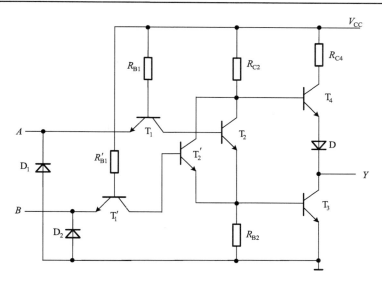

图 2-7-5　TTL 或非门电路

由于或非门输入端两个三极管 T_1 和 T_1' 是并联结构，不同于与非门多发射结三极管结构，两个输入端是独立的。因此，当 TTL 或非门作为负载门，有多个负载门输入端并联时，无论输入为高电平还是低电平，其总输入电流均为单个输入端输入电流乘以输入端个数。

2.7.3　标准系列 TTL 门电路的特性及参数

1. 电压传输特性

标准系列 TTL 反相器电压传输特性的测试电路和特性曲线如图 2-7-6 所示。从图 2-7-6(b) 中可以看出，电压传输特性曲线可以分为四段。

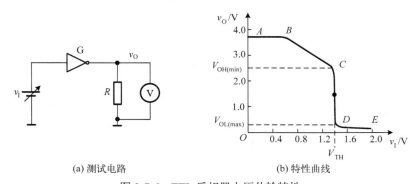

(a) 测试电路　　　　　　　　　　(b) 特性曲线

图 2-7-6　TTL 反相器电压传输特性

AB 段为截止区。输入电压 v_I 小于 0.6V，T_2 和 T_3 截止，T_4 和 D 导通，输出高电平 $V_{OH} = 3.6V$。通常称这种状态为反相器的关态。

BC 段为线性区。输入电压 v_I 大于 0.6V 而小于 1.3V，T_2 开始导通，T_3 截止。此时 T_2 工作于放大区，其集电极输出电压 v_{C2} 随输入电压 v_I 的增大而线性下降，输出电压 v_O 线性下降。

CD 段为转折区。输入电压 v_I 大于 1.3V，T_3 开始导通，随着 v_I 增加，T_2 的集电极电位 v_{C2}

急剧下降，T_4 和 D 逐渐截止，输出电压 v_O 急剧下降至低电平。

DE 段为饱和区。随着输入电压进一步增加，T_1 处于倒置状态，T_2 和 T_3 饱和，T_4 和 D 截止，输出低电平 V_{OL} 不再变化。通常称这种状态为反相器的开态。

通常，将转折区中点对应的输入电压称为阈值电压或门槛电压，用 V_{TH} 表示，74 标准系列的阈值电压一般约为 1.4V。阈值电压可作为输入高、低电压的分界线，即当 $v_I < V_{TH}$ 时，反相器关门，输出高电平；$v_I > V_{TH}$ 时，反相器开门，输出低电平。更严格地区分输入高、低电平的参数仍然是关门电平电压 V_{OFF} 和开门电平电压 V_{ON}。

2. 噪声容限

与 CMOS 门电路类似，TTL 门电路噪声容限也分为高电平噪声容限和低电平噪声容限。对于 74 标准系列反相器，其典型值为 $V_{IH(min)} = 2.0V$，$V_{OH(min)} = 2.4V$，$V_{OL(max)} = 0.4V$，$V_{IL(max)} = 0.8V$，TTL 反相器的噪声容限为

$$V_{NH} = V_{OH(min)} - V_{IH(min)} = 0.4V \tag{2-7-3}$$

$$V_{NL} = V_{IL(max)} - V_{OL(max)} = 0.4V \tag{2-7-4}$$

V_{NL} 和 V_{NH} 越大，电路的抗干扰能力越强。TTL 门电路的抗干扰能力比 CMOS 门电路差。

3. 输入特性

标准系列 TTL 反相器输入特性的测试电路和特性曲线如图 2-7-7 所示。

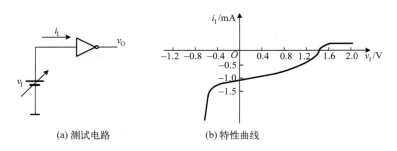

　　(a) 测试电路　　　　　　　　　(b) 特性曲线

图 2-7-7　TTL 反相器输入特性

当输入电压 $v_I < -0.7V$ 时，图 2-7-2 中的二极管 D_1 导通，输入电流 i_I 的绝对值急剧增加，电流过大时，反相器的输入端会被损坏。

当 $v_I = V_{IL} = 0.3V$ 时，若取 $V_{CC} = 5V$，则输入低电平电流为

$$I_{IL} = -\frac{V_{CC} - v_{BE1} - V_{IL}}{R_{B1}} = -\frac{5 - 0.7 - 0.3}{4 \times 10^3} = -1(mA) \tag{2-7-5}$$

负号表示电流的实际方向与规定的正方向相反。

$v_I = 0$ 时的输入电流称为输入短路电流，用 I_{IS} 表示：

$$I_{IS} = -\frac{V_{CC} - v_{BE1} - v_I}{R_{B1}} = -\frac{5 - 0.7 - 0}{4 \times 10^3} = -1.075(mA) \tag{2-7-6}$$

可见，I_{IS} 与 I_{IL} 数值接近。

随着 v_I 增加，i_I 的绝对值变小，当 $v_I > V_{TH}$ 时，T_1 的发射结反偏，集电结正偏，处于倒置工作状态，倒置工作的三极管电流放大系数 $\beta_反$ 很小，此时输入电流为 T_1 的发射结反向电流，故高电平输入电流 I_{IH} 很小，一般为 40μA 以下。

4. 输入端负载特性

输入端负载特性是指在输入端接电阻时，输入电压随电阻阻值变化的特性。输入端负载特性测试电路和特性曲线如图 2-7-8 所示。

TTL 反相器输入端电流的存在，使得电阻 R_I 上产生压降，从而形成输入端电位 v_I，可以表示为

$$v_I = \frac{R_I}{R_{B1} + R_I}(V_{CC} - v_{BE1}) \tag{2-7-7}$$

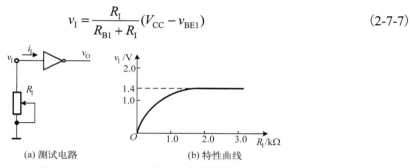

(a) 测试电路　　　　　　　　(b) 特性曲线

图 2-7-8　TTL 反相器输入端负载特性

在 R_I 取值较小时，v_I 随着 R_I 的增加而线性上升。但当输入电压 v_I 达到 1.4V 以后，T_2 与 T_3 的发射结同时导通，从而将 T_1 的基极电压 v_{B1} 钳位在 2.1V。随后，R_I 继续增大，由于 v_{B1} 不变，故 v_I 也不变。

当保证反相器输出为高电平时，所允许 R_I 的最大值称为关门电阻，用 R_{OFF} 表示。在保证反相器输出为低电平时，所允许 R_I 的最小值称为开门电阻，用 R_{ON} 表示。当输入端开路时，$R_I \gg R_{ON}$，反相器输出为低电平。为了保证反相器正常工作，输入端电阻 R_I 的取值应为 $R_I \geqslant R_{ON}$ 或 $R_I \leqslant R_{OFF}$。

5. 输出特性

1) 高电平输出特性

当图 2-7-2 所示的电路输出高电平 $v_O = V_{OH}$ 时，T_4 和 D 导通而 T_3 截止，输出端的等效电路如图 2-7-9(a) 所示，电流实际方向是从反相器流出，所接负载为拉电流负载。T_4 为发射极输出，其特点是输出电阻小，因此，一般在 $|I_{OH}| < 5mA$ 时，输出高电平几乎不变。在 $|I_{OH}| > 5mA$ 以后，电阻 R_{C4} 上的压降会随之增大，使 T_4 的集电结正偏进入饱和状态，从而导致输出高电平 V_{OH} 随负载电流变化几乎线性下降，如图 2-7-9(b) 所示。考虑到功耗的限制，规定高电平输出电流 $|I_{OH}| < 0.4mA$，将功耗降为 1mW 以内。

2) 低电平输出特性

当图 2-7-2 所示的电路输出低电平 $v_O = V_{OL}$ 时，T_4 和 D 截止而 T_3 饱和导通，其输出端的等效电路如图 2-7-10(a) 所示，电流由外部灌入反相器内部，由于 T_3 饱和导通时其饱和导通内阻 R_{CES} 通常小于 10Ω，饱和压降 V_{CES} 通常很低，故随着低电平输出电流 I_{OL} 增加，其输出低电平 V_{OL} 略有增加，如图 2-7-10(b) 所示。

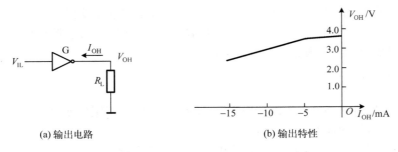

(a) 输出电路　　　　　　　　(b) 输出特性

图 2-7-9　TTL 反相器高电平输出特性

相比于输出为高电平时负载拉电流的情况，输出为低电平时的灌电流负载对应的输出电平能在较大范围内保持缓慢的线性增长，因此，TTL 反相器的灌电流负载能力远强于其拉电流负载能力。

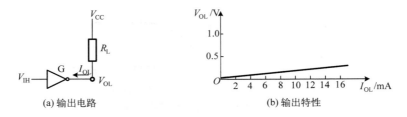

(a) 输出电路　　　　　　　　(b) 输出特性

图 2-7-10　TTL 反相器低电平输出特性

6. 扇出数

与 CMOS 门电路类似，随着负载电流的增加，TTL 反相器输出高电平会降低，输出低电平会增加。当负载电流增大到一定数值时，输出的高、低电平会偏离规定值。因此，TTL 门电路能驱动负载的个数是有一定限度的，通常输出高电平和低电平时的带负载能力不同。

【例 2-2】　74 标准系列 TTL 反相器驱动同类型反相器，要求驱动门输出高电平不低于 3.2V、低电平不高于 0.2V，计算其扇出数。输入、输出特性曲线如图 2-7-7(b)、图 2-7-9(b) 和图 2-7-10(b) 所示。

解　为保证反相器输出的高电平 $V_{OH} \geqslant 3.2V$，则能驱动负载门的个数为

$$N_{OH} = \frac{|I_{OH}|}{I_{IH}} \tag{2-7-8}$$

由图 2-7-9(b) 可知，$V_{OH} \geqslant 3.2V$ 时，$|I_{OH}|$ 约为 7.5mA，考虑到静态功耗的限制，$|I_{OH}|$ 取值为 0.4mA，而高电平输入电流 I_{IH} 为 40μA，可得

$$N_{OH} = 10 \tag{2-7-9}$$

为保证驱动门输出的低电平 $V_{OL} \leqslant 0.2V$，则能驱动负载门的个数为

$$N_{OL} = \frac{I_{OL}}{|I_{IL}|} \tag{2-7-10}$$

由图 2-7-7(b) 和图 2-7-10(b) 可知，$V_{OL} = 0.2V$ 时，I_{OL} 的取值为 16mA，而低电平输入

电流 I_{IL} 为 $-1mA$ ，代入式 (2-7-10)，可得

$$N_{OL} = 16 \tag{2-7-11}$$

因此，反相器的扇出数 N_O 为 10。

7. 平均传输延迟时间

与 CMOS 门电路的情况类似，TTL 门电路中晶体管的延迟时间、电路中的电阻以及寄生电容的存在，会使 TTL 门电路的输出电压波形变化总是滞后于输入电压波形的变化。t_{pLH} 和 t_{pHL} 分别对应输出由低电平到高电平的延迟时间和输出由高电平到低电平的延迟时间。对于 TTL 反相器，输出为低电平时，输出级 T_3 管导通且工作于深度饱和状态，因此当输出电平上跳变时，T_3 由饱和导通转换为截止时需要较长的时间，因此，t_{pLH} 大于 t_{pHL}，如图 2-7-11 所示。

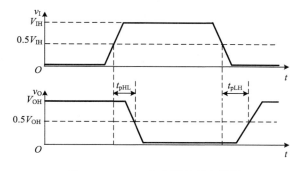

图 2-7-11　TTL 反相器的动态波形

TTL 门电路也用平均传输延迟时间 t_{pd} 衡量门电路响应速度：

$$t_{pd} = \frac{1}{2}(t_{pLH} + t_{pHL}) \tag{2-7-12}$$

t_{pd} 数值越小，工作速度越快，工作频率越高。TTL 门电路的传输延迟时间的典型值一般为几纳秒至几十纳秒。

8. 交流噪声容限

当门电路的输入信号为窄脉冲，且脉冲的宽度与 t_{pd} 相近时，门电路的噪声容限称为交流噪声容限。TTL 门电路中晶体管的开关时间和分布电容的充放电过程，使得输入信号状态变化时必须有足够的变化幅度和作用时间才能使输出状态改变。通常，干扰脉冲的宽度越小，交流噪声容限越大，且交流噪声容限大于直流噪声容限。

9. 电源动态尖峰电流

如图 2-7-2 所示的反相器，在稳态时，输出为低电平，电源电流为 T_1 基极电流 i_{B1} 与 T_2 集电极电流 i_{C2} 之和；当输出为高电平且无负载时，电源电流为 T_1 的基极电流 i_{B1}。稳态时，无论反相器输出高电平还是低电平，电源电流都很小。

在输出电压由低电平变为高电平的动态过程中，由于 T_3 原来工作在深度饱和状态，T_3 脱离饱和的时间会大于 T_4 导通的时间，因此 T_4 先导通而 T_3 后截止，所以，短时间内 T_3 和 T_4 同

时导通，有很大的瞬时电流流经 T_4 和 T_3，从而出现尖峰脉冲。

由于电源动态尖峰电流的存在，增加了电源的平均电流，因此在计算系统电源容量时需要考虑电源动态尖峰电流的影响。另外，系统中有许多门电路同时转换工作状态时，尖峰电流会在系统内部形成一个噪声源，系统设计时应将噪声抑制在允许的限度内。

2.7.4　其他类型的 TTL 门电路

1.　集电极开路输出的 TTL 门电路

TTL 普通电路也无法直接实现线与功能，若将两个输出电平相反的 TTL 门电路输出端直接连在一起，必然有很大的负载电流从电源经过两个门输出级导通的三极管，该电流将远超门电路的负载能力从而导致其损坏。另外，推拉式输出结构也难以解决输出电平转换的问题。

为了使 TTL 门电路能够实现线与输出，需要把普通 TTL 门电路的输出级三极管集电极开路（Open Circuit, OC），这种结构的 TTL 门电路称为 OC 门。集电极开路的与非门结构如图 2-7-12(a) 所示，需要外接电阻 R_L 和电源 V'_{CC}，有时也可以使用门电路的电源 V_{CC} 作为 V'_{CC}。

当输入 A、B 中有低电平时，T_2 和 T_3 截止，只要 V'_{CC} 和 R_L 取值合适，输出 Y 则为高电平；只有当输入 A、B 同时为高电平时，T_2 和 T_3 同时导通，输出 Y 则为低电平，该电路可实现与非逻辑功能。为了和普通与非门加以区别，OC 门采用如图 2-7-12(b) 所示的图形符号。

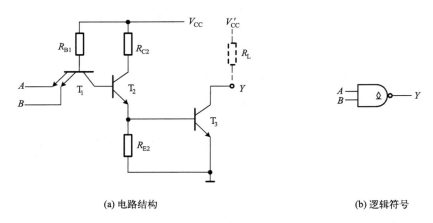

(a) 电路结构　　　　　　　　　　　　　　　　　　(b) 逻辑符号

图 2-7-12　集电极开路输出 TTL 与非门

1）OC 门实现线与

OC 门最常用的功能是实现线与，如图 2-7-13 所示为两个 OC 门实现线与的连接图，线与输出

$$Y = (AB)' \cdot (CD)' = (AB + CD)' \tag{2-7-13}$$

可见，OC 门线与之后可实现与或非逻辑。

外接电阻 R_L 的计算方法应满足两个要求：当输出高电平时，线与的所有 OC 门输出全部截止，此时 R_L 的最大值为 $R_{L(max)}$；输出低电平时，当线与的 OC 门中仅有一个门导通，此时 R_L 的最小值为 $R_{L(min)}$。

【例 2-3】　如图 2-7-14 所示，OC 门输出管截止时的漏电流 I_{OH} 为 0.4mA，输出管导通时

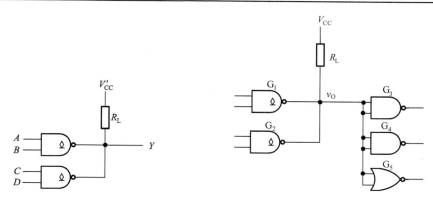

图 2-7-13 OC 门线与   图 2-7-14 例 2-3 题电路图

允许的负载电流 I_{OL} 为 16mA。负载门输入高电平电流 I_{IH} 为 0.04mA，输入低电平电流 I_{IL} 为 -1mA。电源电压 $V_{CC}=5$V，为保证 $V_{OH}\geqslant 3$V、$V_{OL}\leqslant 0.4$V，试计算电阻 R_L 的取值。

解 OC 门使用时电阻 R_L 取值的计算方法和 OD 门相似，当 OC 门同时截止时，有

$$V_{CC}-R_L(2I_{OH}+6I_{IH})\geqslant V_{OH} \tag{2-7-14}$$

$$R_{L(max)}=\frac{V_{CC}-V_{OH}}{2I_{OH}+6I_{IH}}=\frac{5-3}{2\times 0.4+6\times 0.04}\text{k}\Omega\approx 1.92\text{k}\Omega \tag{2-7-15}$$

当仅有一个 OC 门导通时，则有

$$V_{CC}-R_L(I_{OL}-4|I_{IL}|)\leqslant V_{OL} \tag{2-7-16}$$

$$R_{L(min)}=\frac{V_{CC}-V_{OL}}{I_{OL}-4|I_{IL}|}=\frac{5-0.4}{16-4\times 1}\text{k}\Omega\approx 0.38\text{k}\Omega \tag{2-7-17}$$

因此，R_L 的取值范围为 $0.38\text{k}\Omega\leqslant R_L\leqslant 1.92\text{k}\Omega$。

2）OC 门实现电平转换

对于推拉式输出的门电路，电源电压确定之后，输出的高电平的数值就基本确定，无法满足不同输出高电平的需求，由于 OC 门外接电压的数值可以与门电路电源电压不同，因此只要改变外接电压 V'_{CC} 的数值即可实现不同电平之间的转换，如图 2-7-15 所示，实现 TTL-CMOS 电平转换。

3）OC 门用作驱动器

OC 门也可用于驱动大电流的负载，如继电器、发光二极管等。OC 门驱动发光二极管的电路如图 2-7-16 所示。当电路中的两个输入都为高电平时输出低电平，发光二极管发光；否则输出高电平，发光二极管熄灭。工作时，驱动电流要小于 OC 门输出管所能承受的最大电流值。

2. 三态输出的 TTL 门电路

TTL 三态门是在普通门电路的基础上增加控制端和控制电路，控制端也称为使能端。当使能端使能时，三态门的输入、输出特性与普通 TTL 门电路相同。当使能端处于禁止状态时，电路输出为高阻态。

图 2-7-17 为三态输出的 TTL 反相器的电路图和逻辑符号，A 为输入，Y 为输出，EN' 和 EN 分别为低电平有效使能端和高电平有效使能端。

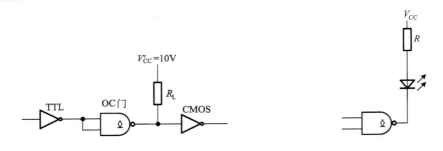

图 2-7-15　OC 门实现 TTL-CMOS 电平转换　　　　图 2-7-16　OC 门驱动发光二极管

图 2-7-17(a)中，控制端 EN' 为低电平时，G_1 输出高电平，二极管 D 截止，电路和普通的反相器电路相同，输出 $Y = A'$，根据输入信号 A 的不同，输出为高电平或低电平。当控制端 EN' 为高电平时，G_1 输出低电平，T_2 和 T_3 截止，由于二极管 D 导通，T_2 的集电极电位被拉低，T_4 截止。由于输出级中的 T_3 和 T_4 同时截止，故输出端呈现高阻态。这种结构的电路为使能端低电平有效，用 EN' 表示，逻辑符号中对应 EN' 的位置有小圆圈，如图 2-7-17(b)所示。

使能端高电平有效的三态输出反相器的逻辑符号如图 2-7-17(c)所示，控制端用 EN 表示，逻辑符号上对应 EN 的位置没有小圆圈。

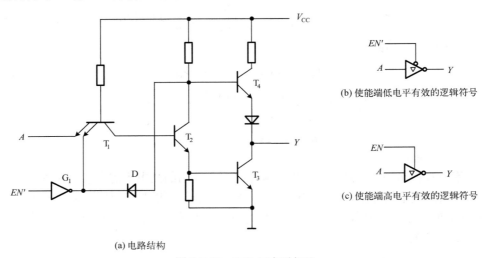

(b) 使能端低电平有效的逻辑符号

(c) 使能端高电平有效的逻辑符号

(a) 电路结构

图 2-7-17　TTL 三态反相器

TTL 三态门同样可以作为 TTL 门电路与总线间的接口电路，也可以实现数据的双向传输，具体实现方法和 CMOS 三态门电路相似。

2.7.5　其他系列的 TTL 门电路

1. 74H 系列

74H 系列反相器 74H04 电路如图 2-7-18 所示，与图 2-7-2 所示的 74 标准系列反相器相比，减小了电阻值，提高了电路状态转换速度。输出级 T_4 和 T_5 组成达林顿结构，减小高电平输出时的电阻，提高容性负载充电速度。74H 系列与 74 标准系列相比，传输延迟时间几乎减小一半，但是由于电阻值减小，增加了电路的功耗。74H 系列与 74 标准系列的延时-功耗积基本相同。

2. 74S 系列

74S 系列反相器 74S04 电路如图 2-7-19 所示,与图 2-7-2 所示的 74 标准系列反相器相比,减小了电阻值,用有源泄放电路替代 74 标准系列反相器中的 R_{E2},并采用抗饱和三极管。T_6、R_{B6} 和 R_{C6} 组成的有源泄放电路可以加速 T_3 的导通和截止,缩短电路的传输延迟时间。抗饱和三极管电路结构和符号如图 2-7-20(a)和(b)所示,由双极型三极管和肖特基势垒二极管(Schottky Barrier Diode,SBD)组成,SBD 的开启电压为 $0.3 \sim 0.4V$。当三极管集电结正偏以后,SBD 首先导通,集电结的正向电压被钳位在 $0.3 \sim 0.4V$,大部分电流通过 SBD 流向集

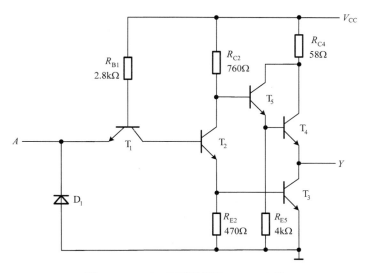

图 2-7-18 74H 系列反相器 74H04 电路

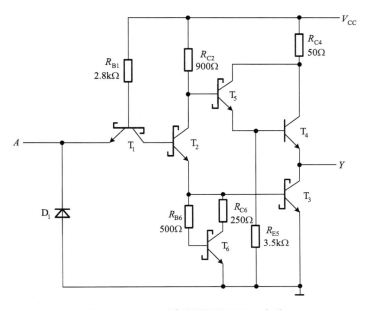

图 2-7-19 74S 系列反相器 74S04 电路

电极，减小流入基极的电流，有效抑制三极管进入深度饱和状态，从而提高三极管的开关速度，降低传输延迟时间。由于 T_4 不工作在深度饱和状态，因此图 2-7-19 电路中只有 T_4 采用普通双极型三极管，其他三极管均为抗饱和三极管。

由于采用抗饱和三极管和有源泄放电路，74S 系列的平均传输延迟时间得到明显降低，为 $2 \sim 3\text{ns}$，但是电路的功耗较高，74S 系列的功耗典型值约为 20mW，另一方面，由于 T_3 不工作在深度饱和状态，因此输出低电平最大值可达到 0.5V 左右。

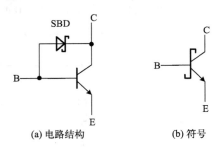

图 2-7-20　抗饱和三极管

3. 74LS 系列

74LS 系列反相器 74LS04 的电路如图 2-7-21 所示，电路中采用了多种改进措施，以降低传输延迟时间，同时降低功耗，即达到减小延时-功耗积的目的。为减小功耗，大幅度提高电路中电阻取值，同时，R_{E5} 原来的接地端改接到输出端上，降低 T_4 导通时 R_{E5} 上的功耗。为缩短传输延迟时间，采用抗饱和三极管、有源泄放电路以及输入端 SBD 结构替代三极管等措施。74LS 系列功耗典型值为 2mW，平均传输延迟时间约为 10ns，延时-功耗积约为 20pJ（$1\text{pJ} = 10^{-12}\text{J}$）。

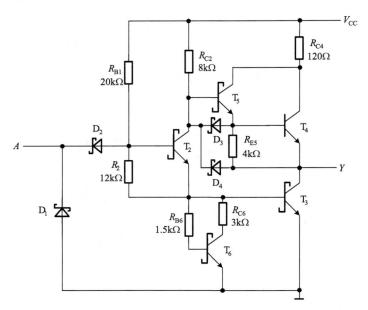

图 2-7-21　74LS 系列反相器 74LS04 电路

表 2-7-1 给出了 TTL 不同系列反相器的电压、电流参数。

表 2-7-1 TTL 不同系列反相器的电压、电流参数

参数名称	系列名称				
	7400	74S00	74LS00	74AS00	74ALS00
输入高电平最小值 $V_{IH(min)}/V$	2.0	2.0	2.0	2.0	2.0
输入低电平最大值 $V_{IL(max)}/V$	0.8	0.8	0.8	0.8	0.8
输出高电平最小值 $V_{OH(min)}/V$	2.4	2.7	2.7	2.7	2.7
输出低电平最大值 $V_{OL(max)}/V$	0.4	0.5	0.5	0.5	0.5
高电平输出电流最大值 $I_{OH(max)}/mA$	−0.4	−1.0	−0.4	−2.0	−0.4
低电平输出电流最大值 $I_{OL(max)}/mA$	16	20	8	20	8
高电平输入电流最大值 $I_{IH(max)}/\mu A$	40	50	20	20	20
低电平输入电流最大值 $I_{IL(max)}/mA$	−1.0	−2.0	−0.4	−0.5	−0.2

2.8 逻辑门电路使用中的具体问题

2.8.1 门电路使用中需要注意的问题

1. 工作环境

门电路需要在适宜的温度范围内工作，74 系列工作温度为 0~70℃，54 系列为 −55~125℃，温度变化可能会引起器件的性能变化，导致电路功能异常，应避免电路因温度过高或过低而失效。工作环境的湿度过高或过低也会对门电路性能造成影响，相对湿度过高容易造成电路内部的腐蚀和氧化，而相对湿度过低则会造成门电路中的静电电荷过度积累，引起电路失效。

2. 电压要求

门电路工作时的电压要求与器件的型号和规格有关。在使用时需要根据器件手册接入符合门电路器件要求的电源电压和输入逻辑电平。门电路电源电压是门电路正常工作的必要条件，如果电源电压超出门电路器件规定的范围，可能会影响器件的性能或导致器件失效。输入逻辑电平应该满足器件手册中规定的数值：输入低电平 $\leqslant V_{IL(max)}$，输入高电平 $\geqslant V_{IH(min)}$。

3. 静电防护

CMOS 门电路的输入阻抗高，极易产生较高的静电电压，从而击穿 MOS 管栅极极薄的绝缘层，造成器件的永久损坏。避免用手触摸器件引脚，插拔时关掉电源，所有与 CMOS 门电路直接接触的工具、仪表等必须可靠接地，存储运输时要做好静电防护。

2.8.2　门电路输入端处理

1.　多余输入端处理

门电路中多余的输入端在不改变逻辑关系的前提下可以并联起来使用，也可根据逻辑关系的要求接地或接高电平。

对于与门及与非门，多余输入端应接高电平，如图 2-8-1 所示，直接接电源电压或通过一个适当阻值的电阻接电源；在前级驱动能力允许时，也可以与有用的输入端并联使用。对于或门及或非门，多余输入端应接低电平，使用时可以直接接地；也可以与有用的输入端并联使用。

TTL 门电路多余的输入端悬空相当于输入为高电平，但在具体使用时，为了避免受到干扰而引起电路误动作，一般不将多余的输入端悬空。CMOS 门电路多余的输入端不允许悬空，否则电路将不能正常工作。

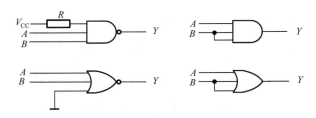

图 2-8-1　门电路多余输入端处理方法

2.　门电路封锁和打开

当门电路的其中一个输入端固定为某值时，输出端的值为确定的值，而其他输入端无论是何值、是否发生变化，输出端的值都不会发生变化，即其他输入端的信号不能通过，称为门电路封锁。当门电路的其中一个输入端固定为某值时，如果其他输入端的信号能顺利通过，则称为门电路打开。能封锁或者打开门电路的信号称为控制信号。与门、与非门可用 0 封锁，用 1 打开；或门、或非门可用 1 封锁，用 0 打开。如图 2-8-2(a) 所示，$C=1$ 时，$Y=(AB\cdot 1)'=(AB)'$，与非门打开；当 $C=0$ 时，$Y=(AB\cdot 0)'=1$，与非门封锁，无论 A 和 B 两个输入端输入何种信号，与非门的输出 Y 均为 1。如图 2-8-2(b) 所示，当 $C=0$ 时，$Y=(A+B+0)'=(A+B)'$，或非门打开；当 $C=1$ 时，$Y=(A+B+1)'=0$，或非门封锁。

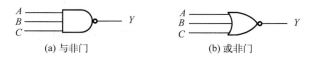

(a) 与非门　　　　　　　　　　　(b) 或非门

图 2-8-2　门电路封锁和打开

3.　输入电路过流保护

由于 CMOS 门电路输入保护电路中二极管电流的限制，因此在输入端接低内阻信号源、接大电容、接长线等可能出现较大输入电流的工作情况下，必须采取接入保护电阻等限流措施。

2.8.3　不同类型门电路之间的接口问题

1. 常用的逻辑电平

常用的逻辑电平有 5 类：5V TTL、5V CMOS、3.3V LVTTL、3.3V LVCMOS、2.5V LVCMOS，对应逻辑电平典型值如图 2-8-3 所示。

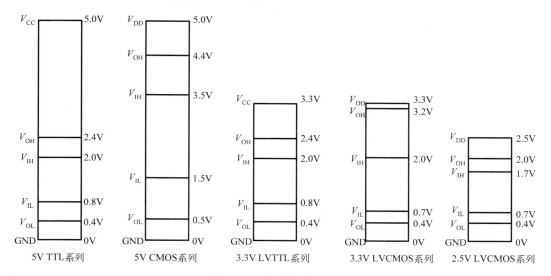

图 2-8-3　常用的逻辑电平

两种不同类型的集成电路相互连接，驱动门和负载门电平要匹配，即驱动门要为负载门提供符合要求的高、低电平。驱动门还应为负载门提供足够大的拉电流和灌电流，以确保负载门能够正常工作。驱动门和负载门的电压和电流之间应满足如下关系：

$$V_{\text{OH(min)}} \geqslant V_{\text{IH(min)}} \tag{2-8-1}$$

$$V_{\text{OL(max)}} \leqslant V_{\text{IL(max)}} \tag{2-8-2}$$

$$\left| I_{\text{OH(max)}} \right| \geqslant I_{\text{IH总}} \tag{2-8-3}$$

$$I_{\text{OL(max)}} \geqslant \left| I_{\text{IL总}} \right| \tag{2-8-4}$$

2. 驱动门的电压不能满足负载要求

TTL 门电路 74LS 系列驱动 CMOS 门电路 74HC 系列。由表 2-5-1 和表 2-7-1 可知，74HC 系列的 $V_{\text{IH(min)}}$ 和 $V_{\text{IL(max)}}$ 为 3.5V 和 1.5V，74LS 系列的 $V_{\text{OH(min)}}$ 和 $V_{\text{OL(max)}}$ 均为 2.7V 和 0.5V；74HC 系列的 $I_{\text{IH(max)}}$ 和 $\left| I_{\text{IL(max)}} \right|$ 均小于 1μA，74LS 系列的 $\left| I_{\text{OH(max)}} \right|$ 和 $I_{\text{OL(max)}}$ 为 0.4mA 和 8mA。74LS 系列驱动 74HC 系列时，为使 74LS 系列输出高电平满足要求，在 74LS 系列门电路的输出端和电源直接连接上拉电阻 R，如图 2-8-4 所示。

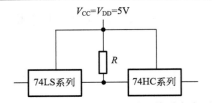

图 2-8-4　上拉电阻提高驱动门输出高电平

为了满足不同逻辑电平的电路之间的接口需求，除了采用上拉电阻的方法，还可以采用 OC 门或者 OD 门作为接口电路，使驱动门输出的高、低电平满足负载门的需求。另外，也可以在驱动门和负载门之间接入专用逻辑电平转换器，以实现驱动门和负载门不同等级的逻辑电平转换。

3. 驱动门的电流不能满足负载要求

CMOS 门电路 74HC/74HCT 系列驱动 TTL 门电路 74LS 系列。由表 2-5-1 和表 2-7-1 可知，74HC/74HCT 系列的 $V_{OH(min)}$ 和 $V_{OL(max)}$ 为 4.4V 和 0.33V，74LS 系列的 $V_{IH(min)}$ 和 $V_{IL(max)}$ 为 2V 和 0.8V；74HC/74HCT 系列的 $|I_{OH(max)}|$ 和 $I_{OL(max)}$ 均为 4mA，74LS 系列 $I_{IH(max)}$ 和 $|I_{IL(max)}|$ 为 0.02mA 和 0.4mA。因此，当负载门的数目在一定范围内时，74HC/74HCT 系列可以直接驱动 74LS 系列。但是当负载门的数目增多时，在驱动门最大输出电流不满足负载门要求情况下，需要在驱动门和负载门之间加入电流放大电路，将驱动门的输出电流扩展至负载门要求的数值。

本 章 小 结

逻辑门电路是数字集成电路中最基本的逻辑单元。按照逻辑功能不同，常见的门电路有与门、或门、非门、与非门、或非门、与或非门、异或门和同或门等。门电路还可分为 CMOS 门电路和 TTL 门电路。

CMOS 门电路是当前集成电路的主流产品，具有制造工艺简单、功耗低、集成度高、电源电压范围宽、噪声容限大等优点。OD 门可以实现线与输出和电平转换，三态门广泛用于总线结构中，传输门可作为双向器件传输数字和模拟信号。

TTL 门电路的速度快、抗干扰能力较强、带负载能力也比较强，与 CMOS 门电路相比，功耗较大、噪声容限低。OC 门可以实现线与输出和电平转换。

CMOS 门电路和 TTL 门电路的静态特性主要包括电压传输特性、输入特性和输出特性、噪声容限等。由于输出有高电平和低电平两种情况，因此需要分别讨论高电平输出特性和低电平输出特性。TTL 门电路还要注意输入端负载特性。

CMOS 门电路和 TTL 门电路的动态特性主要包括传输延迟时间、交流噪声容限、动态功耗、延时-功耗积等。理想的门电路应该同时具有延时时间短和功耗低的特点，通常用延时-功耗积综合评价门电路的性能。

54/74 系列是数字集成电路标准化和系列化的产品，54 系列的工作温度范围为 −55～125℃，电源电压允许变化的范围为 ±10%。74 系列的工作温度范围为 0～70℃，电源电压允许变化的范围为 ±5%。在不同系列的门电路中，只要器件型号的后几位数码相同，其逻辑功能则相同。

对于各种数字集成电路，使用时要注意工作环境、电源电压范围和输入逻辑电平要求，还需要注意静电防护，否则将导致性能下降或器件损坏。

数字集成电路中多余的输入端在不改变逻辑关系的前提下可以并联使用，也可根据逻辑关系的要求接地或接高电平。TTL 门电路的输入端悬空相当于输入高电平，但 CMOS 门电路的输入端不允许悬空，否则电路将不能正常工作。

两种不同类型的数字集成电路相互连接，驱动门要为负载门提供符合要求的高、低电平，同时，驱动门还应为负载门提供足够大的电流。必要时需利用接口电路使电平转换或电流放大才可进行连接，使驱动门的输出电平及电流满足负载门对输入电平及电流的要求。

习 题

2-1 采用真值表证明正负逻辑之间存在对偶关系，即同一逻辑门电路在正负逻辑下所实现的功能互为对偶，如表题 2-1 所示。

表题 2-1

正逻辑	负逻辑	正逻辑	负逻辑
与门	或门	或非门	与非门
或门	与门	异或门	同或门
与非门	或非门	同或门	异或门

2-2 已知输入波形如图题 2-2 所示，画出图题 2-2 中各门的输出波形。

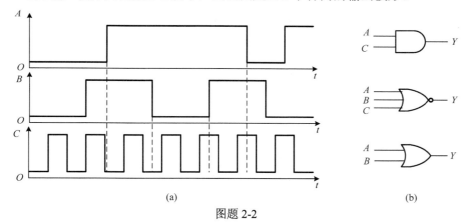

(a)　　　　　　　　　　　　　　(b)

图题 2-2

2-3 已知图题 2-3 中各门电路均为 74LS 系列 TTL 门电路，说明各门电路的输出是什么状态。

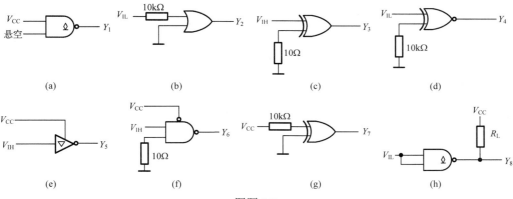

图题 2-3

2-4　已知图题 2-4 中各门电路均为 74HC 系列 CMOS 门电路,说明各门电路的输出是什么状态。

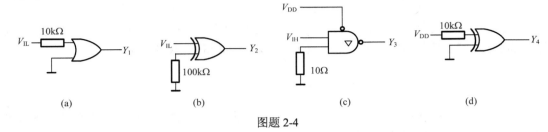

图题 2-4

2-5　分析图题 2-5 所示电路的逻辑功能,写出输出逻辑函数式。

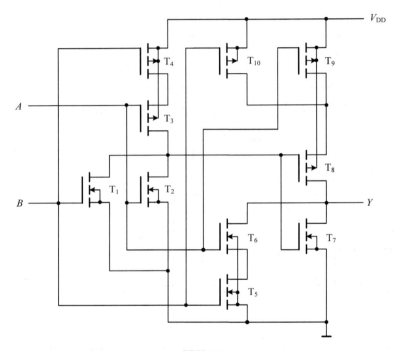

图题 2-5

2-6　图题 2-6 为 TTL 与非门组成的电路,计算与非门的扇出数。已知 TTL 与非门输入低电平最大值 $V_{IL(max)}$ =0.8V,输出低电平最大值 $V_{OL(max)}$ =0.5V,输入高电平最小值 $V_{IH(min)}$ =2.0V,输出高电平最小值 $V_{OH(min)}$ =2.7V,低电平输入电流最大值 $I_{IL(max)}$ =−0.4mA,低电平输出电流最大值 $I_{OL(max)}$ =8mA,高电平输入电流最大值 $I_{IH(max)}$ =20μA,高电平输出电流最大值 $I_{OH(max)}$ =−0.4mA。

2-7　图题 2-7 所示电路中,驱动端为 OD 输出的 CMOS 与非门,输出高电平时漏电流最大值为 $I_{OH(max)}$ =5μA,输出低电平为 $V_{OL(max)}$ =0.33V 时允许的最大负载电流为 $I_{OL(max)}$ =5.2mA。负载

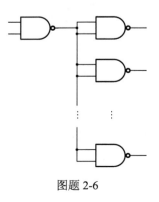

图题 2-6

端为 CMOS 与非门，高电平输入电流最大值 $I_{\text{IH(max)}}$ 和低电平输入电流最大值 $I_{\text{IL(max)}}$ 分别为 1μA 和−1μA。若 V_{DD} =5V，要求 $V_{\text{OH}} \geq 4.4\text{V}$，$V_{\text{OL}} \leq 0.33\text{V}$，试求 R_{L} 取值允许范围。

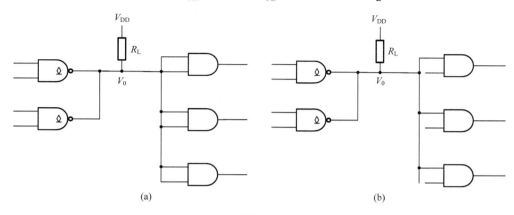

图题 2-7

2-8　某集成电路芯片，查手册知其输出低电平最大值 $V_{\text{OL(max)}}$ =0.5V，输入低电平最大值 $V_{\text{IL(max)}}$ =0.8V，输出高电平最小值 $V_{\text{OH(min)}}$ =2.7V，输入高电平最小值 $V_{\text{IH(min)}}$ =2.0V，则其高电平和低电平的噪声容限分别是多少？

2-9　同或门、异或门能否实现反相器功能？若能，如何实现？

2-10　CMOS 电路在使用中为什么不允许输入端悬空？为防止 CMOS 电路发生静电击穿，需要注意什么？

2-11　不同逻辑电平电路之间接口的原则是什么？

第3章 组合逻辑电路

3.1 概 述

根据逻辑电路输出与输入的关系特点，数字电路可以分为组合逻辑电路(简称为组合电路)和时序逻辑电路(简称为时序电路)。

3.1.1 组合逻辑电路的定义

对于一个组合逻辑电路，其在任意时刻的输出只与该时刻的输入取值组合有关，而与电路原来的状态无关，这种电路称为组合逻辑电路。

图 3-1-1 给出了一个组合逻辑电路的逻辑图，其由 3 个二输入与门、1 个二输入或门和 2 个非门组成，根据逻辑图 3-1-1 可以写出输出 Y_1、Y_2 与输入 A、B 之间的逻辑关系，即逻辑函数式：

$$\begin{cases} Y_1 = A'B + AB' \\ Y_2 = AB \end{cases} \tag{3-1-1}$$

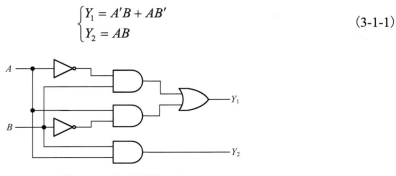

图 3-1-1 组合逻辑电路

从逻辑函数式(3-1-1)中可以看出，Y_1 是两个输入信号 A、B 的异或，Y_2 是两个输入信号 A、B 的与。只要两个输入端 A 和 B 的取值确定，输出 Y_1 和 Y_2 的取值也就随之确定，与电路原来的状态无关。

因此，可以进一步得到组合电路的结构特点：电路输出与输入之间没有反馈延迟通路；电路中不含任何具有记忆功能的元件(也就是存储单元)。

3.1.2 组合逻辑电路的描述方法

图 3-1-2 组合逻辑电路一般框图

根据组合逻辑电路的特点可知，任意多输入多输出的组合逻辑电路都可以表示为如图 3-1-2 所示的一般框图，其输出和输入之间的关系可以用一组逻辑函数式表示：

$$\begin{cases} y_1 = f_1(a_1, a_2, \cdots, a_n) \\ y_2 = f_2(a_1, a_2, \cdots, a_n) \\ \qquad\qquad \vdots \\ y_m = f_m(a_1, a_2, \cdots, a_n) \end{cases} \tag{3-1-2}$$

式中，$a_1, a_2, \cdots, a_n$ 为输入变量；$y_1, y_2, \cdots, y_m$ 为输出变量。

如图 3-1-1 所示的逻辑电路图是描述组合逻辑电路逻辑功能的一种方法，但是在大多数情况下其描述的逻辑功能往往不够直观。在这种情况下，将其转换为逻辑函数式，将会使电路的逻辑功能更加明显。除了逻辑函数式和逻辑图，组合电路的描述方法还有真值表和波形图等。

3.2　组合逻辑电路的分析方法

组合逻辑电路分析的目的是：通过找出输出与输入的关系来确定电路的逻辑功能。分析的一般步骤大致如下。

(1) 首先从输入端开始逐级写出逻辑函数式，最后得到表示输出与输入关系的逻辑函数式。

(2) 将所得的逻辑函数式化简以得到最直观的逻辑函数式，可以采用公式化简法或卡诺图化简法。

(3) 由化简后的逻辑函数式写出真值表。

(4) 由真值表分析电路的逻辑功能。

【例 3-1】 根据图 3-2-1 所示的电路图，分析该电路的逻辑功能。

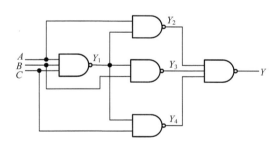

图 3-2-1　例 3-1 逻辑电路图

(1) 根据组合逻辑电路的分析步骤，首先从输入端开始逐级写出输出的逻辑函数式。为了书写方便，定义中间变量 Y_1、Y_2、Y_3、Y_4：

$$\begin{aligned} Y_1 &= (ABC)' \\ Y_2 &= (AY_1)' = (A(ABC)')' \\ Y_3 &= (BY_1)' = (B(ABC)')' \\ Y_4 &= (CY_1)' = (C(ABC)')' \end{aligned} \tag{3-2-1}$$

最后可以得到总输出 Y 的逻辑函数式：

$$Y = (Y_2 Y_3 Y_4)' = ((A(ABC)')'(B(ABC)')'(C(ABC)')')' \tag{3-2-2}$$

(2) 应用公式法对得到的函数式进行化简。先把函数式变换成与或式，由于 Y 的函数式是与非的形式，用摩根定理去掉最外一层非号，得到

$$Y = A(ABC)' + B(ABC)' + C(ABC)'$$
$$= (A + B + C)(A' + B' + C') \qquad\qquad (3\text{-}2\text{-}3)$$
$$= AB' + AC' + A'B + BC' + A'C + B'C$$

直接应用公式法化简不容易看出哪些项之间可以合并，可以采用卡诺图化简的方法来完成。如图 3-2-2 所示，将与或式填入到卡诺图中，利用卡诺图化简的规则，可以得到最简的与或式：

$$Y = A'C + AB' + BC' \qquad\qquad (3\text{-}2\text{-}4)$$

（3）根据最简的逻辑函数式列出真值表。将输入变量 A、B、C 的 8 种可能组合依次列出，代入逻辑函数式中得到输出 Y 的值并填到表中，得到如表 3-2-1 所示的真值表。

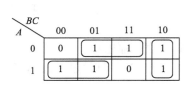

图 3-2-2　例 3-1 卡诺图化简

表 3-2-1　例 3-1 真值表

A	B	C	Y
0	0	0	0
0	0	1	1
0	1	0	1
0	1	1	1
1	0	0	1
1	0	1	1
1	1	0	1
1	1	1	0

（4）由真值表分析电路逻辑功能。从真值表 3-2-1 中可以看出，当输入 A、B、C 取值不同时，输出为 1；取值相同时，输出为 0。在数字电路中，具有这样功能的电路称为不一致电路。

3.3　组合逻辑电路的设计方法

组合逻辑电路的设计应建立在解决实际问题的基础上，根据提出的逻辑问题进行逻辑电路的设计，与组合逻辑电路分析的过程相反。一般采用小规模集成门电路、中规模组合逻辑器件或者可编程逻辑器件来对逻辑电路进行搭建，使用器件的种类和数目尽可能最少，使电路结构紧凑。有时还需根据所用器件类型将逻辑函数式进行适当变换。组合逻辑电路设计的一般步骤如下。

1）逻辑抽象

根据给定的因果关系列出逻辑真值表。许多实际逻辑问题都以文字的形式对事件进行描述，因此，需要提取因果关系并将其转换为数字电路的描述方式。主要步骤是：首先，分析事件的因果关系，通常把原因作为输入，把结果作为输出，找到输入变量和输出变量；然后，对输入变量和输出变量进行二进制编码；最后，根据因果关系写出逻辑真值表。真值表是逻辑功能的一种描述方法，可以很方便地转换成其他描述方法。

2）根据真值表写出逻辑函数式

把真值表转换为对应的逻辑函数式。

3)确定器件类型

如果有明确的要求，则需按要求选用器件；如果没有要求，则应根据现有的器件资源择优确定器件类型。可以是小规模集成逻辑门电路，也可以是中、大规模集成器件。

4)将逻辑函数式化简或变换

当使用小规模集成逻辑门电路实现逻辑功能时，应将函数式化简，并变换为与所选器件对应的形式。当使用中规模或大规模集成器件实现逻辑功能时，需将逻辑函数进行适当的形式变换。

5)画出逻辑电路图

根据化简或变换后的逻辑函数式，画出逻辑电路图。到这一步为止，组合逻辑电路的理论设计已经完成。

理论设计完成后，可以借助仿真软件对其进行功能性仿真，验证逻辑设计是否符合要求，然后进行实际电路搭建以及调试等工作。

【例 3-2】 设计一个监视电机工作状态的逻辑电路，电机的工作状态有正转、反转和停止三种，每种工作状态对应一个指示灯。正常工作状态下有且只有一个指示灯点亮。当出现其他五种状态时，电路发生故障，这时要求发出故障信号。

解 (1)逻辑抽象。

根据题中描述的因果关系，把三个指示灯的状态作为输入变量，正转、反转、停止分别用 A、B、C 表示，把故障信号作为输出变量，用 Y 表示。输入变量为 1 表示指示灯亮，为 0 表示指示灯不亮；输出变量为 1 表示发生故障，为 0 表示正常工作。根据因果关系，可以得到如表 3-3-1 所示的真值表。

表 3-3-1 例 3-2 真值表

A	B	C	Y	A	B	C	Y
0	0	0	1	1	0	0	0
0	0	1	0	1	0	1	1
0	1	0	0	1	1	0	1
0	1	1	1	1	1	1	1

(2)由真值表写逻辑表达式。

根据由真值表写逻辑表达式的方法，使输出为 1 的最小项相加，可以得到输出逻辑表达式：

$$Y = A'B'C' + A'BC + AB'C + ABC' + ABC \tag{3-3-1}$$

(3)将逻辑表达式化简或变换。

一般情况下，直接写出来的表达式都不是最简的，用小规模集成逻辑门电路实现时需要化简。可以直接用公式法化简，如果没有门的种类的要求，直接化简得到与或表达式：

$$Y = A'B'C' + AB + AC + BC \tag{3-3-2}$$

如果指定用与非门实现，需要把逻辑表达式变换成与非-与非形式：

$$Y = ((A'B'C')'(AB)'(AC)'(BC)')' \tag{3-3-3}$$

(4)画出逻辑电路图。

根据式(3-3-2)和式(3-3-3)分别画出对应的逻辑电路图，如图 3-3-1 和图 3-3-2 所示。

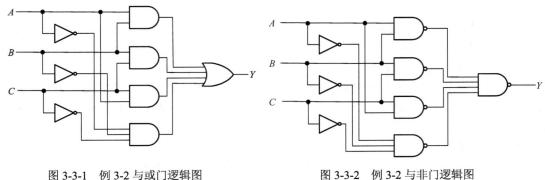

图 3-3-1　例 3-2 与或门逻辑图　　　　　　图 3-3-2　例 3-2 与非门逻辑图

3.4　若干典型的组合逻辑电路

从原理上讲，利用基本和常用的门电路可以实现任意功能的组合逻辑电路，但是对于一些常用的组合逻辑电路，包括加法器、数值比较、编码器、译码器和数据选择器等，由于经常出现在数字系统中，因此将其设计为功能模块，在使用时作为一个整体更为方便。

3.4.1　加法器

加法器是用来实现加法运算的电路，是算数运算的基本单元，其在各种数字系统中有重要的作用，可分为 1 位加法器和多位加法器。

1. 1 位加法器

1 位加法器分为半加器和全加器。

1）半加器

半加器实现两个 1 位二进制数相加，不考虑来自低位的进位，得到和与进位。

设 A、B 为加数，S 为和，CO 为进位，根据二进制加法运算规则，可以得到半加器的真值表如表 3-4-1 所示，由表写出半加器的逻辑函数式：

$$S = A'B + AB' = A \oplus B$$
$$CO = AB$$

(3-4-1)

进一步得到半加器的逻辑图及逻辑符号如图 3-4-1 所示。半加器的和是两个加数的异或，进位是两个加数的与。

(a) 逻辑图　　　　　　　　　　(b) 逻辑符号

图 3-4-1　半加器

2）全加器

做加法运算时，多数情况是全加运算。全加运算在进行两个 1 位二进制数相加时需要考虑来自低位的进位，即三个数相加。根据二进制加法运算规则，设 A、B 为加数，CI 为来自低位的进位，S 为和，CO 为进位，得到全加器的真值表，如表 3-4-2 所示。

<table>
<tbody>
<tr><td colspan="4">表 3-4-1　半加器的真值表</td></tr>
</tbody>
</table>

A	B	CO	S
0	0	0	0
0	1	0	1
1	0	0	1
1	1	1	0

表 3-4-2　全加器的真值表

A	B	CI	CO	S
0	0	0	0	0
0	0	1	0	1
0	1	0	0	1
0	1	1	1	0
1	0	0	0	1
1	0	1	1	0
1	1	0	1	0
1	1	1	1	1

如果把 S 和 CO 用输入变量 A、B、CI 的最小项表示，则有

$$S = m_1 + m_2 + m_4 + m_7$$
$$CO = m_3 + m_5 + m_6 + m_7 \tag{3-4-2}$$

用一般的逻辑表达式，1 位全加器的输出还可以写成

$$\begin{aligned}
S &= A'B'CI + A'BCI' + AB'CI' + ABCI \\
&= (A'B'CI + ABCI) + (A'BCI' + AB'CI') \\
&= (A \oplus B)'CI + (A \oplus B)CI' = A \oplus B \oplus CI
\end{aligned} \tag{3-4-3}$$

$$\begin{aligned}
CO &= A'BCI + AB'CI + ABCI' + ABCI \\
&= AB + CI(A \oplus B)
\end{aligned} \tag{3-4-4}$$

还能写成与或非的形式：

$$S = (A'B'CI' + A'BCI + AB'CI + ABCI')' \tag{3-4-5}$$
$$CO = (A'B' + B'CI' + A'CI')' \tag{3-4-6}$$

根据式 (3-4-3) 和式 (3-4-4) 实现的全加器逻辑图如图 3-4-2(a) 所示。图 3-4-2(b) 为全加器的逻辑符号，和半加器类似，内部有一个求和符号，但是全加器比半加器多一个来自低位的进位输入端 CI。

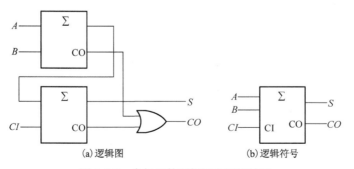

(a) 逻辑图　　　　　　(b) 逻辑符号

图 3-4-2　全加器的逻辑图和逻辑符号

2. 多位加法器

多位加法器的构成方法有两种：一种是串行进位加法器，也称为行波进位加法器；另一

种是超前进位加法器，也称为快速进位加法器。

1) 串行进位加法器

两个多位二进制数相加时，由于每一位都是全加，因此必须利用全加器。1 位二进制数相加用 1 个全加器，n 位二进制数相加用 n 个全加器。全加器之间的连接方式是将低位的进位输出端接到高位的进位输入端。最低位全加器的 CI 端接 0，最高位全加器的 CO 为总进位输出，所以称为串行进位。

图 3-4-3 为 4 位串行进位加法器的连接电路，为实现两个 4 位数 $A_3A_2A_1A_0$ 和 $B_3B_2B_1B_0$ 相加，把每一个对应的位 A_0 和 B_0、A_1 和 B_1、A_2 和 B_2、A_3 和 B_3 分别接到一个全加器的输入端。4 个全加器的输出就是两个数相加得到的和 $S_3S_2S_1S_0$，最高位的进位输出 CO 就是相加得到的进位。

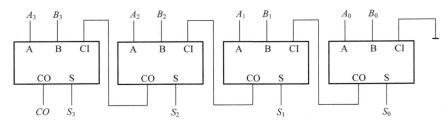

图 3-4-3　4 位串行进位加法器电路

串行进位加法器的优点是结构简单，实现几位数相加就选几个全加器，然后把低位的进位输出接到高位的进位输入端。但是这种串行进位的缺点是速度慢，因为它的连接方式决定了进位信号是从低位到高位逐级传递的。因此，为使高位相加得到结果，就必须等比它低的所有位都相加结束，从而造成这种加法器运算速度慢。

2) 超前进位加法器

为了提高运算速度，不能使用信号逐级传递的进位方式，而是当运算开始时，就得到各位的进位信号，采用这个原理构成的加法器，称为超前进位加法器。

根据 1 位全加器的真值表 3-4-2，经过化简和变换可以得到第 i 位进位信号：

$$(CO)_i = A_iB_i + (A_i + B_i)(CI)_i \tag{3-4-7}$$

令 $G_i = A_iB_i$，$P_i = A_i + B_i$，则有

$$(CO)_i = A_iB_i + (A_i + B_i)(CI)_i = G_i + P_i(CI)_i \tag{3-4-8}$$

在加法的过程中 $(CI)_i$ 就是 $(CO)_{i-1}$，所以式 (3-4-8) 可以写成

$$(CO)_i = G_i + P_i(CO)_{i-1} \tag{3-4-9}$$

将 $(CO)_{i-1} = G_{i-1} + P_{i-1}(CI)_{i-1}$ 代入式 (3-4-9)，可得到

$$(CO)_i = G_i + P_i(G_{i-1} + P_{i-1}(CI)_{i-1}) \tag{3-4-10}$$

以此类推，可以得到

$$(CO)_i = G_i + P_iG_{i-1} + P_iP_{i-1}G_{i-2} + \cdots + P_iP_{i-1}P_{i-2}\cdots P_1G_0 + P_iP_{i-1}P_{i-2}\cdots P_0(CI)_0 \tag{3-4-11}$$

由式 (3-4-11) 可以看出，第 i 位的进位输出信号的表达式中只含有相加的两个数 A、B 以及最低位的进位信号 $(CI)_0$，而没有包含中间的进位信号。

而第 i 位的和可以表示为

$$S_i = A_i \oplus B_i \oplus (CI)_i \tag{3-4-12}$$

根据超前进位原理，构成 4 位超前进位加法器 74HC283 的逻辑图和逻辑符号如图 3-4-4 所示，逻辑符号图包括所有的输入、输出引脚，但不包含电源和地。从图 3-4-4(a) 中可以看出，无须逐级传递进位信号就可以得到相加的结果，电路的速度明显提高。但是，同时也可以看出，速度的提高是以电路更复杂为代价的。

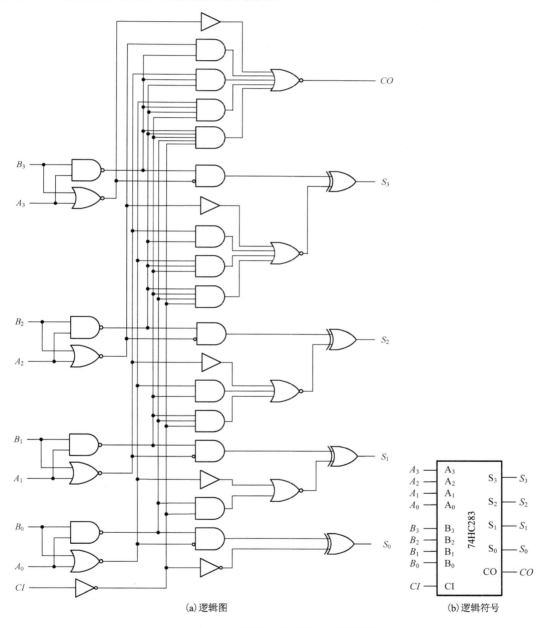

(a) 逻辑图　　　　　　　　　　　　(b) 逻辑符号

图 3-4-4　4 位超前进位加法器 74HC283

74HC283 中 $A_3A_2A_1A_0$ 和 $B_3B_2B_1B_0$ 是相加的两个 4 位二进制数，如果只进行两个 4 位二进制数相加，则 CI 接 0；若是多片级联，则 CI 接低位片的进位输出端。$S_3S_2S_1S_0$ 为相加得到的和，CO 为进位输出。

3. 加法器设计组合逻辑电路

用加法器设计组合逻辑电路时，应把输出逻辑函数变换成输入变量与变量相加或者输入变量与常量相加的形式。

【例 3-3】 用集成加法器 74HC283 将 8421BCD 码转换为余 3 码。

解　根据题意，输入的 8421BCD 码用 $DCBA$ 表示，输出的余 3 码用 $Y_3Y_2Y_1Y_0$ 表示，列出真值表如表 3-4-3 所示。余 3 码恰好比对应的 8421BCD 码多 3，即在 8421BCD 码的基础上加 0011 就可以得到余 3 码。连接后的电路如图 3-4-5 所示，$A_3A_2A_1A_0$ 接 $DCBA$，$B_3B_2B_1B_0$ 接 0011，CI 接 0，$Y_3Y_2Y_1Y_0$ 就可以得到余 3 码输出。

表 3-4-3　例 3-3 真值表

D	C	B	A	Y_3	Y_2	Y_1	Y_0
0	0	0	0	0	0	1	1
0	0	0	1	0	1	0	0
0	0	1	0	0	1	0	1
0	0	1	1	0	1	1	0
0	1	0	0	0	1	1	1
0	1	0	1	1	0	0	0
0	1	1	0	1	0	0	1
0	1	1	1	1	0	1	0
1	0	0	0	1	0	1	1
1	0	0	1	1	1	0	0

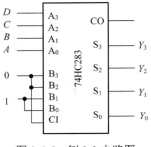

图 3-4-5　例 3-3 电路图

3.4.2　数值比较器

数值比较器是能够实现两个二进制数的数值大小比较的逻辑电路，分为 1 位数值比较器和多位数值比较器。

1. 1 位数值比较器

当完成两个 1 位二进制数 A 和 B 比较后，有三种可能结果：

$A<B$，此时 $A=0$，$B=1$，则 $A'B=1$，可以写成 $Y_{(A<B)}=A'B$；

$A>B$，此时 $A=1$，$B=0$，则 $AB'=1$，可以写成 $Y_{(A>B)}=AB'$；

$A=B$，此时 $A=0$，$B=0$ 或 $A=1$，$B=1$，可以写成 $Y_{(A=B)}=(A\oplus B)'$。

由此可以得到 1 位数值比较器的逻辑图 3-4-6。

2. 多位数值比较器

当比较两个多位数的大小时，需要从高位开始向低位逐位比较，如果高位不相等就可以直接得到比较结果，不需要进行低位比较；只有当高位相等时，才需要比较下一位。

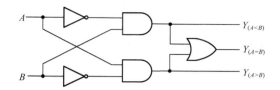

图 3-4-6　1 位数值比较器

比较两个 4 位数 $A_3A_2A_1A_0$ 和 $B_3B_2B_1B_0$ 的大小，比较结果可用 $Y_{(A>B)}$、$Y_{(A=B)}$ 和 $Y_{(A<B)}$ 表示。当仅为两个 4 位数 $A_3A_2A_1A_0$ 和 $B_3B_2B_1B_0$ 相比时，可以从高位开始比较。如果 $A_3>B_3$，可以直接得到 $A>B$；如果 $A_3<B_3$，可以直接得到 $A<B$；如果 $A_3=B_3$，则需要比较 A_2 和 B_2 的大小，以此类推，可以完成两个 4 位数的比较。如果 $A_3A_2A_1A_0$ 和 $B_3B_2B_1B_0$ 是两个多位数的高位时，若 $A_3A_2A_1A_0$ 和 $B_3B_2B_1B_0$ 相等，则还需要看低位比较的结果才能判断两个数的大小。表 3-4-4 所示真值表的级联输入 $I_{(A>B)}$、$I_{(A=B)}$ 和 $I_{(A<B)}$ 就是低位给出的比较结果。

表 3-4-4　多位数值比较器真值表

A_3B_3	A_2B_2	A_1B_1	A_0B_0	$I_{(A>B)}$	$I_{(A<B)}$	$I_{(A=B)}$	$Y_{(A>B)}$	$Y_{(A<B)}$	$Y_{(A=B)}$
$A_3>B_3$	×	×	×	×	×	×	1	0	0
$A_3<B_3$	×	×	×	×	×	×	0	1	0
$A_3=B_3$	$A_2>B_2$	×	×	×	×	×	1	0	0
$A_3=B_3$	$A_2<B_2$	×	×	×	×	×	0	1	0
$A_3=B_3$	$A_2=B_2$	$A_1>B_1$	×	×	×	×	1	0	0
$A_3=B_3$	$A_2=B_2$	$A_1<B_1$	×	×	×	×	0	1	0
$A_3=B_3$	$A_2=B_2$	$A_1=B_1$	$A_0>B_0$	×	×	×	1	0	0
$A_3=B_3$	$A_2=B_2$	$A_1=B_1$	$A_0<B_0$	×	×	×	0	1	0
$A_3=B_3$	$A_2=B_2$	$A_1=B_1$	$A_0=B_0$	1	0	0	1	0	0
$A_3=B_3$	$A_2=B_2$	$A_1=B_1$	$A_0=B_0$	0	1	0	0	1	0
$A_3=B_3$	$A_2=B_2$	$A_1=B_1$	$A_0=B_0$	0	0	1	0	0	1

根据表 3-4-4，可以写出多位数值比较器的输出逻辑表达式：

$$Y_{(A>B)} = A_3B_3' + (A_3 \oplus B_3)'A_2B_2' + (A_3 \oplus B_3)'(A_2 \oplus B_2)'A_1B_1'$$
$$+ (A_3 \oplus B_3)'(A_2 \oplus B_2)'(A_1 \oplus B_1)'A_0B_0' + (A_3 \oplus B_3)'(A_2 \oplus B_2)'(A_1 \oplus B_1)'(A_0 \oplus B_0)'I_{(A>B)}$$

$$Y_{(A<B)} = A_3'B_3 + (A_3 \oplus B_3)'A_2'B_2 + (A_3 \oplus B_3)'(A_2 \oplus B_2)'A_1'B_1$$
$$+ (A_3 \oplus B_3)'(A_2 \oplus B_2)'(A_1 \oplus B_1)'A_0'B_0 + (A_3 \oplus B_3)'(A_2 \oplus B_2)'(A_1 \oplus B_1)'(A_0 \oplus B_0)'I_{(A<B)}$$

$$Y_{(A=B)} = (A_3 \oplus B_3)'(A_2 \oplus B_2)'(A_1 \oplus B_1)'(A_0 \oplus B_0)'I_{(A=B)}$$

$$(3\text{-}4\text{-}13)$$

式中，$Y_{(A>B)}$ 表达式中各与项的含义为：第一项代表 $A_3>B_3$；第二项代表 $A_3=B_3$、$A_2>B_2$；第三项代表 $A_3=B_3$、$A_2=B_2$、$A_1>B_1$；第四项代表 $A_3=B_3$、$A_2=B_2$、$A_1=B_1$、$A_0>B_0$；第五项代表 $A_3=B_3$、$A_2=B_2$、$A_1=B_1$、$A_0=B_0$，同时来自低位的级联输入 $I_{(A>B)}$ 为 1。

$Y_{(A<B)}$ 表达式中各与项的含义与 $Y_{(A>B)}$ 类似，$Y_{(A=B)}$ 是所有的位都相等，并且来自低位的级联输入 $I_{(A=B)}$ 为 1。

由于两个数比较只能有三种结果 $Y_{(A>B)}$、$Y_{(A=B)}$ 和 $Y_{(A<B)}$，因此也可以有如下的关系式：

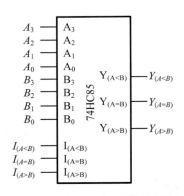

$$Y_{(A>B)} = \left(Y_{(A<B)} + Y_{(A=B)}\right)'$$

$$Y_{(A<B)} = \left(Y_{(A>B)} + Y_{(A=B)}\right)' \quad\quad (3\text{-}4\text{-}14)$$

根据上述原理构成的集成 4 位数值比较器 74HC85 的逻辑符号如图 3-4-7 所示。

附加输入端 $I_{(A>B)}$、$I_{(A=B)}$ 和 $I_{(A<B)}$ 用于扩展使用。当比较两个多位数时，$I_{(A<B)}$、$I_{(A=B)}$ 和 $I_{(A>B)}$ 接低位对应的输出端。当比较两个 4 位数时，$I_{(A<B)}$ 和 $I_{(A>B)}$ 接 0，$I_{(A=B)}$ 接 1。

图 3-4-7　集成 4 位数值比较器
74HC85 逻辑符号

【例 3-4】 用 74HC85 构成 8 位数值比较器，完成两个 8 位二进制数 $C_7C_6C_5C_4C_3C_2C_1C_0$ 和 $D_7D_6D_5D_4D_3D_2D_1D_0$ 的比较。

解　实现两个 8 位数比较时，需要两片 74HC85，把两个 8 位数的高 4 位 $C_7C_6C_5C_4$ 和 $D_7D_6D_5D_4$ 接到高位片（2）的输入端，把低 4 位 $C_3C_2C_1C_0$ 和 $D_3D_2D_1D_0$ 接到低位片（1）的输入端，低位比较器的 $I_{(A<B)}$ 和 $I_{(A>B)}$ 接 0，$I_{(A=B)}$ 接 1，低位比较器的输出端接高位比较器的级联输入端，高位比较器的输出即为总的比较结果输出，如图 3-4-8 所示。

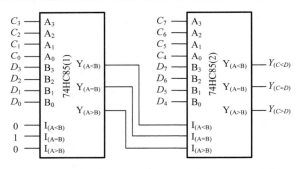

图 3-4-8　例 3-4 用 74HC85 构成 8 位数值比较器

3.4.3　编码器

广义上，用预先规定的方法将文字、数字或其他对象编成数码的过程称为编码。运动场上运动员号码的分配就是一种编码，对每个运动员分配号码后，这个号码就代表这个运动员。显然，这个特定的号码与运动员的姓名是等同的，可以通过号码得到运动员的信息。不同于实际生活中常用十进制数表示编码，在数字系统中，为了区分一系列不同的事物，将每个事物用二进制数码进行表示，这就是二进制编码的含义。编码器的逻辑功能是编码，即将输入的每一个高、低电平信号转换成一个对应的二进制代码。

根据输入信号是否有优先级，可分为普通编码器和优先编码器。根据输出的编码方式可分为二进制编码器和二-十进制编码器。

1. 普通编码器

对于普通编码器，由于输入信号没有优先级之分，因此任何时刻只允许有一个编码信号有效，否则当同时有多个编码信号有效时，输出将发生混乱。二进制普通编码器的框图如图 3-4-9 所示，输出为 n 位二进制码，有 2^n 个输入与之对应。

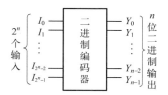

图 3-4-9　二进制编码器的框图

根据编码器的定义，可以得到 3 位二进制普通编码器的真值表，如表 3-4-5 所示。3 位二进制普通编码器也称为 8 线-3 线编码器，它有 8 个输入端、3 个输出端。$I_0 \sim I_7$ 表示 8 个输入端，取高电平有效；$Y_2 Y_1 Y_0$ 为 3 位二进制代码输出端。从真值表 3-4-5 中可以看出，仅有 I_0 输入高电平时，编码输出 000；仅有 I_1 输入高电平时，编码输出 001；以此类推，仅有 I_7 输入高电平时，编码输出 111。这种编码器任何时刻只允许有一个输入信号是有效电平，并对这个有效输入信号进行编码得到相应的输出。

表 3-4-5　3 位二进制编码器的真值表

I_0	I_1	I_2	I_3	I_4	I_5	I_6	I_7	Y_2	Y_1	Y_0
1	0	0	0	0	0	0	0	0	0	0
0	1	0	0	0	0	0	0	0	0	1
0	0	1	0	0	0	0	0	0	1	0
0	0	0	1	0	0	0	0	0	1	1
0	0	0	0	1	0	0	0	1	0	0
0	0	0	0	0	1	0	0	1	0	1
0	0	0	0	0	0	1	0	1	1	0
0	0	0	0	0	0	0	1	1	1	1

根据真值表 3-4-5，可以写出输出逻辑表达式：

$$Y_2 = I_0' I_1' I_2' I_3' I_4 I_5' I_6' I_7' + I_0' I_1' I_2' I_3' I_4' I_5 I_6' I_7' + I_0' I_1' I_2' I_3' I_4' I_5' I_6 I_7' + I_0' I_1' I_2' I_3' I_4' I_5' I_6' I_7$$
$$Y_1 = I_0' I_1' I_2 I_3' I_4' I_5' I_6' I_7' + I_0' I_1' I_2' I_3 I_4' I_5' I_6' I_7' + I_0' I_1' I_2' I_3' I_4' I_5' I_6 I_7' + I_0' I_1' I_2' I_3' I_4' I_5' I_6' I_7 \quad (3\text{-}4\text{-}15)$$
$$Y_0 = I_0' I_1 I_2' I_3' I_4' I_5' I_6' I_7' + I_0' I_1' I_2' I_3 I_4' I_5' I_6' I_7' + I_0' I_1' I_2' I_3' I_4' I_5 I_6' I_7' + I_0' I_1' I_2' I_3' I_4' I_5' I_6' I_7$$

根据普通编码器的原理，任何时刻只允许输入一个编码信号，也就是说，对输入的情况加以约束。从真值表 3-4-5 中也可以看出，对于 8 个输入端，真值表中只有 8 行，这就意味着真值表中没有列出的输入变量的组合均为无关项。利用这些无关项可以把输出的 3 个表达式化简，结果如下：

$$Y_2 = I_4 + I_5 + I_6 + I_7$$
$$Y_1 = I_2 + I_3 + I_6 + I_7 \quad (3\text{-}4\text{-}16)$$
$$Y_0 = I_1 + I_3 + I_5 + I_7$$

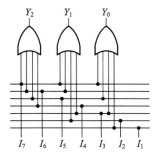

图 3-4-10　3 位二进制普通编码器
的逻辑图

根据化简后的表达式(3-4-16)，可以得到用或门实现的 3 位二进制普通编码器的逻辑图 3-4-10。化简后的表达式 (3-4-16) 和逻辑图 3-4-10 里都没有 I_0 这个输入端，这是因为当输入 $I_7 \sim I_1$ 均为 0 时，隐含表示 I_0 为 1，编码输出 $Y_2 Y_1 Y_0$ 为 000。

2. 优先编码器

普通编码器任何时刻只允许有一个编码信号输入，这给使用带来很多不便，如果同一时刻有多个输入为有效电平，则需要用到优先编码器。优先编码器在设计时已经排列好输入信号的优先级，在使用时允许有多个编码信号同时输入，并且只对优先级高的输入信号进行编码输出。

8 线-3 线优先编码器的 8 个输入中 I_7' 优先级最高，I_0' 优先级最低，$Y_2'Y_1'Y_0'$ 为输出端，输入和输出均为低电平有效。根据优先编码器的定义，列出 3 位二进制优先编码器的真值表，如表 3-4-6 所示。从表中可以看出，只要当 I_7' 为低电平时，无论其他输入端取何值，均对 I_7' 编码，输出 000；并且只有当 I_7' 为高电平时，才能对 I_6' 输入的低电平编码，输出 001；以此类推，只有当 $I_7' \sim I_1'$ 均为高电平时，才能对 I_0' 的低电平编码，输出 111。

表 3-4-6　3 位二进制优先编码器的真值表

I_0'	I_1'	I_2'	I_3'	I_4'	I_5'	I_6'	I_7'	Y_2'	Y_1'	Y_0'
×	×	×	×	×	×	×	0	0	0	0
×	×	×	×	×	×	0	1	0	0	1
×	×	×	×	×	0	1	1	0	1	0
×	×	×	×	0	1	1	1	0	1	1
×	×	×	0	1	1	1	1	1	0	0
×	×	0	1	1	1	1	1	1	0	1
×	0	1	1	1	1	1	1	1	1	0
0	1	1	1	1	1	1	1	1	1	1

根据真值表 3-4-6，可以写出 Y_2' 的表达式：

$$Y_2' = (I_7 + I_6 I_7' + I_5 I_6' I_7' + I_4 I_5' I_6' I_7')' \tag{3-4-17}$$

对其化简可以得到

$$Y_2' = (I_7 + I_6 + I_5 + I_4)' \tag{3-4-18}$$

同样，可以得到化简后的 Y_1' 和 Y_0' 的表达式：

$$Y_1' = (I_7 + I_6 + I_5' I_4' I_3 + I_5' I_4' I_2)' \tag{3-4-19}$$

$$Y_0' = (I_7 + I_6' I_5 + I_6' I_4' I_3 + I_6' I_4' I_2' I_1)' \tag{3-4-20}$$

化简后的表达式仍然没有 I_0'，这和普通编码器的情况是一样的，当 $I_7' \sim I_1'$ 均为 1 时，隐含表示 I_0' 为 0，编码输出 $Y_2'Y_1'Y_0'$ 为 111。

为了满足实际应用的需要，在优先编码器原理上扩展电路功能，增加了选通输入端 EI'，选通输出端 EO' 和扩展端 GS'，构成集成 3 位二进制优先编码器 74HC148。74HC148 的逻辑图和逻辑符号如图 3-4-11 所示。由于输入和输出均为低电平有效，在逻辑符号框的外面相应的位置加上小圆圈。

74HC148 有 5 个输出端，包含选通输入端的输出逻辑表达式为

$$Y_2' = ((I_7 + I_6 + I_5 + I_4)EI)'$$

$$Y_1' = ((I_7 + I_6 + I_5'I_4'I_3 + I_5'I_4'I_2)EI)'$$
$$Y_0' = ((I_7 + I_6'I_5 + I_6'I_4'I_3 + I_6'I_4'I_2'I_1)EI)'$$
$$EO' = (I_7'I_6'I_5'I_4'I_3'I_2'I_1'I_0'EI)'$$
$$GS' = I_7'I_6'I_5'I_4'I_3'I_2'I_1'I_0'EI + EI'$$

(3-4-21)

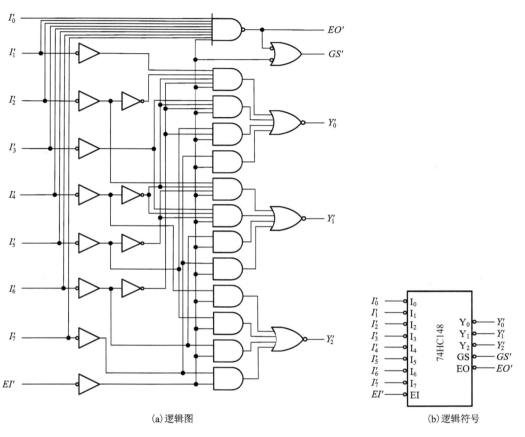

(a)逻辑图   (b)逻辑符号

图 3-4-11   3 位二进制优先编码器 74HC148

选通输入端 $EI' = 1$，$EI = 0$ 时，输出端 $Y_2'Y_1'Y_0'$ 均被锁定为高电平；当 $EI' = 0$，$EI = 1$ 时，编码器正常工作。

当 $EI' = 0$，且 $I_7' \sim I_0'$ 均为高电平时，选通输出端 EO' 为低电平，所以 EO' 的低电平代表编码器工作，但无编码信号输入。

根据扩展端 GS' 的逻辑表达式：

$$GS' = I_7'I_6'I_5'I_4'I_3'I_2'I_1'I_0'EI + EI'$$

(3-4-22)

当 $EI' = 0$，且 $I_7' \sim I_0'$ 有低电平时，GS' 为低电平，所以 GS' 的低电平代表编码器工作，且有编码信号输入。

根据上述分析，得到 74HC148 的功能表如表 3-4-7 所示，除了基本的输入 $I_7' \sim I_0'$ 和输出端 $Y_2'Y_1'Y_0'$ 之间的关系以外，还包含了选通输入端 EI' 对芯片工作状态的控制、选通输出端 EO' 以及扩展端 GS' 的状态。

表 3-4-7　74HC148 的功能表

EI'	I'_0	I'_1	I'_2	I'_3	I'_4	I'_5	I'_6	I'_7	Y'_2	Y'_1	Y'_0	EO'	GS'
1	×	×	×	×	×	×	×	×	1	1	1	1	1
0	1	1	1	1	1	1	1	1	1	1	1	0	1
0	×	×	×	×	×	×	×	0	0	0	0	1	0
0	×	×	×	×	×	×	0	1	0	0	1	1	0
0	×	×	×	×	×	0	1	1	0	1	0	1	0
0	×	×	×	×	0	1	1	1	0	1	1	1	0
0	×	×	×	0	1	1	1	1	1	0	0	1	0
0	×	×	0	1	1	1	1	1	1	0	1	1	0
0	×	0	1	1	1	1	1	1	1	1	0	1	0
0	0	1	1	1	1	1	1	1	1	1	1	1	0

从表 3-4-7 中可以看出，当 $EI'=1$ 时，输入端 $I'_7 \sim I'_0$ 取任意值，芯片不工作，所有的输出，包括 $Y'_2 Y'_1 Y'_0$、EO' 以及 GS'，均为高电平。

当 $EI'=0$，芯片工作，输入端 $I'_7 \sim I'_0$ 均为高电平时，$Y'_2 Y'_1 Y'_0$ 为 111，EO' 为 0，GS' 为 1，代表芯片工作，但无编码信号输入。

当 $EI'=0$，输入端 $I'_7 \sim I'_0$ 中有低电平时，编码器对优先级高的输入信号进行编码，$Y'_2 Y'_1 Y'_0$ 输出反码。这些情况下 EO' 为 1，GS' 为 0，代表芯片工作，且有编码信号输入。

将表 3-4-7 中输入端 $I'_7 \sim I'_0$ 均为高电平时的一行和只有 I'_0 为低电平时的最后一行相比，可以看出这两行 $Y'_2 Y'_1 Y'_0$ 相同，均为 111，但是选通输出端 EO' 和扩展端 GS' 不同。因此，图 3-4-11 所示的有选通输出端和扩展端的集成编码器中要有 I'_0 输入端，而图 3-4-10 所示的编码器的逻辑电路中没有 I'_0 输入端。

集成优先编码器 74HC148 可以对 8 个输入信号进行编码，如果需要编码的信号个数多于 8 个，就需要用两片或两片以上的芯片来完成编码功能。

【例 3-5】 用两片 74HC148 接成 16 线-4 线优先编码器，要求 16 线-4 线优先编码器能将 $A'_0 \sim A'_{15}$ 16 个低电平输入信号编为 16 个 4 位二进制代码 0000～1111，由 $F_3 \sim F_0$ 输出，其中 A'_{15} 的优先权最高，A'_0 的优先权最低。

解 一片 74HC148 只有 8 个输入端，所以把 16 个输入信号分两组，其中 $A'_{15} \sim A'_8$ 接优先权高的芯片(1)的输入端 $I'_7 \sim I'_0$，$A'_7 \sim A'_0$ 接优先权低的芯片(2)的输入端 $I'_7 \sim I'_0$。结合 74HC148 的功能表，对于芯片(1)，应该处于正常的工作状态，选通输入端 EI' 接低电平，有编码信号输入时能正常工作，$EO'=1$，$GS'=0$；如果没有编码信号输入，则 $EO'=0$，$GS'=1$。对于芯片(2)，由于优先权低于芯片(1)，所以必须在芯片(1)没有编码信号输入时，即芯片(1)的 $EO'=0$ 时，芯片(2)才能对有效的输入信号进行编码。因此把芯片(1)的 EO' 端接到芯片(2)的 EI' 端，即可完成两个芯片之间的连接。

芯片(1)有编码信号输入时 $GS'=0$；没有编码信号输入时 $GS'=1$，所以把芯片(1)的 GS' 取反作为编码输出的最高位 F_3，用两个芯片的 $Y'_2 Y'_1 Y'_0$ 对应与非之后得到输出的低 3 位 $F_2 F_1 F_0$。芯片(2)的 EO' 为 16 线-4 线优先编码器的无编码信号输出端。两个芯片的 GS' 相与之后的输出 GS' 为 16 线-4 线优先编码器的有编码信号输出端。这样就利用两片 74HC148 接成 16 线-4 线优先编码器，如图 3-4-12 所示。

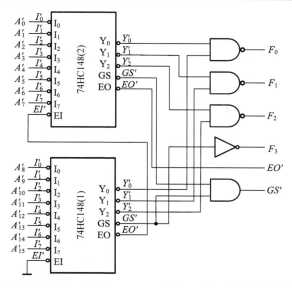

图 3-4-12　例 3-5 两片 74HC148 接成 16 线-4 线优先编码器

分析当处于如下三种情况时，16 线-4 线优先编码器的输出。

1）A_4' 为低电平，其余输入端均为高电平

此时芯片（1）工作，但无编码信号输入，$EO' = 0$，$GS' = 1$，$Y_2'Y_1'Y_0'$ 为 111，由于芯片（1）的 $EO' = 0$，所以芯片（2）的选通输入端 $EI' = 0$，芯片（2）能工作。输入信号 A_4' 与芯片（2）的 I_4' 相连，芯片（2）的输出 $Y_2'Y_1'Y_0'$ 为 011。经过相应的门之后，$F_3 \sim F_0$ 输出为 0100，由两片 74HC148 接成 16 线-4 线优先编码器的输出是原码，即对 A_4' 编码输出 0100。

2）A_{12}' 为低电平，其余输入端均为高电平

此时芯片（1）工作，且有编码信号输入，$EO' = 1$，$GS' = 0$，A_{12}' 与芯片（1）的 I_4' 相连，所以芯片（1）的输出 $Y_2'Y_1'Y_0'$ 为 011，由于芯片（1）的 $EO' = 1$，因此芯片（2）的选通输入端 $EI' = 1$，芯片（2）被禁止，输出 $Y_2'Y_1'Y_0'$ 为 111，经过相应的门之后，$F_3 \sim F_0$ 输出为 1100。

3）A_{12}' 和 A_4' 为低电平，其余输入端均为高电平

此时芯片（1）工作，且有编码信号输入，$EO' = 1$，$GS' = 0$，A_{12}' 与芯片（1）的 I_4' 相连，所以芯片（1）的输出 $Y_2'Y_1'Y_0'$ 为 011，由于芯片（1）的 $EO' = 1$，因此芯片（2）的选通输入端 $EI' = 1$，芯片（2）被禁止，输出 $Y_2'Y_1'Y_0'$ 为 111，经过相应的门之后 $F_3 \sim F_0$ 输出为 1100。尽管 A_{12}' 和 A_4' 都接两个芯片的 I_4'，但是，由于芯片（1）的优先权高于芯片（2）的优先权，因此对芯片（1）的有效输入信号进行编码，体现出两个芯片之间优先权不同。

3. 二-十进制优先编码器

二-十进制优先编码器是将输入的 10 个信号按优先级高、低顺序编成对应的 10 个 BCD 码。设定输入和输出均为低电平有效，十个输入端 $I_9' \sim I_0'$ 中 I_9' 优先权最高，I_0' 优先权最低；BCD 码输出端 $Y_3'Y_2'Y_1'Y_0'$ 的输出为 BCD 码的反码。二-十进制优先编码器的真值表如表 3-4-8 所示。当输入 $I_9' \sim I_1'$ 均为 1 时，隐含表示 I_0' 为低电平，编码输出 $Y_3'Y_2'Y_1'Y_0'$ 为 1111。根据上

述原理，构成集成二-十进制优先编码器 74HC147，其逻辑图和逻辑符号如图 3-4-13 所示。74HC147 没有附加的输入端和输出端。

表 3-4-8　二-十进制优先编码器的真值表

I'_1	I'_2	I'_3	I'_4	I'_5	I'_6	I'_7	I'_8	I'_9	Y'_3	Y'_2	Y'_1	Y'_0
×	×	×	×	×	×	×	×	0	0	0	1	1	0
×	×	×	×	×	×	×	0	1	0	1	1	1
×	×	×	×	×	×	0	1	1	1	0	0	0
×	×	×	×	×	0	1	1	1	1	0	0	1
×	×	×	×	0	1	1	1	1	1	0	1	0
×	×	×	0	1	1	1	1	1	1	0	1	1
×	×	0	1	1	1	1	1	1	1	1	0	0
×	0	1	1	1	1	1	1	1	1	1	0	1
0	1	1	1	1	1	1	1	1	1	1	1	0
1	1	1	1	1	1	1	1	1	1	1	1	1

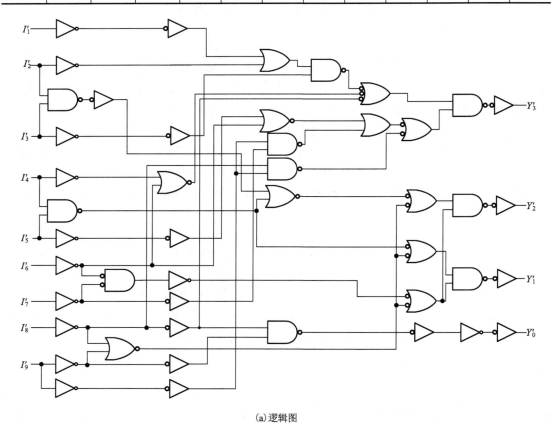

(a) 逻辑图

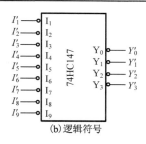

(b) 逻辑符号

图 3-4-13 二-十进制优先编码器 74HC147

3.4.4 译码器

译码过程是将输入的二进制代码译成对应的输出高、低电平信号或者另外一个代码，是编码的逆过程。译码器是完成译码功能的逻辑电路。常用的译码器有二进制译码器、二-十进制译码器和显示译码器。二进制译码器也称为最小项译码器，它的输入为一组代码，输出为与每一个代码对应的高、低电平信号。二-十进制译码器的输入为 8421BCD 码的 10 个代码，输出为与之对应的 10 个高、低电平信号。显示译码器能将输入代码译成特定的编码，并通过显示器件显示出来。

1. 二进制译码器

二进制译码器的输入是二进制代码，输出是高、低电平信号。n 位二进制译码器的框图如图 3-4-14 所示，输入为 n 位二进制代码，有 2^n 个输出与之对应。

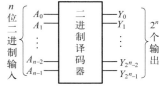

图 3-4-14 n 位二进制译码器的框图

根据译码器的定义，可以得到 3 位二进制码译码器的真值表如表 3-4-9 所示。输入为 3 位二进制代码 $A_2A_1A_0$，输出为 8 个高、低电平信号，用 $Y_7 \sim Y_0$ 表示。由于 3 位二进制译码器有 3 个输入端、8 个输出端，因此，3 位二进制译码器也称为 3 线-8 线译码器。如果译码器的输入是 4 位二进制代码，就称为 4 线-16 线译码器。

表 3-4-9 3 线-8 线译码器的真值表

A_2	A_1	A_0	Y_7	Y_6	Y_5	Y_4	Y_3	Y_2	Y_1	Y_0
0	0	0	0	0	0	0	0	0	0	1
0	0	1	0	0	0	0	0	0	1	0
0	1	0	0	0	0	0	0	1	0	0
0	1	1	0	0	0	0	1	0	0	0
1	0	0	0	0	0	1	0	0	0	0
1	0	1	0	0	1	0	0	0	0	0
1	1	0	0	1	0	0	0	0	0	0
1	1	1	1	0	0	0	0	0	0	0

由于输出取高电平有效，因此当输入 $A_2A_1A_0$ 取 000～111 时，输出 $Y_7 \sim Y_0$ 依次为高电平。也可以把 $Y_7 \sim Y_0$ 看作一组二进制代码，所以译码器也能完成代码转换。

根据真值表 3-4-9 可以写出输出的逻辑函数式：

$$Y_0 = A_2'A_1'A_0'$$
$$Y_1 = A_2'A_1'A_0$$
$$Y_2 = A_2'A_1A_0'$$
$$Y_3 = A_2'A_1A_0$$
$$Y_4 = A_2A_1'A_0'$$
$$Y_5 = A_2A_1'A_0$$
$$Y_6 = A_2A_1A_0'$$
$$Y_7 = A_2A_1A_0$$

(3-4-23)

从逻辑函数式(3-4-23)中可以看出，每一个输出对应输入三变量 A_2、A_1、A_0 的一个最小项，因此，二进制译码器也称为最小项译码器。

中规模集成 3 线-8 线译码器 74HC138 的逻辑图和逻辑符号如图 3-4-15 所示，有 3 个附加控制端 E_1'、E_2'、E_3，3 个输入端 A_2、A_1、A_0，8 个输出端 $Y_7' \sim Y_0'$。

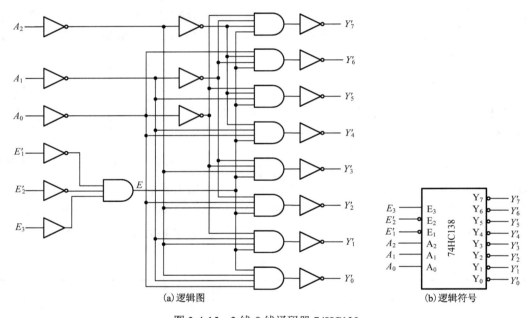

图 3-4-15　3 线-8 线译码器 74HC138

图 3-4-15 (a) 中 $E = E_1E_2E_3$，当 E 等于 0 时，译码器的 8 个输出端均为高电平，这时译码器被禁止。只有当 E 等于 1 时，译码器处于正常的译码状态。

根据 E_1'、E_2'、E_3 与 E 之间的关系可知，$E_3 = 0$ 或 $E_1' + E_2' = 1$ 时，译码器被禁止工作，输出端全部为高电平；当 $E_3 = 1$、$E_1' + E_2' = 0$ 时，译码器处于译码状态。

正常译码时，输出端可以用最小项表示为

$$Y_i' = (Em_i)'$$

(3-4-24)

由此可以得到 74HC138 的功能表如表 3-4-10 所示。当 $E_3 = 0$ 时，E_2'、E_1'、$A_2A_1A_0$ 取任意值，译码器输出均为高电平；当 $E_1' + E_2' = 1$ 时，E_3、$A_2A_1A_0$ 取任意值，译码器输出均为高电平，在这两种情况下，译码器被禁止。当 $E_3 = 1$、$E_1' + E_2' = 0$，$A_2A_1A_0$ 在 000~111 变化时，

$Y_0' \sim Y_7'$ 依次输出低电平，这是译码器正常译码的状态。

表 3-4-10 74HC138 的功能表

E_3	$E_1'+E_2'$	A_2	A_1	A_0	Y_7'	Y_6'	Y_5'	Y_4'	Y_3'	Y_2'	Y_1'	Y_0'
0	×	×	×	×	1	1	1	1	1	1	1	1
×	1	×	×	×	1	1	1	1	1	1	1	1
1	0	0	0	0	1	1	1	1	1	1	1	0
1	0	0	0	1	1	1	1	1	1	1	0	1
1	0	0	1	0	1	1	1	1	1	0	1	1
1	0	0	1	1	1	1	1	1	0	1	1	1
1	0	1	0	0	1	1	1	0	1	1	1	1
1	0	1	0	1	1	1	0	1	1	1	1	1
1	0	1	1	0	1	0	1	1	1	1	1	1
1	0	1	1	1	0	1	1	1	1	1	1	1

2. 二-十进制译码器

二-十进制译码器将输入 8421BCD 码的 10 个代码译成 10 个高、低电平输出信号。二-十进制译码器的真值表如表 3-4-11 所示，当输入 $A_3A_2A_1A_0$ 为 0000～1001 时，输出 $Y_0' \sim Y_9'$ 依次为低电平；当输入不属于 8421BCD 码，即为 1010～1111 时，输出均为高电平，没有有效的译码输出。

表 3-4-11 二-十进制译码器的真值表

A_3	A_2	A_1	A_0	Y_0'	Y_1'	Y_2'	Y_3'	Y_4'	Y_5'	Y_6'	Y_7'	Y_8'	Y_9'
0	0	0	0	0	1	1	1	1	1	1	1	1	1
0	0	0	1	1	0	1	1	1	1	1	1	1	1
0	0	1	0	1	1	0	1	1	1	1	1	1	1
0	0	1	1	1	1	1	0	1	1	1	1	1	1
0	1	0	0	1	1	1	1	0	1	1	1	1	1
0	1	0	1	1	1	1	1	1	0	1	1	1	1
0	1	1	0	1	1	1	1	1	1	0	1	1	1
0	1	1	1	1	1	1	1	1	1	1	0	1	1
1	0	0	0	1	1	1	1	1	1	1	1	0	1
1	0	0	1	1	1	1	1	1	1	1	1	1	0
1	0	1	0	1	1	1	1	1	1	1	1	1	1
1	0	1	1	1	1	1	1	1	1	1	1	1	1
1	1	0	0	1	1	1	1	1	1	1	1	1	1
1	1	0	1	1	1	1	1	1	1	1	1	1	1
1	1	1	0	1	1	1	1	1	1	1	1	1	1
1	1	1	1	1	1	1	1	1	1	1	1	1	1

根据表 3-4-11，可以得到二-十进制译码器输出的逻辑表达式：

$$Y_0' = (A_3'A_2'A_1'A_0')'$$

$$Y_1' = (A_3'A_2'A_1'A_0')'$$

$$Y_2' = (A_3'A_2'A_1'A_0')'$$

$$Y_3' = (A_3'A_2'A_1A_0)'$$

$$Y_4' = (A_3'A_2A_1'A_0')'$$

$$Y_5' = (A_3'A_2A_1'A_0)'$$

$$Y_6' = (A_3'A_2A_1A_0')'$$

$$Y_7' = (A_3'A_2A_1A_0)'$$

$$Y_8' = (A_3A_2'A_1'A_0')'$$

$$Y_9' = (A_3A_2'A_1'A_0)'$$

(3-4-25)

也可以用最小项的形式表示:

$$Y_i' = m_i'(i = 0 \sim 9)$$

(3-4-26)

　　集成二-十进制译码器 74HC42 的逻辑图和逻辑符号如图 3-4-16 所示，74HC42 中没有附加控制端。

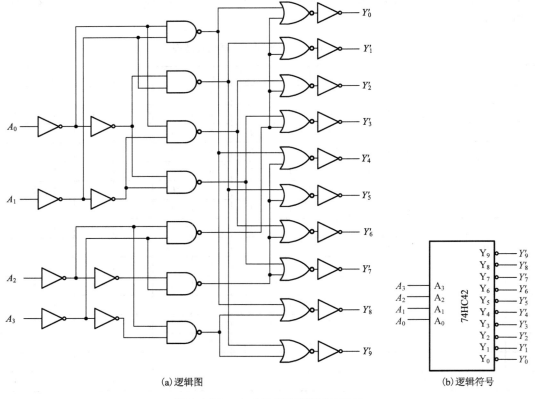

(a) 逻辑图　　　　　　　　　　　　　　　　(b) 逻辑符号

图 3-4-16　二-十进制译码器 74HC42

3. 译码器的应用

1)译码器的功能扩展

【例 3-6】 用两片 3 线-8 线译码器 74HC138 接成 4 线-16 线译码器，将输入的 4 位二进制代码 $B_3B_2B_1B_0$ 译成 16 个独立的低电平信号 $F_0' \sim F_{15}'$。

解 74HC138 有 3 个输入端 A_2、A_1、A_0 和 3 个附加控制端 E_3、E_2'、E_1'，根据题意要求，实现 4 线输入，芯片本身有 3 个输入端，所以需要利用附加控制端，每片 74HC138 有 8 个输出端，则两片有 16 个输出端。利用附加控制端作为第 4 个输入端，得到如图 3-4-17 所示的逻辑电路。$B_2B_1B_0$ 分别接两片 74HC138 的 $A_2A_1A_0$，B_3 接芯片(2)的 E_2'、E_1' 与芯片(1)的 E_3。输出 $F_{15}' \sim F_8'$ 接芯片(1)的 8 个输出端，$F_7' \sim F_0'$ 接芯片(2)的 8 个输出端。芯片(2)的 E_3 端接 +5V，芯片(1)的 E_2' 和 E_1' 接低电平。

当 $B_3 = 0$ 时，芯片(1)被禁止，芯片(2)译码，对 $B_3B_2B_1B_0$ 输入的 0000～0111 进行译码，$F_0' \sim F_7'$ 依次输出低电平，$F_8' \sim F_{15}'$ 均输出高电平。

当 $B_3 = 1$ 时，芯片(1)译码，芯片(2)被禁止，对 $B_3B_2B_1B_0$ 输入的 1000～1111 进行译码，$F_8' \sim F_{15}'$ 依次输出低电平，$F_0' \sim F_7'$ 均输出高电平。

综合 B_3 取值的两种情况，该电路能将 $B_3B_2B_1B_0$ 端输入的 0000～1111 译成 16 个独立的低电平，分别从 $F_0' \sim F_{15}'$ 输出。

2)用译码器设计组合逻辑电路

译码器还可以用来设计组合逻辑电路，因为译码器有多个输出端，所以它特别适合设计多输出的组合逻辑电路。

【例 3-7】 利用 3 线-8 线译码器 74HC138 设计一个多输出的组合逻辑电路，电路的四个输出如下：

$$
\begin{aligned}
F_1(A,B,C) &= AC' + A'BC + AB'C \\
F_2(A,B,C) &= BC + A'B'C \\
F_3(A,B,C) &= A'B + AB'C \\
F_4(A,B,C) &= A'BC' + B'C' + ABC
\end{aligned}
\tag{3-4-27}
$$

解 首先把输出的逻辑函数写成最小项之和的形式：

$$
\begin{aligned}
F_1 &= AC' + A'BC + AB'C = m_3 + m_4 + m_5 + m_6 \\
F_2 &= BC + A'B'C = m_1 + m_3 + m_7 \\
F_3 &= A'B + AB'C = m_2 + m_3 + m_5 \\
F_4 &= A'BC' + B'C' + ABC = m_0 + m_2 + m_4 + m_7
\end{aligned}
\tag{3-4-28}
$$

然后再变换成与 74HC138 输出相对应的形式，即最小项的反的与非形式：

$$
\begin{aligned}
F_1 &= ((m_3 + m_4 + m_5 + m_6)')' = (m_3'm_4'm_5'm_6')' \\
F_2 &= ((m_1 + m_3 + m_7)')' = (m_1'm_3'm_7')' \\
F_3 &= ((m_2 + m_3 + m_5)')' = (m_2'm_3'm_5')' \\
F_4 &= ((m_0 + m_2 + m_4 + m_7)')' = (m_0'm_2'm_4'm_7')'
\end{aligned}
\tag{3-4-29}
$$

根据式(3-4-29)可以得到如图 3-4-18 所示的逻辑电路图。应该注意附加控制端正确连接，

$E_3 = 1$，$E'_2 = E'_1 = 0$。A、B、C 分别对应 A_2、A_1、A_0，因为在写最小项的编号时，已经确定出 A、B、C 的高低位顺序。

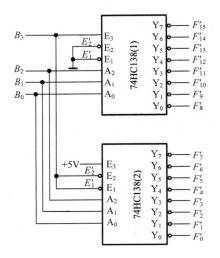

图 3-4-17　例 3-6 用两片 74HC138 接成 4 线-16 线译码器

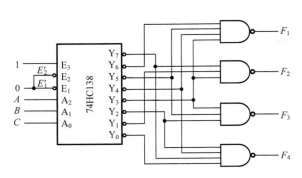

图 3-4-18　例 3-7 电路图

4. 显示译码器

为了能把 0～9 十个数码显示出来，可以采用七段字符显示器即七段数码管。常见的字符显示器有半导体数码管和液晶显示器两种。半导体数码管的每一段都是由发光二极管（Light Emitting Diode，LED）构成，又称为 LED 数码管。它利用发光二极管发光实现显示，亮度高、功耗大。制作 LED 的材料不同，使 LED 发出光线的波长不同，其发光的颜色也不一样。

半导体数码管的外形如图 3-4-19（a）所示，如果数码管设置了小数点，就是八段数码管。半导体数码管分共阴极和共阳极两类，如图 3-4-19（b）所示。共阴极数码管的发光二极管的阴极接在一起，当外加高电平时，对应的发光二极管点亮。共阳极数码管的发光二极管的阳极接在一起，当阴极接低电平时，对应的发光二极管点亮。

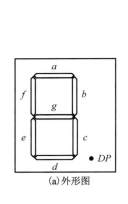

（a）外形图

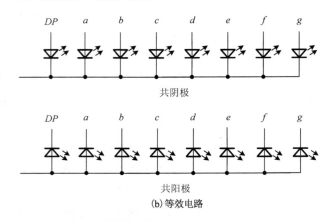

（b）等效电路

图 3-4-19　半导体数码管

七段数码管需要利用驱动电路点亮，显示译码器是用来驱动数码管的电路。显示译码器的作用是将 BCD 代码转换成数码管所需的驱动信号，共阳极数码管需要低电平驱动，而共阴极数码管需要高电平驱动。

当 8421BCD 码为 0100 时，数码管应显示字符"4"，对于共阴极数码管，显示字符"4"时，$abcdefg$ 应为 0110011。以此类推，得到驱动共阴极数码管的七段带消隐功能的显示译码器 74HC4511 的功能表如表 3-4-12 所示，对应的逻辑图如图 3-4-20 所示。输入为 $D_3D_2D_1D_0$，输出为 $a\sim g$，LE'、BI' 和 LT' 为 3 个附加控制端。

表 3-4-12　七段显示译码器 74HC4511 的功能表

LE'	BI'	LT'	D_3	D_2	D_1	D_0	a	b	c	d	e	f	g	字形
×	×	0	×	×	×	×	1	1	1	1	1	1	1	8
×	0	1	×	×	×	×	0	0	0	0	0	0	0	消隐
0	1	1	0	0	0	0	1	1	1	1	1	1	0	0
0	1	1	0	0	0	1	0	1	1	0	0	0	0	1
0	1	1	0	0	1	0	1	1	0	1	1	0	1	2
0	1	1	0	0	1	1	1	1	1	1	0	0	1	3
0	1	1	0	1	0	0	0	1	1	0	0	1	1	4
0	1	1	0	1	0	1	1	0	1	1	0	1	1	5
0	1	1	0	1	1	0	0	0	1	1	1	1	1	6
0	1	1	0	1	1	1	1	1	1	0	0	0	0	7
0	1	1	1	0	0	0	1	1	1	1	1	1	1	8
0	1	1	1	0	0	1	1	1	1	0	0	1	1	9
0	1	1	1	0	1	0	0	0	0	0	0	0	0	消隐
0	1	1	1	0	1	1	0	0	0	0	0	0	0	消隐
0	1	1	1	1	0	0	0	0	0	0	0	0	0	消隐
0	1	1	1	1	0	1	0	0	0	0	0	0	0	消隐
0	1	1	1	1	1	0	0	0	0	0	0	0	0	消隐
0	1	1	1	1	1	1	0	0	0	0	0	0	0	消隐
1	1	1	×	×	×	×	*	*	*	*	*	*	*	*

*此时的输出状态取决于 LE' 由 0 跳变为 1 时 BCD 码的输入。

当输入为 0000～1001 十个 8421BCD 码时，显示器件显示 0～9 十个字符。当输入为 1010～1111 时，数码管被熄灭。

灯测试输入端 LT'：当 $LT'=0$ 时，$a\sim g$ 全部置为 1，数码管的各段均被点亮，显示字符"8"。LT' 用于测试数码管各段能否正常发光，检验数码管的好坏。正常使用时，LT' 应接高电平。

灭灯输入端 BI'：当 $BI'=0$ 且 $LT'=1$ 时，无论输入 $D_3D_2D_1D_0$ 为何种状态，$a\sim g$ 全部

为 0，数码管的各段均不点亮，从而实现灭灯功能。如果有一个多位显示系统，显示的字符是 001946.91600，为使整数部分高位的两个 0 和小数部分低位的两个 0 不显示，应使对应位显示译码器的 $BI' = 0$ 且 $LT' = 1$，即可熄灭这些无效的 0。

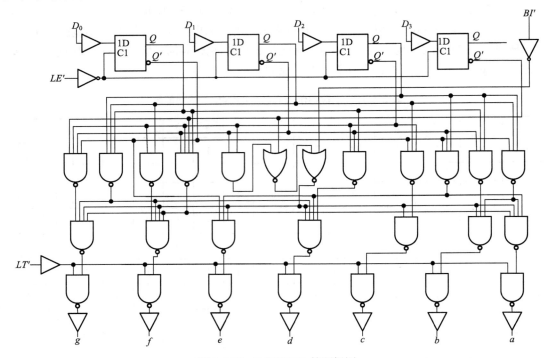

图 3-4-20　74HC4511 的逻辑图

锁存使能输入端 LE'：当 $BI' = LT' = 1$ 时，若 $LE' = 0$，则 D 触发器的输出 $Q_i = D_i$、$Q_i' = D_i'$，显示译码器的输出随输入的变化而变化；LE' 由 0 变为 1 时，输入二进制码 D_i' 被锁存，在 $LE' = 1$ 之后，触发器的输出 Q_i 和 Q_i' 不再随输入 D_i 发生变化，译码器的输出取决于触发器的状态，而不随输入的变化而改变。D 触发器的工作原理见 4.2 节。

74HC4511 驱动一个共阴极半导体数码管的电路如图 3-4-21 所示，$D_3D_2D_1D_0$ 为输入的 4 位二进制码，电阻 R 的取值范围通常为 200Ω～1kΩ。

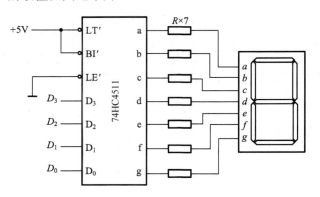

图 3-4-21　显示译码器 74HC4511 驱动共阴极数码管电路

3.4.5　数据选择器

在数字信号的传输过程中，从一组数据中选出某一个数据送到输出端，这就是数据选择。数据选择器就是实现数据选择的逻辑电路，也称为多路开关。

在实际应用中，经常用数据选择器和数据分配器一起构成数据分时传送系统。在数据选择器端，通过通道选择信号来实现对输入数据的选择。被选择的数据的个数与通道选择信号的位数之间具有一定的关系。数据选择器的通道选择信号为 n 位，可以选择的数据的个数是 2^n 个。在数据分配器端，也是通过通道选择信号把输入数据分配到不同的输出端，如果是 m 位通道选择信号，对应有 2^m 个输出端。如图 3-4-22 所示，将数据选择器和数据分配器结合使用，可以实现从 2^n 个输入数据当中选择一个数据传到 2^m 个输出端中的某一个输出端，从而可以实现数据的分时多路传送。

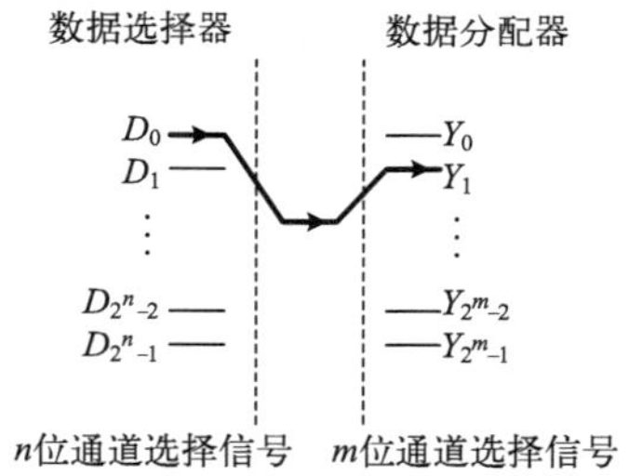

图 3-4-22　数据分时传送系统

1. 四选一数据选择器

四选一数据选择器的逻辑符号和真值表如图 3-4-23 和表 3-4-13 所示，D 为输入数据，包括 $D_0 \sim D_3$，A_1 和 A_0 也是输入，但是因为与 D 的功能不同，A_1 和 A_0 称为通道选择信号，也称为地址输入或地址码，地址码决定了从四路输入 $D_0 \sim D_3$ 中选择哪一路传送到输出端 Y。

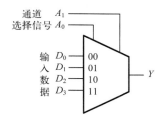

图 3-4-23　四选一数据选择器的逻辑符号

表 3-4-13　四选一数据选择器真值表

D	A_1	A_0	Y
D_0	0	0	D_0
D_1	0	1	D_1
D_2	1	0	D_2
D_3	1	1	D_3

根据表 3-4-13，得到输出的逻辑表达式：

$$Y = D_0 A_1' A_0' + D_1 A_1' A_0 + D_2 A_1 A_0' + D_3 A_1 A_0 = \sum_{i=0}^{3} D_i m_i \tag{3-4-30}$$

根据数据选择器的原理，构成集成四选一数据选择器 74HC153，一片 74HC153 中包含两个四选一数据选择器。逻辑图和逻辑符号如图 3-4-24 所示，两个四选一数据选择器共用地址输入端 A_1 和 A_0，S_1' 和 S_2' 是各自的附加控制端，$D_{10} \sim D_{13}$、$D_{20} \sim D_{23}$ 为各自的数据输入端，Y_1 和 Y_2 为两个数据输出端。

当附加控制端 $S_1' = 1$ 时，无论数据输入端 $D_{10} \sim D_{13}$ 和地址输入端 A_1、A_0 为何值，输出端 Y_1 一定输出 0，此时数据选择器被禁止。

当 $S_1' = 0$ 时，可以写出四选一数据选择器的逻辑表达式：

$$Y_1 = (D_{10} A_1' A_0' + D_{11} A_1' A_0 + D_{12} A_1 A_0' + D_{13} A_1 A_0)S_1 \tag{3-4-31}$$

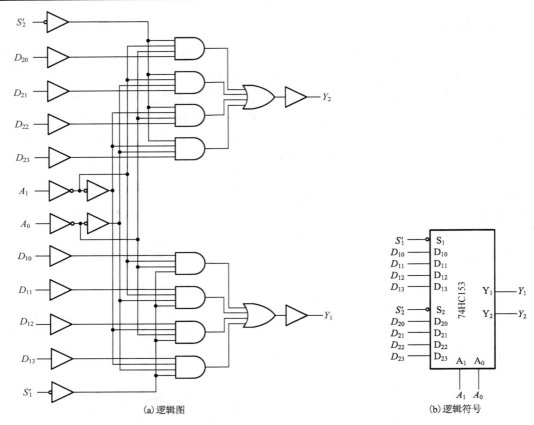

图 3-4-24　双四选一数据选择器 74HC153

表 3-4-14　74HC153 的功能表

S_1'	A_1	A_0	Y_1
1	×	×	0
0	0	0	D_{10}
0	0	1	D_{11}
0	1	0	D_{12}
0	1	1	D_{13}

74HC153 的功能表如表 3-4-14 所示。

2. 八选一数据选择器

八选一数据选择器 74HC151 的逻辑图和逻辑符号如图 3-4-25 所示,附加控制端 S',3 个地址端 $A_2 \sim A_0$,8 个数据输入端 $D_0 \sim D_7$,Y 为数据输出端,Y' 为反相输出。

74HC151 的功能表如表 3-4-15 所示,控制端 $S' = 1$ 时,无论地址端和数据输入端取何值,输出 Y 一定为 0,Y' 一定为 1,此时芯片被禁止。$S' = 0$ 时,若地址端 $A_2 A_1 A_0$ 取值在 000～111 变化,则输出端 Y 依次输出 $D_0 \sim D_7$。由此可以写出输出的逻辑表达式:

$$
\begin{aligned}
Y = (&(A_2' A_1' A_0') D_0 + (A_2' A_1' A_0) D_1 + (A_2' A_1 A_0') D_2 + (A_2' A_1 A_0) D_3 \\
&+ (A_2 A_1' A_0') D_4 + (A_2 A_1' A_0) D_5 + (A_2 A_1 A_0') D_6 + (A_2 A_1 A_0) D_7) S
\end{aligned}
\tag{3-4-32}
$$

3. 数据选择器的应用

数据选择器除了具有数据选择功能以外,还可以用来设计组合逻辑电路。对于一个八选一的数据选择器,控制端有效时逻辑函数式可以写成

$$Y = (A_2'A_1'A_0')D_0 + (A_2'A_1'A_0)D_1 + (A_2'A_1A_0')D_2 + (A_2'A_1A_0)D_3$$
$$+ (A_2A_1'A_0')D_4 + (A_2A_1'A_0)D_5 + (A_2A_1A_0')D_6 + (A_2A_1A_0)D_7$$

$$(3\text{-}4\text{-}33)$$

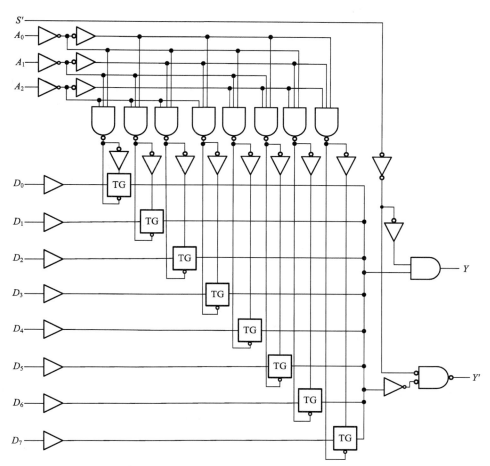

(a) 逻辑图

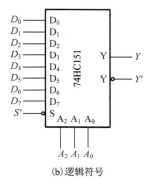

(b) 逻辑符号

图 3-4-25 八选一数据选择器 74HC151

表 3-4-15 74HC151 的功能表

S'	A_2	A_1	A_0	Y	Y'
1	×	×	×	0	1
0	0	0	0	D_0	D_0'
0	0	0	1	D_1	D_1'
0	0	1	0	D_2	D_2'
0	0	1	1	D_3	D_3'
0	1	0	0	D_4	D_4'
0	1	0	1	D_5	D_5'
0	1	1	0	D_6	D_6'
0	1	1	1	D_7	D_7'

如果把 A_2、A_1、A_0 看作 3 个输入变量,同时令 $D_0 \sim D_7$ 为第 4 个输入变量的适当形式(这里是指原变量、反变量、0 和 1),则可以由八选一数据选择器实现四变量以下的任何组合逻辑函数。因此,具有 n 位地址输入的数据选择器,可产生任何形式的输入变量数不大于 $n+1$ 的组合逻辑函数。

【例 3-8】 用四选一数据选择器 74HC153 实现例 3-2 电机工作状态监视的逻辑电路。

解 例 3-2 中的输出逻辑函数式为

$$Y = A'B'C' + A'BC + AB'C + ABC' + ABC \tag{3-4-34}$$

为将式(3-4-34)变换成与四选一数据选择器的输出式(3-4-30)相一致的形式,需要从输入变量中选取两个变量作为地址输入信号,可以取 $A_1 = B$, $A_0 = C$,则输出可以变换成

$$Y = A'(B'C') + A(B'C) + A(BC') + 1 \cdot (BC) \tag{3-4-35}$$

将式(3-4-35)与四选一数据选择器的输出式(3-4-30)对比,与 $B'C'$ 相乘的项为 D_0,与 $B'C$ 相乘的项是 D_1,与 BC' 相乘的项为 D_2,与 BC 相乘的项为 D_3。于是得到 $D_0 = A'$,$D_1 = D_2 = A$,$D_3 = 1$,电路图如图 3-4-26 所示。

【例 3-9】 利用八选一数据选择器 74HC151 实现三变量逻辑函数 $Z = A'B'C + A'BC' + AC'$。

解 首先根据八选一数据选择器的逻辑函数式(3-4-33),将待实现的三变量逻辑函数 Z 写成和八选一数据选择器输出相一致的形式

$$\begin{aligned} Z &= (A'B'C') \cdot 0 + (A'B'C) \cdot 1 + (A'BC') \cdot 1 + (A'BC) \cdot 0 \\ &\quad + (AB'C') \cdot 1 + (AB'C) \cdot 0 + (ABC') \cdot 1 + (ABC) \cdot 0 \end{aligned} \tag{3-4-36}$$

把 Z 的函数式和八选一数据选择器的输出对比,得到当 A_2、A_1、A_0 分别接 A、B、C 时,$D_0 = D_3 = D_5 = D_7 = 0$, $D_1 = D_2 = D_4 = D_6 = 1$,电路图如图 3-4-27 所示。

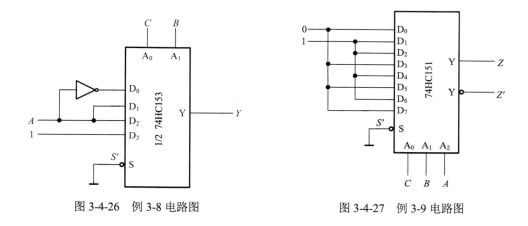

图 3-4-26　例 3-8 电路图　　　　　　　图 3-4-27　例 3-9 电路图

3.5　组合逻辑电路中的竞争冒险现象

3.5.1　竞争冒险现象产生原因及判断方法

1. 竞争冒险现象产生原因

前面的章节中进行组合逻辑电路的分析和设计，都是输入和输出在稳定的逻辑电平条件下进行的。而在实际电路中，由于延迟时间的存在，当不同路径的传输延迟时间不同时，在输入信号电平变化瞬间，可能会产生实际输出信号与稳态下理想输出不一致的情况。因此，需要分析输入信号逻辑电平变化的瞬间电路会出现的情况。

以与门和或门电路为例，如图 3-5-1 (a) 所示，对于与门，两个输入端 $A = 1$、$B = 0$ 或 $A = 0$、$B = 1$ 时，稳态时输出 $Y = 0$。但是在输入信号 A 从 1 跳变到 0、B 从 0 跳变到 1 的过程中，信号 A 由于前级电路或者其他原因产生时间延迟，这可能导致在一个极短的时间内 A 和 B 均为 1，在输出端会产生一个极窄的 $Y = 1$ 的尖峰脉冲。这个 $Y = 1$ 的尖峰脉冲不符合与门稳态下的逻辑功能，称为 "1" 冒险。

如图 3-5-1 (b) 所示，对于或门，两个输入端 $A = 1$、$B = 0$ 或 $A = 0$、$B = 1$ 时，稳态时输出 $Y = 1$。但是在输入信号 A 从 1 跳变到 0、B 从 0 跳变到 1 的过程中，信号 B 由于前级电路或者其他原因产生时间延迟，这可能导致在一个极短的时间内 A 和 B 均为 0，在输出端会产生一个极窄的 $Y = 0$ 的尖峰脉冲，称为 "0" 冒险。

逻辑门的两个输入端的信号同时向相反的电平跳变，而变化的时间有差异的现象，称为竞争。由竞争而可能产生输出尖峰脉冲的现象称为冒险。

竞争不一定会产生尖峰脉冲，如图 3-5-1 (a) 所示，如果 A 先从 1 变为 0 而 B 再从 0 变为 1，这样输出端就不会产生 "1" 冒险现象。同样，对于图 3-5-1 (b)，如果信号 B 的变化没有滞后于信号 A 的变化，输出端也不会出现 $Y = 0$ 的尖峰脉冲。竞争是否会产生尖峰脉冲取决于两个信号到达输入端的先后次序，以及它们边沿变化的细微差别，但是这种差别是很难判断的。因此，只要存在竞争现象，输出就有可能产生尖峰脉冲。

2. 竞争冒险现象的判断方法

在进行电路设计时，首先要判断电路是否会产生竞争冒险现象，并及时进行消除，从而保证电路稳定、可靠地工作。若输入变量每次只有一个改变状态，则可以通过逻辑表达式法或卡诺图法判断是否存在竞争冒险现象。

如果门电路的输出逻辑函数在一定条件下能简化成 $Y = A + A'$ 或 $Y = AA'$ 的形式，则可判断存在竞争冒险，这是通过逻辑函数式判断竞争冒险的方法。

卡诺图法判断竞争冒险现象的方法是：把逻辑函数用卡诺图表示之后，按照化简的步骤圈 1，如果有两个矩形相邻但不相交，则判断有竞争冒险。如图 3-5-2 所示，上面的矩形对应变量 $A = 0$，下面的矩形对应变量 $A = 1$，所以当变量 A 发生变化时，输出端可能会存在竞争冒险。

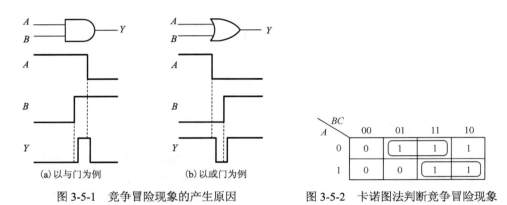

图 3-5-1   竞争冒险现象的产生原因   图 3-5-2   卡诺图法判断竞争冒险现象

另外，还可以通过计算机辅助分析法和实验法判断竞争冒险。

3.5.2   消除竞争冒险现象的方法

1. 引入选通脉冲

由于竞争冒险现象发生在输入信号变化的瞬间，因此对门电路输入一个选通信号，只有在输入信号转换完成并稳定后，再通过选通脉冲信号将门打开，此时才允许有输出。在输入信号转换过程中，由于没有输入选通脉冲，门电路的输出端不会产生尖峰脉冲，如图 3-5-3 所示，S 为选通脉冲。

引入选通脉冲消除竞争冒险的优点是简单容易实现、不需要增加元器件，缺点是需要选取一个跟输入信号同步的选通脉冲，脉冲的宽度和作用时间有严格要求，而且输出信号将变成脉冲信号，其宽度与选通脉冲宽度相同。

2. 接入滤波电容

尖峰脉冲一般都很窄，脉冲宽度几乎在几十纳秒内，因此通过在输出端接入一个小的滤波电容 C，尖峰脉冲的幅度将被削弱至门电路的阈值电压以下，如图 3-5-4 所示。对于 TTL 电路，C 的数值一般在几十至几百皮法的范围内。对于 CMOS 电路，C 的数值可以更小一些。

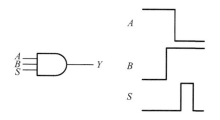

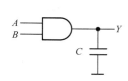

图 3-5-3　引入选通脉冲消除竞争冒险现象　　　图 3-5-4　接入滤波电容消除竞争冒险现象

接入滤波电容消除竞争冒险的优点是简单、容易实现，缺点是由于电容的引入，增加了输出电压波形上升和下降时间，输出波形的边沿变差，因此适用于对波形的上升沿和下降沿无特殊要求的场合。

3. 增加冗余项

增加冗余项的方法是根据逻辑代数常用公式中的冗余公式：$AB + A'C = AB + A'C + BC$，对于逻辑函数 $Y = AB + A'C$，当 $B = C = 1$ 时，$Y = A + A'$，即当 A 变化时会存在竞争冒险现象。若在逻辑函数式中加入与项 BC，当 $B = C = 1$ 时，$Y = A + A' + 1$，此时无论 A 如何变化，输出 Y 均等于 1，从而消除 A 的状态变化引起的竞争冒险。

增加冗余项消除竞争冒险的优点是原理简单、比较容易实现，缺点是只能消除特定条件下的竞争冒险。

【例 3-10】　已知输入变量每次只有一个改变状态，试判断图 3-5-5 所示的电路是否存在竞争冒险现象？如果存在，应如何消除？

解　　根据图 3-5-5 写出输出的逻辑函数式 $Y = BC + AC'$，因此，当 $A = B = 1$ 时，$Y = C + C'$，输入变量 C 发生变化时，存在竞争冒险现象。

通过增加冗余项的方法消除竞争冒险。根据冗余公式，可以把输出逻辑函数式中加入与项 AB，即 $Y = BC + AC' + AB$，当 $A = B = 1$ 时，无论 C 如何变化，Y 的值均为 1，从而消除 A 的状态变化引起的竞争冒险。

利用卡诺图判断和消除竞争冒险，如图 3-5-6 所示。在卡诺图上两个实线矩形相邻但不相交，说明存在竞争冒险。可以加入虚线矩形，使原来不相交的两个实线矩形相交，则可以消除竞争冒险。卡诺图消除竞争冒险的本质也是增加冗余项，虚线矩形对应的与项是在卡诺图化简时不应该有的冗余项，在这里加入它来消除竞争冒险。修改后的逻辑函数式为 $Y = BC + AC' + AB$，与增加冗余项的逻辑函数式一致。

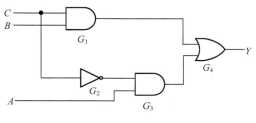

图 3-5-5　例 3-10 电路图

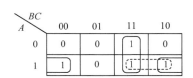

图 3-5-6　例 3-10 卡诺图

本 章 小 结

数字电路可以分为组合逻辑电路和时序逻辑电路，组合逻辑电路的特点是任意时刻的输出仅取决于该时刻的输入，与电路原来的状态无关，组合逻辑电路中不包含存储单元。组合逻辑电路的分析方法是从电路图到逻辑函数式，化简之后写出真值表，然后给出逻辑功能。组合逻辑电路的设计方法是从具体的逻辑问题出发，逻辑抽象出真值表，写出逻辑函数式，经化简或变换后，再画出逻辑电路图，进一步可以进行仿真和实验验证。

加法器是用来实现加法运算的电路。1 位加法器有半加器和全加器，半加器实现两个 1 位二进制数相加，不考虑来自低位的进位，得到和与进位，而全加器需要考虑来自低位的进位，是三个数相加。多位加法器包括串行进位加法器和超前进位加法器，串行进位加法器进位信号逐级传递，速度慢；超前进位加法器不需要逐级传递进位信号，速度快。加法器可以用来设计组合逻辑电路。

数值比较器是能够实现两个二进制数的数值大小比较的逻辑电路，有 1 位数值比较器和多位数值比较器。当比较两个多位数的大小时，需要从高位开始比较，只有高位相等时，才需要比较下一位，如果高位不相等就能直接得到比较结果。

编码是为了区分一系列不同的事物，将其中的每个事物用二值代码表示。编码器的作用是将输入的每一个高、低电平信号转换成一个对应的二进制代码。根据输入是否有优先级，可分为普通编码器和优先编码器；根据输出的编码方式，可分为二进制编码器和二–十进制编码器。集成优先编码器有选通输入端、选通输出端和扩展端等附加端，合理利用附加端可以实现芯片逻辑功能的扩展。

译码是将输入的二进制代码译成对应的高、低电平信号或者另外一个代码，是编码的逆过程。译码器是完成译码功能的逻辑电路。常用的译码器分为二进制译码器、二–十进制译码器和显示译码器。译码器可以用来设计组合逻辑电路，也可用于实现数据分配。

数据选择是从一组数据中选出某一个数据送到输出端，数据选择器是实现数据选择的逻辑电路。数据选择器和数据分配器一起构成数据分时传送系统，如果数据选择器有 n 位通道选择信号、数据分配器有 m 位通道选择信号，可以实现从 2^n 个输入数据当中选择一个数据传送到 2^m 个输出端中的某一个输出端。具有 n 位地址输入的数据选择器，可产生任何形式的输入变量数不大于 $n+1$ 的组合逻辑函数。

门电路的两个输入端同时向相反的电平变化且变化的时间有差异的现象称为竞争，由于竞争可能在输出端产生尖峰脉冲的现象称为冒险。逻辑函数如果能简化成 $Y = A + A'$ 或 $Y = AA'$ 的形式，则可判断当输入变量 A 发生变化时，输出端存在竞争冒险。引入选通脉冲、接入滤波电容和增加冗余项能够消除竞争冒险现象。

习 题

3-1 分析图题 3-1 所示电路的逻辑功能。要求写出逻辑函数式，列出真值表，指出电路能实现什么逻辑功能。

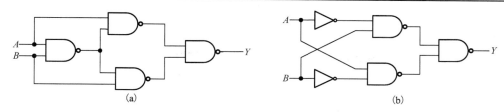

图题 3-1

3-2　已知图题 3-2 所示电路及输入 A、B 的波形，试画出相应的输出 F 的波形，不计门的延迟。

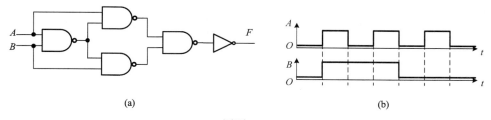

图题 3-2

3-3　某冷库由两台不同功率的制冷设备来控制温度。温控系统设定三个特定温度值由高到低依次为 A、B、C，当检测到温度低于 C 时，制冷设备不需要启动；当温度高于 C 低于 B 时，温控系统启动小功率制冷设备；当温度高于 B 低于 A 时，温控系统启动大功率制冷设备；当温度高于 A 时，两台制冷设备都需要启动来为冷库进行降温。试用门电路设计一个控制两台制冷设备的逻辑电路。

3-4　用与非门设计一个 8421BCD 码四舍五入判别电路。当输入的 8421BCD 码所表示的十进制数大于或等于 5 时，电路输出为 1；小于 5 时，电路输出为 0。

3-5　采用 8 线-3 线优先编码器 74HC148 组成 32 线-5 线优先编码器。

3-6　采用 3 线-8 线译码器 74HC138 组成 5 线-32 线译码器。

3-7　写出图题 3-7 所示电路的输出与输入之间的逻辑表达式，并化简为最简与或式。

3-8　采用 3 线-8 线译码器 74HC138 和门电路实现如下逻辑函数。

$$Y_1 = AB + BC + AC$$
$$Y_2 = AB' + (BC)' + A'C$$

3-9　用 3 线-8 线译码器 74HC138 和门电路实现 1 位二进制全加器。

3-10　用八选一数据选择器 74HC151 实现如下逻辑函数。

$$Y = ABC + BCD + ACD + ABD$$

3-11　用 3 片 4 位数值比较器 74HC85 组成 12 位数值比较器。

3-12　分析图题 3-12 所示组合逻辑电路的功能。已知输入 $A_3A_2A_1A_0$ 和 $B_3B_2B_1B_0$ 均为余 3 码。

3-13　写出图题 3-13 所示电路的输出与输入之间的逻辑表达式。

3-14　分析图题 3-14 所示由双四选一数据选择器 74HC153 构成的组合逻辑电路的逻辑功能，并用 74HC138 译码器重新实现该逻辑功能。

3-15　分析图题 3-15 电路中当 A、B、C 单独一个改变状态时是否存在竞争冒险现象?如果存在竞争冒险现象，那么都发生在什么情况下，发生的是哪种冒险?

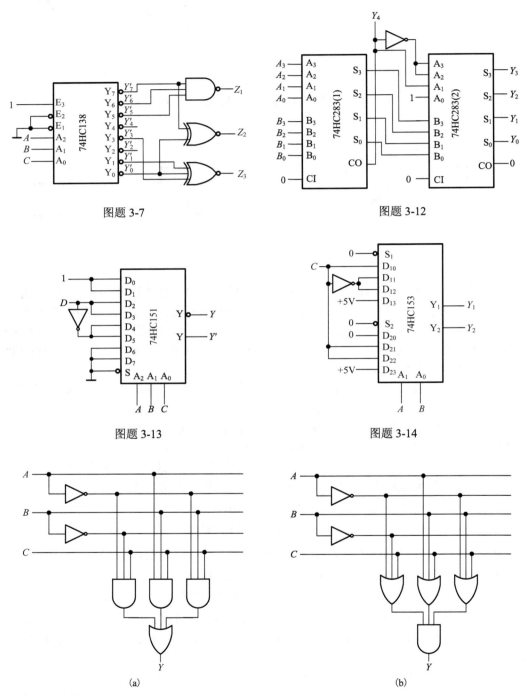

图题 3-7　　　　　　　　　　　　　图题 3-12

图题 3-13　　　　　　　　　　　　图题 3-14

(a)　　　　　　　　　　　　　　(b)

图题 3-15

第 4 章 触 发 器

4.1 概 述

任何具有两个稳定状态且可以通过适当的信号触发方式使其从一个稳定状态转换到另一个稳定状态的电路都可称为触发器。1 个触发器能够储存 1 位二值数据（0 或 1），n 个触发器组合可以存储 n 位二进制数据。

触发器有两个稳定的状态，称为 0 状态和 1 状态，两个状态之间的转换受外部触发信号的影响。根据触发器的触发方式不同，分为电平触发的触发器、脉冲触发的触发器和边沿触发的触发器。根据触发器的逻辑功能不同，可以分为 RS、D、JK 和 T 几种不同类型的触发器。

触发器是计算机、通信系统、控制系统等多领域中实现存储的基本单元电路。因此，对触发器的深入理解和掌握对于数字电路的学习至关重要。

4.2 锁存器和触发器

4.2.1 RS 锁存器

存储器件的基本模块是双稳态器件。双稳态器件有 2 个稳定状态，分别是 0 状态和 1 状态。图 4-2-1(a) 是一对反相器连接成环后组成的简单双稳态元件，图 4-2-1(b) 是为突出其对称性的反相器交叉耦合结构，即反向器 G_2 的输入是另一个反相器 G_1 的输出。图 4-2-1 中的电路有 Q 和 Q' 两个输出，虽然可以存储 1 位二值数据，但该电路没有控制状态的输入端。由于电路的初始状态是未知的，该电路每次启动后的状态都可能不同，因此该电路没有什么实用价值。

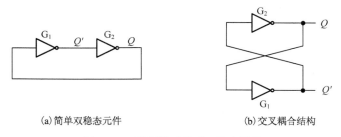

(a)简单双稳态元件   (b)交叉耦合结构

图 4-2-1 反相器对构成双稳态器件

RS 锁存器是最简单的时序单元，它也是一种双稳态存储电路，RS 锁存器可以由一对交叉耦合的或非门组成，它的基本电路结构如图 4-2-2(a) 所示，R_D 称为复位端或置 0 输入端，S_D 称为置位端或置 1 输入端。图 4-2-2(b) 是 RS 锁存器的逻辑符号，R 代表输入 R_D，S 代表

输入 S_D，Q 和 Q' 为输出端，$Q=0$ 且 $Q'=1$ 称为锁存器的 0 状态，$Q=1$ 且 $Q'=0$ 称为锁存器的 1 状态。需要考虑 R 和 S 的四种可能组合。

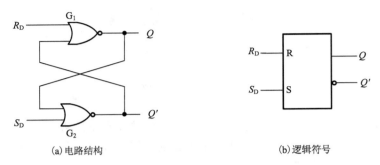

(a)电路结构　　　　　　　　　　　　(b)逻辑符号

图 4-2-2　由或非门构成的 RS 锁存器

当 $R_D=1$，$S_D=0$ 时，门 G_1 有输入端为 1，输出 $Q=0$，则门 G_2 的输入 $S_D=0$ 和 $Q=0$，使输出 $Q'=1$，锁存器为 0 状态。

当 $R_D=0$，$S_D=1$ 时，门 G_2 有输入端为 1，输出 $Q'=0$，则门 G_1 的两个输入端输入都为 0，所以 $Q=1$，锁存器为 1 状态。

当 $R_D=0$，$S_D=0$ 时，门 G_1 的输入是 Q' 和 0，门 G_2 的输入是 Q 和 0，因此不能直接得到输出状态。假设 $Q=0$ 时，门 G_2 的输出 $Q'=1$，则 $Q=0$，与原来的假设一致；假设 $Q=1$ 时，门 G_2 的输出 $Q'=0$，则 $Q=1$，与原来的假设一致。综上分析，当 $S_D=R_D=0$ 时，Q 将保持原来的状态不变。

当 $R_D=1$，$S_D=1$ 时，两个或非门都有输入为 1，可以得到 $Q=Q'=0$，此时锁存器既不处于 0 状态也不处于 1 状态。$S_D=R_D=1$ 这种输入情况是没有意义的，因为锁存器不能同时被置位或复位。当 S_D 和 R_D 同时由 1 变为 0 时，锁存器可能是 0 状态也可能是 1 状态，这种状态称为不定状态。为了避免这种情况，使用时应该遵守 $S_D R_D=0$。

锁存器的输出状态规定如下：输入信号变化前的状态为"现态"，用 Q 表示；输入信号变化后的新状态为"次态"，用 Q^* 表示。Q^* 不仅与输入信号有关，还与 Q 有关。描述次态与现态及输入逻辑关系的真值表称为锁存器的特性表。表 4-2-1 为或非门构成的 RS 锁存器的特性表。

除了使用或非门构成 RS 锁存器电路外，还可以利用与非门来构成。与非门构成的 RS 锁存器的电路结构和逻辑符号如图 4-2-3 所示，输入端为 S_D' 和 R_D'，逻辑符号中的小圆圈代表这两个输入端是低电平有效，分别为置 1 和置 0 输入端。与非门构成的 RS 锁存器的特性表如表 4-2-2 所示，可以看出当 $S_D'=R_D'=0$ 时，会出现 $Q=Q'=1$ 的状态，S_D' 和 R_D' 同时由 0 变为 1 时，锁存器次态无法确定，因此，由与非门构成的 RS 锁存器同样应该遵守 $S_D R_D=0$。

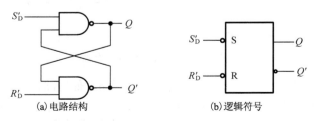

(a)电路结构　　　　　　　　　　　　(b)逻辑符号

图 4-2-3　由与非门构成的 RS 锁存器

表 4-2-1 　 或非门构成的 RS 锁存器的特性表

S_D	R_D	Q	Q^*
0	0	0	0
0	1	1	1
1	0	0	1
1	0	1	1
0	1	0	0
0	1	1	0
1	1	0	$0^\star$
1	1	1	$0^\star$

★不定状态。

表 4-2-2 　 与非门构成的 RS 锁存器的特性表

S'_D	R'_D	Q	Q^*
1	1	0	0
1	1	1	1
0	1	0	1
0	1	1	1
1	0	0	0
1	0	1	0
0	0	0	$1^\star$
0	0	1	$1^\star$

★不定状态。

【例 4-1】 对于图 4-2-2 所示的 RS 锁存器，其 R_D 和 S_D 输入电压波形图如图 4-2-4 所示，画出 Q 端对应的电压波形。

解 在给定的 R_D 和 S_D 输入波形后，可以根据特性表得到相应输出的 Q 和 Q'，如图 4-2-4 所示。在 $t_0 \sim t_1$ 时段，输入信号 $S_D = R_D = 1$，输出 $Q = Q' = 0$，随后在 $t_1 \sim t_2$ 时段，R_D 和 S_D 同时为 0，因此无法确定 Q 和 Q' 的状态，阴影部分即为不定状态。

数字电路中，RS 锁存器可用于消除机械开关接触抖动，如图 4-2-5 所示。通过将机械开关的输出连接到 RS 锁存器的输入端，当开关触发时，可能会产生短暂的置位或复位信号。根据 RS 锁存器的特性，它们将稳定地保持在有效状态。这样，即使在接触抖动期间，输出状态也能保持稳定，从而消除了电压尖峰问题。因此，在许多数字电路应用中，特别是在涉及开关输入的情况下，需要消除这种接触抖动。

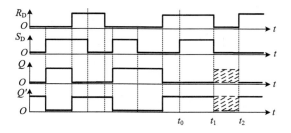

图 4-2-4 　 RS 锁存器输入与输出的电压波形图

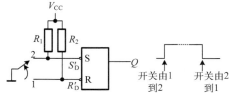

图 4-2-5 　 RS 锁存器消除开关抖动电路示意图

在实际应用中，要求存储器件能够受节拍一定的脉冲信号的控制来改变状态。因此，引入时钟(Clock)信号用来控制存储状态的变化。时钟信号又称时钟脉冲或钟控信号，一般记作 CLK 。

4.2.2 　 电平触发的触发器

电平触发的触发器除了有数据输入端外，还有时钟输入端，只有在时钟信号有效电平期间，触发器才会接收输入数据。常见的电平触发的触发器包括 RS 触发器、D 触发器。

1. 电平触发的 RS 触发器

电平触发的 RS 触发器，其电路结构和逻辑符号如图 4-2-6 所示。G_1 和 G_2 两个与非门构成一个 RS 锁存器，G_3 和 G_4 两个与非门与输入信号和时钟信号连接，组成输入控制电路，输入控制电路的作用是控制 RS 锁存器的状态。

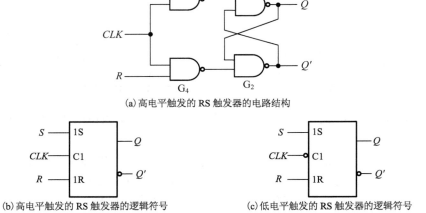

(a)高电平触发的 RS 触发器的电路结构

(b)高电平触发的 RS 触发器的逻辑符号　　　　　　(c)低电平触发的 RS 触发器的逻辑符号

图 4-2-6　电平触发的 RS 触发器

由图 4-2-6 可知，当 CLK 为高电平时，门 G_3 和 G_4 被打开，接收来自输入端 R 和 S 的信号，信号通过门 G_3 和 G_4 传递到 RS 锁存器的输入端，并引起 RS 锁存器的状态发生相应的改变。当 CLK 信号由高电平变为低电平时，门 G_3 和 G_4 被封锁，无论输入信号 R 和 S 如何改变，门 G_3 和 G_4 都输出高电平，RS 锁存器的状态都保持不变。

在图 4-2-6(b)中，C1 是时钟信号输入端，1S 和 1R 表示的是受 C1 控制的两个输入信号，只有在 C1 为有效电平期间，1S 和 1R 才能改变触发器的状态。若 C1 信号端有小圆圈，则表示该触发器是低电平触发，只有当 CLK 为低电平时，S 和 R 才能改变触发器的状态，如图 4-2-6(c)所示。

图 4-2-6(a)所示的高电平触发的 RS 触发器的特性表如表 4-2-3 所示，当 $CLK = 1$ 时，该触发器和表 4-2-2 所示的 RS 锁存器特性表相同，且在工作时需要遵循 $SR = 0$ 的约束条件。

由于采用电平触发方式，如图 4-2-6(a)所示的 RS 触发器，在时钟信号 $CLK = 1$ 期间，输入端信号 R 或 S 的变化，可能引起输出的多次变化。一个有效时钟信号期间触发器状态发生多次翻转的现象称为"空翻"，如图 4-2-7 所示，在 t_0 和 t_1 时刻，CLK 高电平期间，R 和 S 发生了多次变化，引起触发器状态的变化。

2. 电平触发的 D 触发器

RS 触发器存在约束条件，在输入信号 S 和 R 同时有效时，导致触发器的输出状态不确定。为了避免这种情况，将 S 和 R 端通过非门相连作为单一输入端 D，便构成了 D 触发器，又称 D 锁存器，其电路结构和逻辑符号如图 4-2-8 所示。

当 $CLK = 0$ 时，门 G_3 和 G_4 被封锁，无论 D 如何变化，Q 均保持原来状态。

表 4-2-3 高电平触发的 RS 触发器的特性表

CLK	S	R	Q	Q^*
0	×	×	0	0
0	×	×	1	1
1	0	0	0	0
1	0	0	1	1
1	1	0	0	1
1	1	0	1	1
1	0	1	0	0
1	0	1	1	0
1	1	1	0	1*
1	1	1	1	1*

★不定状态。

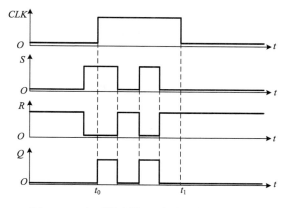

图 4-2-7 电平触发的 RS 触发器的空翻现象

当 $CLK = 1$ 时，门 G_3 和 G_4 被打开，Q 根据 D 的变化而变化，即 $Q = D$。

在所有情况下，D 触发器避免了 R 和 S 同时有效造成的问题，其特性表如表 4-2-4 所示。

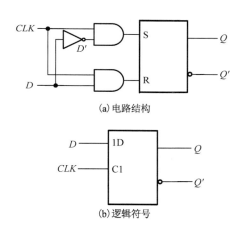

(a) 电路结构

(b) 逻辑符号

图 4-2-8 电平触发的 D 触发器

表 4-2-4 电平触发的 D 触发器的特性表

CLK	D	Q	Q^*
0	×	0	0
0	×	1	1
1	0	0	0
1	0	1	0
1	1	0	1
1	1	1	1

利用 CMOS 传输门构成的电平触发的 D 触发器，电路结构简单，在 CMOS 集成电路中被广泛应用，电路结构如图 4-2-9 所示。

当 $CLK = 1$ 时，$C = 1$，$C' = 0$，传输门 TG_1 导通，TG_2 截止，因此输入 D 经过传输门 TG_1、非门 G_1 和 G_2，使 $Q = D$，此时 Q 随 D 的变化而变化。

当 $CLK = 0$ 时，$C = 0$，$C' = 1$，传输门 TG_1 截止，D 与 Q 隔离；TG_2 导通，CLK 由 1 变为 0 前瞬间的状态被门 G_1、G_2 和 TG_2 组成的电路保持下来。

3. 带复位/置位功能的触发器

在一些情况下，需要在 CLK 的有效电平到达之前，预先将触发器置成指定的状态。例如，当数字系统初始化时，触发器会随机写入 0 状态或 1 状态，使用复位或置位功能，就可以使系统中的触发器进入一个指定的初始状态。

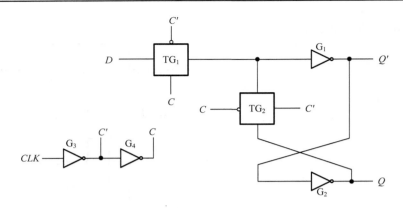

图 4-2-9　CMOS 传输门构成的电平触发的 D 触发器

带复位/置位功能的触发电路如图 4-2-10 所示，增加了低电平有效的复位端 R_D' 和置位端 S_D'。当 $R_D' = 0$，$S_D' = 1$ 时，输出 $Q = 0$；当 $R_D' = 1$，$S_D' = 0$ 时，输出 $Q = 1$，只要复位端或置位端有效，无需时钟信号 CLK 的控制即可对触发器复位或置位，称为异步复位或置位。

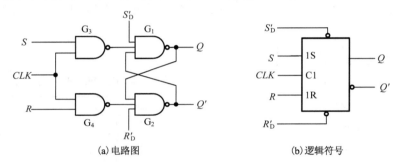

(a) 电路图　　　　　　　　　　(b) 逻辑符号

图 4-2-10　有异步输入端的 SR 触发器

4. 电平触发的触发器的动作特点

电平触发的触发器只有在时钟信号有效电平期间才接收输入信号，并根据输入信号的情况更新触发器的输出。

在时钟信号有效电平期间，输入信号的变化可能引起触发器状态的多次改变，电平触发的触发器存在"空翻"现象。"空翻"现象降低了触发器的抗干扰能力。

4.2.3　脉冲触发的触发器

脉冲触发的触发器解决了电平触发的触发器在时钟信号有效电平期间输出多次改变的问题，在抗干扰方面表现得更为出色。脉冲触发的触发器设计了一种主从结构，因此又称主从触发器。

1. 主从 RS 触发器

主从 RS 触发器的电路结构和逻辑符号如图 4-2-11 所示，图 4-2-11 (b) 中的"⌐"表示触发方式为脉冲触发。主从 RS 触发器由两个电平触发的 RS 触发器级联组成，门 $G_5 \sim G_8$ 构成主触发器，时钟信号为 CLK ，主触发器的输出为 Q_m ；门 $G_1 \sim G_4$ 构成从触发器，时钟信号为 CLK' ，从触发器的输出为 Q 。这种设计有效地抑制了外界干扰对触发器的影响，从而提高触发器的可靠性和稳定性。

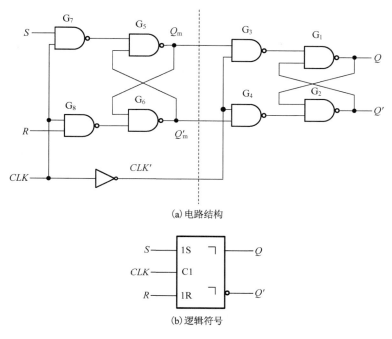

(a) 电路结构

(b) 逻辑符号

图 4-2-11 主从 RS 触发器

图 4-2-11 所示的主从 RS 触发器的工作原理如下。

当 $CLK = 0$ 时，主触发器的输出 Q_m 保持不变，因此受其控制的从触发器的输出 Q 也不改变。

当 $CLK = 1$ ， $CLK' = 0$ 时，主触发器的门 G_7 和 G_8 被打开，此时主触发器的输出 Q_m 按照输入信号 S 和 R 被置成相应状态，从触发器的门 G_3 和 G_4 被封锁，从触发器保持原来的状态不变。

当 $CLK = 0$ ， $CLK' = 1$ 时，从触发器的门 G_3 和 G_4 被打开，从触发器接收主触发器的输出， Q 被置成与此刻 Q_m 相同的状态，主触发器的门 G_7 和 G_8 被封锁，主触发器保持状态不变。

由此可见，在一个完整时钟周期内触发器的输出状态只可能改变一次，而且只发生在时钟信号的下降沿。

主从 RS 触发器的特性表如表 4-2-5 所示。表

表 4-2-5 主从 RS 触发器的特性表

CLK	S	R	Q	Q^*
×	×	×	×	Q
⊓	0	0	0	0
⊓	0	0	1	1
⊓	1	0	0	1
⊓	1	0	1	1
⊓	0	1	0	0
⊓	0	1	1	0
⊓	1	1	0	1*
⊓	1	1	1	1*

★CLK 回到低电平后状态不稳定。

中 ⊓ 表示触发器为脉冲触发方式， CLK 高电平时接收输入信号，触发器的状态变化发生在时钟信号下降沿，在一个完整时钟周期内触发器的输出状态只可能改变一次。

因为主触发器是电平触发的 RS 触发器，所以在 CLK 高电平期间， R 、 S 取值的变化都

会直接影响主触发器的输出 Q_m。因此，CLK 下降沿到来时，主触发器的输出 Q_m 必须根据在 $CLK = 1$ 期间 R、S 变化的情况才能确定。同时，主从 RS 触发器仍需遵循 $SR = 0$ 的约束关系。

2. 主从 JK 触发器

主从 RS 触发器的输入 R、S 之间有约束条件，脉冲触发的 JK 触发器作为改进电路可解决这个问题。脉冲触发的 JK 触发器又称为主从 JK 触发器，其电路结构和逻辑符号如图 4-2-12 所示。

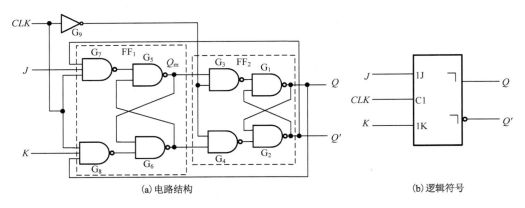

(a) 电路结构　　　　　　　　　　　　　　(b) 逻辑符号

图 4-2-12　主从 JK 触发器

主从 JK 触发器仍由主触发器 FF_1 和从触发器 FF_2 两部分构成。在如图 4-2-11 所示的主从 RS 触发器的基础上进行修改，将门 G_7 和 G_8 增加了一个输入端用来接收从触发器输出端 Q' 和 Q 的反馈。通过这种方式，主从 JK 触发器避免了主从 RS 触发器中不定状态的问题。

图 4-2-12 所示的主从 JK 触发器的工作原理如下。

当 $J = K = 0$ 时，门 G_7 和 G_8 被封锁，触发器保持原来的状态不变，$Q^* = Q$，即保持功能。

当 $J = 0$，$K = 1$ 时，若 $CLK = 1$，则主触发器 FF_1 为 0 状态(原来是 0 则保持，原来是 1 则置 0)，此时从触发器 FF_2 状态不变；待 $CLK = 0$ 后，从触发器 FF_2 按照主触发器的状态进行置 0，$Q^* = 0$，即置 0 功能。

当 $J = 1$，$K = 0$ 时，若 $CLK = 1$，则主触发器 FF_1 为 1 状态(原来是 0 则置 1，原来是 1 则保持)，此时从触发器 FF_2 状态不变；待 $CLK = 0$ 后，从触发器 FF_2 按照主触发器的状态进行置 1，$Q^* = 1$，即置 1 功能。

当 $J = K = 1$ 时，如果 $Q = 0$，门 G_8 被 Q 反馈回的低电平封锁，$CLK = 1$ 期间，门 G_7 所有输入都为高电平，G_7 输出低电平，因此主触发器 FF_1 被置 1，待 $CLK = 0$ 后，从触发器也置 1，即 $Q^* = 1$；如果 $Q = 1$，门 G_7 被 Q' 反馈回的低电平封锁，$CLK = 1$ 期间，门 G_8 所有输入都为高电平，G_8 输出低电平，因此主触发器 FF_1 被置 0，待 $CLK = 0$ 后，从触发器也置 0，即 $Q^* = 0$。将上述两种情况结合，得到 $Q^* = Q'$，即翻转功能。

显然，主从 JK 触发器的逻辑功能有保持、置 0、置 1 和翻转 4 种功能。图 4-2-12 所示的主从 JK 触发器的特性表如表 4-2-6 所示。主从 JK 触发器 J、K 之间没有约束条件，使用起来十分灵活。

表 4-2-6　主从 JK 触发器的特性表

CLK	J	K	Q	Q^*	功能
×	×	×	×	Q	保持
⌐	0	0	0	0	保持
⌐	0	0	1	1	
⌐	0	1	0	0	置 0
⌐	0	1	1	0	
⌐	1	0	0	1	置 1
⌐	1	0	1	1	
⌐	1	1	0	1	翻转
⌐	1	1	1	0	

【例 4-2】　对于图 4-2-12 所示的主从 JK 触发器，根据图 4-2-13 中的时钟信号及输入端 J、K 的波形，画出其主触发器和从触发器的输出波形。

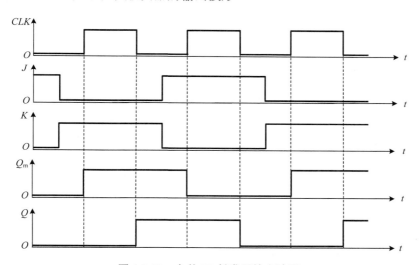

图 4-2-13　主从 JK 触发器输出波形

解　如图 4-2-13 所示的波形图中，在 $CLK=1$ 期间，J 和 K 输入状态都没有发生变化，可以根据时钟信号 CLK 的下降沿到来时的 J 和 K 的状态确定触发器的输出。如果在 $CLK=1$ 期间，J 和 K 输入状态发生了变化，则需要考虑 J 和 K 的变化对主触发器的影响。

【例 4-3】　对于图 4-2-12 所示的主从 JK 触发器，根据图 4-2-14 中的时钟信号及输入端 J、K 的波形，画出其主触发器和从触发器的输出波形。

解　在 t_1 时刻，K 由 0 变为 1，主触发器的输出 Q_m 由 1 变为 0，主触发器发生 1 次翻转。

在 t_2 时刻，尽管 K 由 1 变为 0，但主触发器的输出 Q_m 保持不变。

在 t_3 时刻，时钟下降沿到来时，触发器的输出 Q 根据主触发器的输出 Q_m 的状态而变化。

从上面分析可以发现，在 $CLK=1$ 期间，主触发器的状态一旦翻转，那么只能翻转 1 次，不随输入信号 J 和 K 的变化而多次翻转。

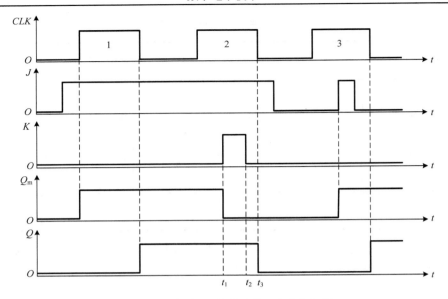

图 4-2-14　主从 JK 触发器的一次变化问题

3. 主从触发器的动作特点

主从触发器由两级触发器——主触发器和从触发器组成，主触发器的输入即为整个触发器的输入。对于主从触发器来说，在 $CLK = 1$ 期间，主触发器接收输入信号，被置成相应的状态，从触发器保持不变。当 CLK 下降沿到来时，从触发器根据主触发器的状态变化。

对于主从 RS 触发器来说，在 $CLK = 1$ 期间，R、S 取值的变化都会影响主触发器的输出 Q_m。与主从 RS 触发器不同的是，主从 JK 触发器在 $CLK = 1$ 期间，主触发器只能翻转一次。

4.2.4　边沿触发的触发器

边沿触发的触发器也称为边沿触发器。边沿触发器的输出仅与时钟信号的上升沿或下降沿到达时的输入信号相关，与之前或之后的输入信号无关，降低了对输入信号变化的敏感性，从而提高了电路的稳定性和抗干扰能力。

如果输出状态在时钟信号由低电平向高电平跳变的时刻改变，称这种触发方式为上升沿触发；如果输出状态在时钟信号由高电平向低电平跳变的时刻改变，称这种触发方式为下降沿触发。

常用的边沿触发器有由两个电平触发的 D 触发器构成的边沿触发器、维持阻塞边沿触发器和利用门电路传输延迟时间的边沿触发器。

1. 电平触发的 D 触发器构成的边沿触发器

两个高电平触发的 D 触发器构成的边沿 D 触发器的电路结构和逻辑符号如图 4-2-15 所示。

时钟信号 $CLK = 0$ 时，FF_1 接收输入信号 D，FF_1 的输出 Q_1 随 D 的变化而变化，FF_2 的输出 Q_2 保持不变，即 Q 保持不变；当时钟信号 CLK 上升沿到来时，FF_1 的输出 Q_1 保持不变，FF_2 的输出 Q_2 随 Q_1 的状态而改变。因此，触发器输出 Q 的变化只发生在 CLK 上升沿，且仅由此时的输入 D 确定。

图 4-2-15(b) 所示的逻辑符号为上升沿触发的边沿 D 触发器,特性表如表 4-2-7 所示,表中 "↑" 表示脉冲上升沿触发。图 4-2-16 所示为下降沿触发的边沿 D 触发器的逻辑符号。

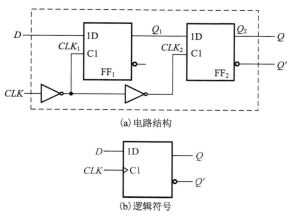

(a) 电路结构

(b) 逻辑符号

图 4-2-15　上升沿 D 触发器

表 4-2-7　上升沿 D 触发器的特性表

CLK	D	Q	Q^*
×	×	×	Q
↑	0	0	0
↑	0	1	0
↑	1	0	1
↑	1	1	1

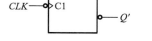

图 4-2-16　下降沿 D 触发器的逻辑符号

2. 边沿触发器的动作特点

边沿触发器状态的改变发生在时钟信号的边沿(即上升沿或下降沿),一旦触发,触发器的输出状态仅与触发瞬间的输入值有关。边沿触发器常用于时序控制、状态机设计、数据锁存等应用中。

4.3　触发器的逻辑功能

触发器按触发方式可分电平触发、脉冲触发和边沿触发,也可以按逻辑功能分类为 RS 触发器、D 触发器、JK 触发器和 T 触发器。逻辑功能反映触发器次态与现态及输入的关系。特性方程、特性表和状态转换图都是描述触发器逻辑功能的工具,它们各自具有不同的特点和应用场景。

状态转换图是一种图形化表示触发器逻辑功能的工具,它运用状态和状态之间的转换来描述触发器的行为。状态转换图能够更形象地展示触发器的行为,便于理解和设计复杂的逻辑电路,通常用于描述触发器的时序逻辑和状态转换。

4.3.1　RS 触发器

凡是在时钟信号的作用下,其逻辑功能符合表 4-3-1 所示的逻辑功能的触发器,均可称为 RS 触发器。

根据特性表 4-3-1,可以得到 RS 触发器的特性方程:

$$\begin{cases} Q^* = S + R'Q \\ SR = 0 \ (约束条件) \end{cases} \tag{4-3-1}$$

RS 触发器的状态转换图如图 4-3-1 所示。在状态转换图中,圆圈内为触发器的不同状态,箭头表示触发器状态转换的方向,箭头旁边的注释表明转换的条件。RS 触发器只有置位和复位功能，且在使用时必须遵循 $SR = 0$。

表 4-3-1　RS 触发器的特性表

S	R	Q	Q^*
0	0	0	0
0	0	1	1
0	1	0	0
0	1	1	0
1	0	0	1
1	0	1	1
1	1	0	1*
1	1	1	1*

★不定状态。

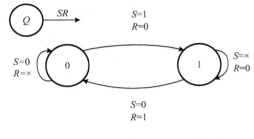

图 4-3-1　RS 触发器的状态转换图

4.3.2　D 触发器

凡是在时钟信号的作用下，其逻辑功能符合表 4-3-2 所示的逻辑功能的触发器，均可称为 D 触发器。

根据特性表 4-3-2，可以得到 D 触发器的特性方程：

$$Q^* = D \tag{4-3-2}$$

D 触发器的状态转换图如图 4-3-2 所示。

表 4-3-2　D 触发器的特性表

D	Q	Q^*
0	0	0
0	1	0
1	0	1
1	1	1

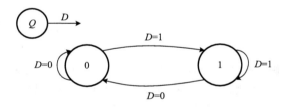

图 4-3-2　D 触发器的状态转换图

4.3.3　JK 触发器

凡是在时钟信号的作用下，其逻辑功能符合表 4-3-3 所示的逻辑功能的触发器，均可称为 JK 触发器。

根据特性表 4-3-3，可以得到 JK 触发器的特性方程：

$$Q^* = JQ' + K'Q \tag{4-3-3}$$

表 4-3-3　JK 触发器的特性表

J	K	Q	Q^*	J	K	Q	Q^*	J	K	Q	Q^*
0	0	0	0	0	1	1	0	1	1	0	1
0	0	1	1	0	0	0	1	1	1	1	0
0	1	0	0	0	0	1	1				

JK 触发器的状态转换图如图 4-3-3 所示。

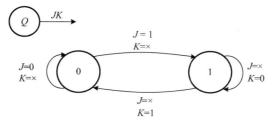

图 4-3-3 JK 触发器的状态转换图

4.3.4 T 触发器

凡是在时钟信号的作用下，其逻辑功能符合表 4-3-4 所示的逻辑功能的触发器，均可称为 T 触发器。

根据特性表 4-3-4，可以得到 T 触发器的特性方程：

$$Q^* = TQ' + T'Q \tag{4-3-4}$$

T 触发器的状态转换图和逻辑符号如图 4-3-4 所示。

表 4-3-4 T 触发器特性表

T	Q	Q^*
0	0	0
0	1	1
1	0	1
1	1	0

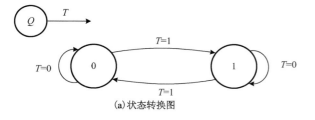

(a)状态转换图

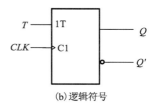

(b)逻辑符号

图 4-3-4 T 触发器

T 触发器具有保持和翻转的功能。当输入 T 为 0 时，T 触发器保持当前状态，即输出保持不变；当输入 T 为 1 时，T 触发器的状态翻转，即输出取反。

4.3.5 各种功能触发器之间的转换

各种类型的触发器在逻辑功能上有所不同，但触发器之间具备互相转换的能力。

1. JK 触发器转换为 D 和 T 触发器

通过对比 JK 与其他触发器的特性方程，可以实现逻辑功能的转换。

JK 触发器和 D 触发器的特性方程如下：

$$Q^* = JQ' + K'Q$$

$$Q^* = D$$

要将 JK 触发器转换为 D 触发器需满足

$$Q^* = D = D(Q + Q') = DQ' + DQ$$

与 JK 触发器的特性方程进行比较：

$$J = D, \ K' = D$$

即

$$J = D, \ K = D'$$

根据 J、K、D 三者之间的关系，画出 JK 触发器与 D 触发器的转换图，如图 4-3-5(a)所示，将 J 和 K 通过反相器相连作为一个输入端便构成了 D 触发器。

同理，可以将 JK 触发器的 J 和 K 端作为 S 和 R 输入，从而实现 RS 触发器的功能，如图 4-3-5(b)所示；图 4-3-5(c)中，将 J 和 K 端连接在一起作为一个输入端，便可实现 T 触发器的功能。

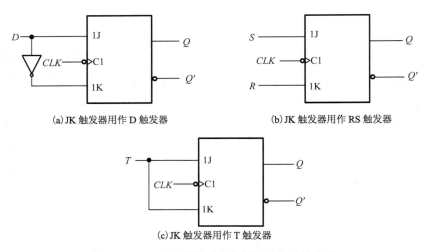

(a) JK 触发器用作 D 触发器   (b) JK 触发器用作 RS 触发器

(c) JK 触发器用作 T 触发器

图 4-3-5 JK 触发器构成其他逻辑功能的触发器

2. D 触发器转换为 T 和 JK 触发器

D 触发器也可以用于实现其他触发器的逻辑功能。可以通过比较 T 触发器和 D 触发器的特性方程，T 触发器和 D 触发器的特性方程如下：

$$Q^* = TQ' + T'Q$$
$$Q^* = D$$

使这两个特性方程相等，可得

$$Q^* = D = TQ' + T'Q = T \oplus Q$$

利用 D 触发器可实现 T 触发器的功能，如图 4-3-6(a)所示；同理，利用 D 触发器也可实现 JK 触发器的功能，如图 4-3-6(b)所示。

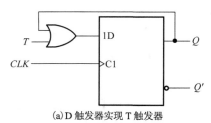

(a) D 触发器实现 T 触发器

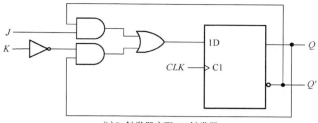

(b) D 触发器实现 JK 触发器

图 4-3-6　D 触发器实现其他逻辑功能的触发器

4.4　触发器的动态特性

触发器的动态特性反映其对输入信号和时钟信号之间的时间要求，以及输出对时钟信号响应的延迟时间。

1. 建立时间和保持时间

触发器的建立时间是指触发器在时钟信号 CLK 的边沿到来之前，输入信号必须保持稳定的最小时间间隔，记作 t_{su}；触发器的保持时间是指在时钟信号的边沿到来之后，输入信号必须保持稳定的最小时间间隔，记作 t_h。为了确保得到正确的输出结果，必须满足建立时间和保持时间的要求。

2. 传输延迟时间

触发器的传输延迟时间是指从时钟信号的边沿开始，直到触发器输出的次态完全稳定建立的时间间隔，记作 t_{pd}，如图 4-4-1 所示。

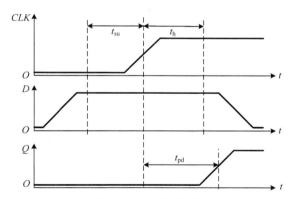

图 4-4-1　触发器的建立时间、保持时间和传输延迟时间

3. 最高时钟频率和脉冲宽度

最高时钟频率是指在连续、重复翻转的情况下，触发器可以可靠工作的最高频率，记作 f_{max}。当时钟信号的周期小于触发器的传输延迟时，触发器将无法在每个时钟周期内完成状态转换，从而导致触发器不可靠地工作。

为了保证触发器可靠地工作，时钟脉冲信号的最小宽度应为触发器正常工作的触发脉冲宽度。

本 章 小 结

触发器用于存储二值信息，具有两个能自行保持的稳定状态，即 0 状态和 1 状态。无外加信号触发时，触发器能保持一种稳定状态不变。通常把信号加入前触发器的状态称为现态，在触发信号作用下，触发器可以从一种状态转换为另一种状态，转换后新的状态称为次态。

RS 锁存器由两个与非门(或者或非门)通过交叉耦合连接的电路形成自锁机制，锁存器的状态随时根据输入信号的变化而改变。

按触发方式不同，触发器可以分为电平触发器、脉冲触发器和边沿触发器。

电平触发的触发器只有在输入时钟信号有效电平期间才接收输入信号，并根据输入信号的情况更新触发器的输出。在时钟信号有效电平期间，输入信号的变化可能引起触发器状态的多次改变，电平触发的触发器存在"空翻"现象。

脉冲触发的触发器由两级触发器——主触发器和从触发器组成，主触发器的输入即为整个触发器的输入。对于主从触发器来说，在 $CLK=1$ 期间，主触发器接收输入信号，被置成相应的状态，从触发器保持不变。当 CLK 下降沿到来时，从触发器根据主触发器的状态变化。对于脉冲触发的 RS 触发器来说，在 $CLK=1$ 期间，R、S 取值的变化都会影响主触发器的输出 Q_{m}。与脉冲触发的 RS 触发器不同的是，脉冲触发的 JK 触发器在 $CLK=1$ 期间，主触发器只能翻转一次。

边沿触发器状态的改变发生在时钟信号的边沿(即上升沿或下降沿)，一旦触发，触发器的输出状态仅与触发瞬间的输入值有关。边沿触发器抗干扰能力较强，工作更为可靠，被广泛用于数字系统中的各种应用。

特性表、特性方程、状态转换图可以用来描述触发器的逻辑功能。根据逻辑功能不同，触发器可分为 RS、JK、D 和 T 触发器，不同逻辑功能的触发器可以相互转换。触发器的逻辑功能和触发方式没有必然的对应关系，同一逻辑功能的触发器可以有不同的触发方式，同一触发方式可以实现不同的逻辑功能。

触发器的动态特性包括建立时间、保持时间、传输延迟时间以及最高时钟频率和脉冲宽度。

习　　题

4-1　由或非门构成的 RS 锁存器，当输入波形如图题 4-1 所示时，画出输出 Q 与 Q' 波形。假定初始状态 Q 为 1。

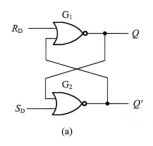

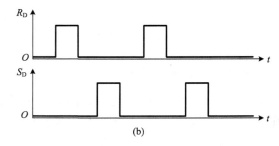

图题 4-1

4-2 由与非门构成的 RS 锁存器，当输入波形如图题 4-2 所示时，画出输出 Q 与 Q' 波形。

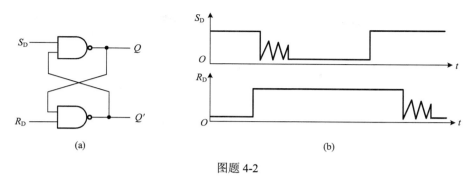

图题 4-2

4-3 如图题 4-3 所示电路中，若 CLK、S、R 的电压波形如图题 4-3 所示，画出输出 Q 与 Q' 对应的波形。假定触发器的初始状态 Q 为 0。

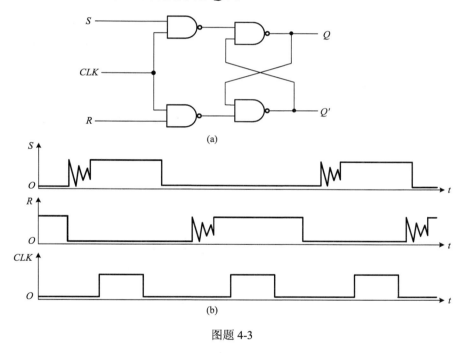

图题 4-3

4-4 如图 4-2-8 所示的电平触发的 D 触发器中，若 CLK 和 D 端的电压波形如图题 4-4 所示，画出输出 Q 对应的波形。假定触发器的初始状态 Q 为 0。

4-5 如图 4-2-11 所示的主从 RS 触发器中，若 CLK、S、R 的电压波形如图题 4-5 所示，画出输出 Q 与 Q' 对应的波形。假定触发器的初始状态 Q 为 0。

4-6 图 4-2-12 所示的主从 JK 触发器中，若 CLK、J、K 的电压波形如图题 4-6 所示，画出输出 Q 与 Q' 对应的波形。假定触发器的初始状态 Q 为 0。

4-7 上升沿触发的边沿 D 触发器中，若 CLK 和 D 端的电压波形如图题 4-7 所示，画出输出 Q 端对应的波形。假定触发器的初始状态 Q 为 0。

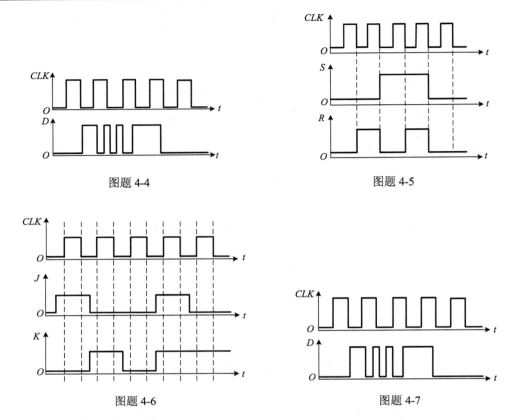

图题 4-4　　　　　　　　　　　　　　　　图题 4-5

图题 4-6　　　　　　　　　　　　　　　　图题 4-7

4-8　边沿 D 触发器的信号波形如图题 4-8 所示，画出输出 Q 端对应的波形。假定触发器的初始状态 Q 为 0。

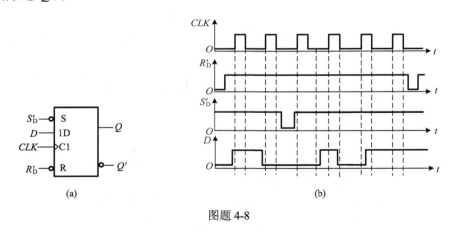

(a)　　　　　　　　　　　　　　　　　　(b)

图题 4-8

4-9　带异步置位端和复位端的 JK 触发器的电压波形如图题 4-9 所示，画出输出 Q 端对应的波形。假定触发器的初始状态 Q 为 0。

4-10　画出图题 4-10 所示各触发器输出端对应的波形。假定各触发器的初始状态 Q 为 0。

4-11　画出图题 4-11 所示各触发器输出端对应的波形。假定各触发器的初始状态为 0。

4-12 画出图题 4-12 所示各触发器输出端对应的波形。假定各触发器的初始状态为 0。

4-13 画出图题 4-13 所示电路输出端对应的波形。假定各触发器的初始状态为 0。

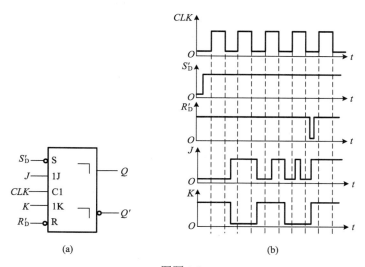

图题 4-9

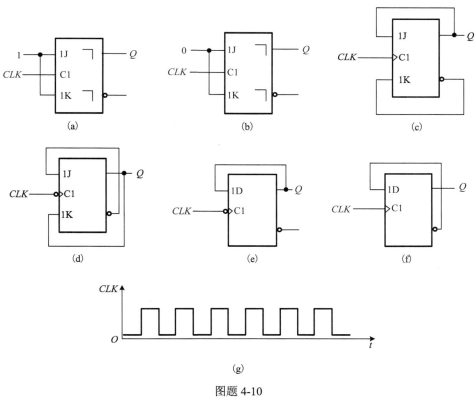

图题 4-10

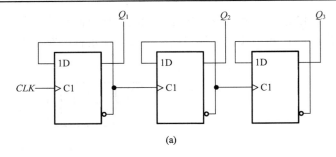

(a)

(b)

图题 4-11

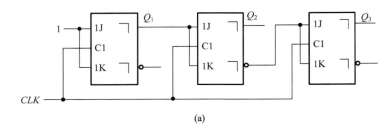

(a)

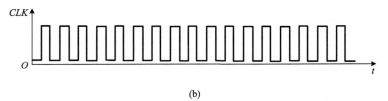

(b)

图题 4-12

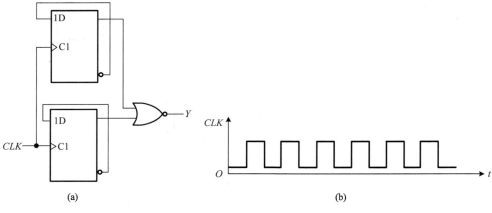

(a)   (b)

图题 4-13

第5章 时序逻辑电路

5.1 概 述

时序逻辑电路不同于组合逻辑电路，其任意时刻的输出不仅取决于当时的输入信号，还取决于电路所处的状态，即与电路之前的输入有关。时序逻辑电路一般由组合逻辑电路和存储电路构成，如图5-1-1所示。

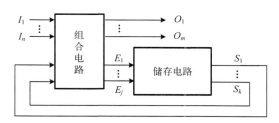

图 5-1-1 时序逻辑电路的结构图

$I(I_1, I_2, \cdots, I_n)$ 为输入信号，$O(O_1, O_2, \cdots, O_m)$ 为输出信号，$E(E_1, E_2, \cdots, E_j)$ 为存储电路的激励信号，也称为驱动信号；$S(S_1, S_2, \cdots, S_k)$ 为存储电路的输出，也称为状态变量，代表了电路当前所处的状态，简称现态。S 被反馈到组合电路的输入端，与输入信号 I 一同作为组合电路输入，决定了输出信号 O，同时产生存储电路的激励信号 E，S^* 为存储电路的下一状态，简称次态。

根据上述关系，可以列出该时序逻辑电路输入信号、输出信号、激励信号和存储电路状态之间的逻辑关系，表示如下：

$$O = F[I, S] \tag{5-1-1}$$

$$E = G[I, S] \tag{5-1-2}$$

$$S^* = H[E, S] \tag{5-1-3}$$

式(5-1-1)表示时序逻辑电路的输出信号与输入信号、状态变量之间的关系，称为输出方程。式(5-1-2)表示驱动信号与输入信号、状态变量之间的关系，称为驱动方程。式(5-1-3)表示电路的次态与现态、驱动信号的关系，描述了存储电路从现态到次态的转换，称为状态方程。时序逻辑电路的输出方程、驱动方程和状态方程组成逻辑方程组，常用于描述时序逻辑电路的工作状态。

根据存储电路中触发器状态更新是否同时发生，时序逻辑电路可以分为同步时序逻辑电路和异步时序逻辑电路两种。在同步时序逻辑电路中，存储电路状态的转换是在同一时钟信号作用下同步进行的。大型的复杂时序逻辑电路大多采用同步时序逻辑电路结构进行设计。异步时序逻辑电路中存储电路状态的转换不全是在同一时钟信号作用下进行的。

此外，有时还根据输出信号的特点将时序逻辑电路分为米利(Mealy)型和摩尔(Moore)型两种。在米利型电路中，输出信号不仅取决于存储电路的状态，还取决于输入信号；在摩尔型电路中，输出信号仅仅取决于存储电路的状态。摩尔型电路是米利型电路的一种特例。

5.2 时序逻辑电路的分析方法

5.2.1 同步时序逻辑电路的分析方法

时序逻辑电路的逻辑功能可以用输出方程、驱动方程以及状态方程来描述，通过这三个方程便可以求得在任意输入和电路状态下电路的输出以及次态，进而分析出电路的逻辑功能。

分析同步时序逻辑电路的一般步骤如下。

(1)对应每个输出变量写出输出方程。

(2)写出每个触发器的驱动方程，即每个触发器输入信号的逻辑函数式。

(3)将上述驱动方程代入到对应触发器的特性方程中，得到每个触发器的状态方程。

从理论上讲，输出方程、驱动方程以及状态方程已经可以描述时序逻辑电路的功能，不过还不能直观地表述出电路状态转换的过程，通常使用状态转换表、状态转换图和时序图来辅助表达时序逻辑电路的功能。

(4)求解出电路的状态转换表，画出状态转换图及时序图。

(5)分析出时序逻辑电路实现的逻辑功能。

【例 5-1】 分析如图 5-2-1 所示同步时序逻辑电路的功能，写出逻辑方程组，完成状态转换表与状态转换图，并画出时序图。

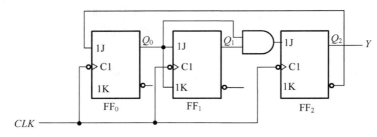

图 5-2-1 例 5-1 时序逻辑电路图

解 由图 5-2-1 可知该同步时序逻辑电路由 3 个下降沿触发的 D 触发器 FF_0、FF_1、FF_2 和 1 个与门构成。

(1)写出逻辑方程组。

如图 5-2-1 所示的电路图中有且仅有一个输出变量 Y，可以写出输出方程：

$$Y = Q_2 \tag{5-2-1}$$

根据逻辑电路图可得到驱动方程：

$$\begin{cases} J_0 = Q_2', & K_0 = 1 \\ J_1 = Q_0, & K_1 = Q_0 \\ J_2 = Q_1 Q_0, & K_2 = 1 \end{cases} \tag{5-2-2}$$

将式(5-2-2)分别代入 JK 触发器的特性方程 $Q^* = JQ' + K'Q$，从而得到状态方程：

$$\begin{cases} Q_0^* = Q_2'Q_0' \\ Q_1^* = Q_0Q_1' + Q_0'Q_1 \\ Q_2^* = Q_1Q_0Q_2' \end{cases} \tag{5-2-3}$$

(2)列出状态转换表。

将任何一组输入与电路初态的取值代入输出方程和状态方程，可以得到电路的输出与次态值，而将计算出的次态作为下一时刻的初态，和输入变量一起代入输出方程和状态方程，又可以得到一组新的输出与次态值。如此进行下去，便可得到电路任意输入和初态时的输出以及次态，将其列成真值表的形式，可以得到状态转换表。

根据式(5-2-1)、式(5-2-3)，可以列出状态转换表，如表 5-2-1 所示。其中，初态为 Q_0、Q_1、Q_2，次态及输出为 Q_0^*、Q_1^*、Q_2^* 与 Y。需要注意的是，完整的状态转换表需要包含电路可能出现的所有状态。如果状态转换表中没有包含电路所有的状态，则需要将缺少的状态以及它的输出和次态补充到状态转换表中，得到完整的状态转换表。

表 5-2-1　例 5-1 电路的状态转换表

Q_2	Q_1	Q_0	Q_2^*	Q_1^*	Q_0^*	Y	Q_2	Q_1	Q_0	Q_2^*	Q_1^*	Q_0^*	Y
0	0	0	0	0	1	0	1	0	0	0	0	0	1
0	0	1	0	1	0	0	1	0	1	0	1	0	1
0	1	0	0	1	1	0	1	1	0	0	0	0	1
0	1	1	1	0	0	0	1	1	1	0	0	0	1

有时也将电路的状态转换表列成表 5-2-2 的形式。这种状态转换表给出了在一系列时钟信号作用下电路状态转换的顺序。

表 5-2-2　例 5-1 电路的状态转换表的另一种形式

CLK 的顺序	Q_2	Q_1	Q_0	Y	CLK 的顺序	Q_2	Q_1	Q_0	Y
0	0	0	0	0	0	1	0	1	1
1	0	0	1	0	1	0	1	0	0
2	0	1	0	0	0	1	1	0	1
3	0	1	1	0	1	0	1	0	0
4	1	0	0	1	0	1	1	1	1
5	0	0	0	0	1	0	0	0	0

(3)画出状态转换图。

为了进一步以更加直观形象的方式体现出时序逻辑电路的状态转换过程，从而更加清晰地明确电路逻辑功能，可以将状态转换表的信息表示成状态转换图的形式。

在状态转换图中，用圆圈来表示电路当前的状态，圆圈中的二进制码为状态编码，用箭头的指向表示电路状态转换的方向。通常将状态转换前的输入取值标在箭头旁斜线左侧，输出值标在斜线右侧。

由表 5-2-1 可以得到例 5-1 电路状态转换图，如图 5-2-2 所示。

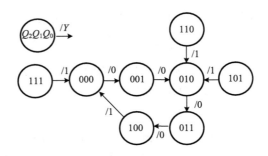

图 5-2-2　例 5-1 电路的状态转换图

(4)画出时序图。

时序逻辑电路在时钟信号作用下，电路的状态及输出与电路输入之间的关系可以用时序图来表示。例 5-1 电路的时序图如图 5-2-3 所示。

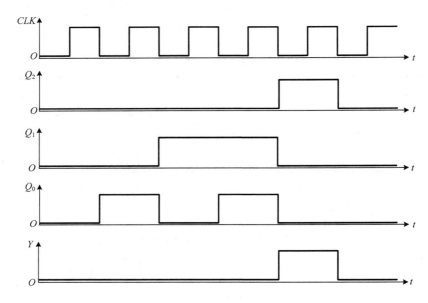

图 5-2-3　例 5-1 电路的时序图

(5)逻辑功能分析。

由以上分析可以看出，图 5-2-1 所示的电路具有对时钟脉冲 CLK 计数的功能，随着时钟信号 CLK 的输入，电路的状态按照二进制加法的规律从 000 到 100 循环计数，当计数到 100 时，Y 端输出 1。电路是同步五进制加法计数器，Y 为计数器的进位输出端。

5.2.2　异步时序逻辑电路的分析方法

与同步时序逻辑电路不同，异步时序逻辑电路中触发器状态的转换不全是在同一时钟信号作用下进行的，分析过程中需要注意触发器的时钟信号是否满足要求，只有在时钟信号满足要求时，触发器的状态才有可能发生变化。

【例 5-2】　分析图 5-2-4 所示的异步时序逻辑电路功能。

解　(1)写出逻辑方程组。

输出方程：

$$Z = Q_1 Q_0$$

驱动方程：

$$\begin{cases} D_0 = Q_0' \\ D_1 = Q_1' \end{cases}$$

状态方程：

$$\begin{cases} Q_0^* = D_0 clk_0 \\ Q_1^* = D_1 clk_1 \end{cases} \tag{5-2-4}$$

式(5-2-4)中的 clk_0 和 clk_1 仅表示时钟信号，不是逻辑变量。时钟信号为 1 表示有时钟信号，时钟信号为 0 表示没有时钟信号。

(2)列出状态转换表。

异步时序逻辑电路列状态转换表的方法和同步时序逻辑电路类似，只是在同步时序逻辑电路分析基础上需要注意各触发器是否存在时钟信号，因此，需要在状态表中加入 clk_0、clk_1 两列。对应输入信号 CLK 的每一个下降沿，$clk_0 = 1$；对应 Q_0' 从 1 到 0 的跳变，才有 $clk_1 = 1$。可以得到如表 5-2-3 所示的状态转换表。

表 5-2-3　例 5-2 的状态转换表

CLK 的顺序	Q_1	Q_0	clk_1	clk_0	Z
0	0	0		1	0
1	1	1		1	0
2	1	0		1	0
3	0	1		1	1
4	0	0		1	0

(3)画出状态转换图和时序图。

由表 5-2-3 所示的状态转换表可以画出如图 5-2-5 所示的状态转换图。

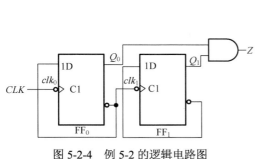

图 5-2-4　例 5-2 的逻辑电路图

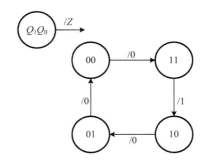

图 5-2-5　例 5-2 的状态转换图

根据状态转换图可以画出时序图，如图 5-2-6 所示。可以看出，由于两个触发器时钟不同，异步翻转存在延迟。当对触发器输出信号进行译码时，会出现竞争冒险现象，可能会在输出端 Z 产生尖峰脉冲，在使用异步时序逻辑电路时需要注意这种情况。

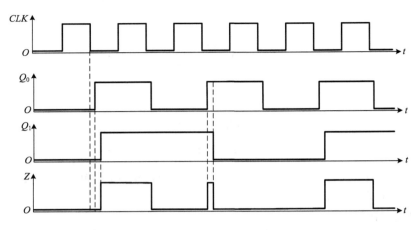

图 5-2-6　例 5-2 的时序图

(4)逻辑功能分析。

由上述分析可知，该电路是一个异步二进制减法计数器，Z 为借位信号输出端。

5.3　基本寄存器和移位寄存器

5.3.1　基本寄存器

在数字电路中，寄存器常用于存储一组二进制数据，通常由触发器与其他外围电路组成。由于每个触发器仅能存储 1 位二进制数据，要存储 n 位二进制数据的寄存器至少需要 n 个触发器。

图 5-3-1 是 4 位寄存器 74HC175 的逻辑图，由 4 个 CMOS 边沿触发器组成。触发器输出端的状态取决于 CLK 下降沿到达时刻 D 端的状态。

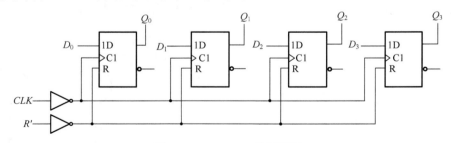

图 5-3-1　74HC175 的逻辑图

常用的寄存器还具有其他控制电路以实现一些附加功能。图 5-3-2 是 8 位 CMOS 寄存器 74HC374 的逻辑图。输入和输出端都加入了缓冲电路，输出端的三态门使该寄存器输出具有三态控制功能。

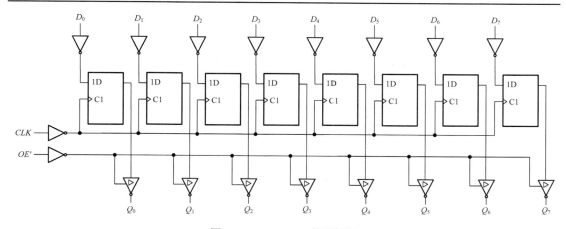

图 5-3-2　74HC374 的逻辑图

$D_7 \sim D_0$ 是 8 位并行数据输入端，在 CLK 脉冲下降沿到达时，输入端的数据被同时存入对应的触发器。当 $OE' = 0$ 时，寄存器所存储的数据由三态门输出端 $Q_7 \sim Q_0$ 并行输出。

5.3.2　移位寄存器

基本寄存器仅具有存储数据的功能，而不能实现移位功能。移位功能是指寄存器里存储的数据能在时钟信号的作用下依次左移或右移。图 5-3-3 所示电路为由 4 个 D 触发器构成的移位寄存器。

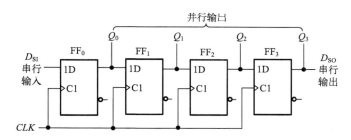

图 5-3-3　用 D 触发器构成的 4 位移位寄存器

如图 5-3-4 所示，假设所有触发器初态均为 0，当第一个时钟信号上升沿到来时，FF_0 接收来自 D_{SI} 的数据，FF_1 的输出由时钟上升沿到来之前 FF_0 的状态决定，FF_2 的输出由时钟上升沿到来之前 FF_1 的状态决定，FF_3 的输出由时钟上升沿到来之前 FF_2 的状态决定，输出 $Q_3Q_2Q_1Q_0$ 为 0001。从整体上来看，这相当于移位寄存器中原来存储的所有内容都依次向右移动了一位。以此类推，经过 4 个时钟脉冲后，来自 D_{SI} 的数据被串行输入到寄存器中，此时 $Q_3Q_2Q_1Q_0$ 并行输出 1011，实现了数据的串行-并行转换。在时钟脉冲作用下，也可以在 Q_3 端实现串行输出。

74HC194 是 4 位双向移位寄存器芯片，可以实现数据保持、右移、左移、并行输入等功能，其逻辑图如图 5-3-5 所示。

图 5-3-5 中，D_{IR} 是右移串行数据输入端，D_{IL} 是左移串行数据输入端，RD' 为异步清零输入端，S_1、S_0 为控制端。

当 $RD' = 0$ 时，$FF_0 \sim FF_3$ 都输出 0，实现异步清零，正常工作时需要保证 $RD' = 1$。

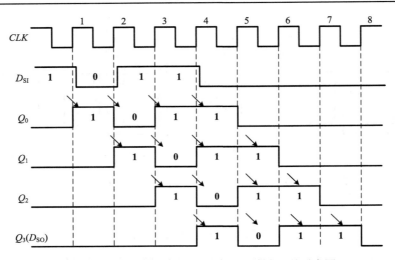

图 5-3-4　用 D 触发器构成的 4 位移位寄存器的时序图

当 $RD' = 1$ 时，以 FF_0 为例，说明 S_0、S_1 如何实现双向移位控制。

$S_1 = 0$，$S_0 = 0$，与 FF_0 相连的与或非门最右侧与门打开，其他 3 个与门被封锁，触发器输入端 $S = Q_0$、$R = Q_0'$，$Q_0^* = Q_0$，即寄存器处于保持状态。

$S_1 = 0$，$S_0 = 1$，与 FF_0 相连的与或非门最左侧与门打开，其他 3 个与门被封锁，触发器输入端 $S = D_{IR}$、$R = D_{IR}'$，当时钟 CLK 上升沿到来时，$Q_0^* = D_{IR}$，即寄存器处于右移工作状态。

$S_1 = 1$，$S_0 = 0$，与 FF_0 相连的与或非门右侧第二个与门打开，其他 3 个与门被封锁，触发器输入端 $S = Q_1$、$R = Q_1'$，当时钟 CLK 上升沿到来时，$Q_0^* = Q_1$，即寄存器处于左移工作状态。

$S_1 = 1$，$S_0 = 1$，与 FF_0 相连的与或非门左侧第二个与门打开，其他 3 个与门被封锁，触发器输入端 $S = D_0$、$R = D_0'$，当时钟 CLK 上升沿到来时，$Q_0^* = D_0$，即寄存器处于并行输入状态。

由以上分析可以得到 74HC194 的功能表如表 5-3-1 所示。

表 5-3-1　74HC194 的功能表

CLK	RD'	S_1	S_0	功能
×	0	×	×	异步清零
×	1	0	0	保持
↑	1	0	1	右移
↑	1	1	0	左移
↑	1	1	1	并行输入

如图 5-3-6 所示，由两片 74HC194 芯片可以组成一个 8 位双向移位寄存器。只需将芯片 (1) 的 Q_3 和芯片 (2) 的 D_{IR} 端相连，将芯片 (2) 的 Q_0 与芯片 (1) 的 D_{IL} 相连，两片的 S_1、S_0、CLK 和 RD' 对应相连就可以实现级联扩展。此时，两片芯片的并行输入端和输出端便分别成为 8 位移位寄存器的并行输入端和输出端。

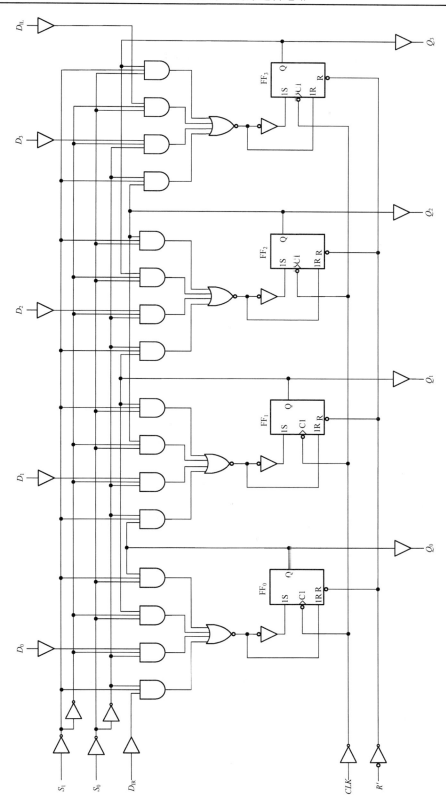

图 5-3-5　74HC194 的逻辑图

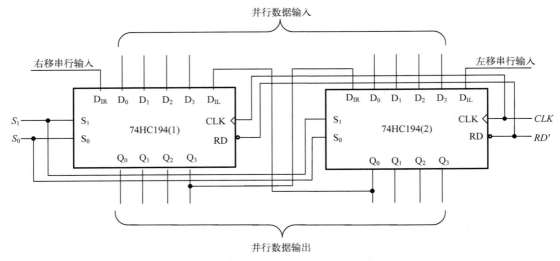

图 5-3-6　两片 74HC194 芯片组成的 8 位双向移位寄存器

5.4　计　数　器

5.4.1　计数器的分类

　　计数器是数字系统中使用最多的一种时序逻辑电路,其基本功能是对输入时钟脉冲进行计数。计数器也可用于分频、定时、产生节拍脉冲和脉冲序列等。

　　从不同的角度出发可以将计数器分为不同种类:按触发器是否受同一时钟控制分类,可以分为同步计数器和异步计数器;按计数容量分类,可分为八进制、十进制和任意进制计数器,其中计数器的容量也称为模,计数器的模就是它的状态数;按计数过程中数值的增减分类,可分为加法、减法和可逆计数器(或称为加/减计数器),其中加法计数器随时钟信号的输入递增计数,而减法计数器随时钟信号的输入递减计数,可逆计数器随时钟信号的输入,电路可增可减计数;按编码方式分类,还可分为二进制计数器、二-十进制计数器、格雷码计数器等。

5.4.2　同步计数器

1. 同步二进制计数器

　　根据二进制加法计数规则,在 n 位二进制加法计数器中,只有当第 i 位以下各位触发器全部为 1 时,在末位加 1 才能使第 i 位触发器翻转,而最低位的状态在每次加 1 时都会发生翻转。基于此规则,得到如图 5-4-1 所示的 4 位二进制加法计数器的逻辑图。

　　由图 5-4-1 可以得到电路的输出方程:

$$C = Q_3 Q_2 Q_1 Q_0 \tag{5-4-1}$$

触发器的驱动方程:

$$\begin{cases} T_0 = 1 \\ T_1 = Q_0 \\ T_2 = Q_1 Q_0 \\ T_3 = Q_3 Q_1 Q_0 \end{cases} \tag{5-4-2}$$

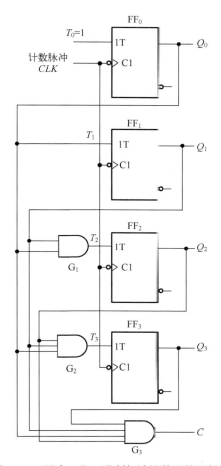

图 5-4-1　同步 4 位二进制加法计数器的逻辑图

将驱动方程代入 T 触发器的特性方程 $Q^* = T \oplus Q$ 中，可以得到电路的状态方程：

$$\begin{cases} Q_0^* = Q_0' \\ Q_1^* = Q_1 \oplus Q_0 \\ Q_2^* = Q_2 \oplus (Q_1 Q_0) \\ Q_3^* = Q_3 \oplus (Q_2 Q_1 Q_0) \end{cases} \tag{5-4-3}$$

进一步，由输出方程式(5-4-1)和状态方程式(5-4-3)得到状态转换表 5-4-1 和状态转换图 5-4-2。

表 5-4-1　同步 4 位二进制加法计数器的状态转换表

计数顺序	状态				进位输出
	Q_3	Q_2	Q_1	Q_0	
0	0	0	0	0	0
1	0	0	0	1	0
2	0	0	1	0	0
3	0	0	1	1	0
4	0	1	0	0	0
5	0	1	0	1	0
6	0	1	1	0	0
7	0	1	1	1	0
8	1	0	0	0	0
9	1	0	0	1	0
10	1	0	1	0	0
11	1	0	1	1	0
12	1	1	0	0	0
13	1	1	0	1	0
14	1	1	1	0	0
15	1	1	1	1	1
16	0	0	0	0	0

由图 5-4-2 可以看出，每输入 16 个计数脉冲计数器工作一个循环，$Q_3Q_2Q_1Q_0$ 的输出从 0000 递增计数到 1111，最后在输出端 C 产生一个进位输出信号，因此这个电路为同步 4 位二进制加法计数器。对于 4 位二进制计数器的容量，它等于计数器输出状态为 1111 时对应的十进制数值 15，因此 n 位二进制计数器的容量等于 $2^n - 1$。

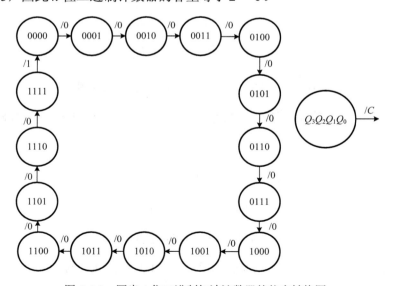

图 5-4-2　同步 4 位二进制加法计数器的状态转换图

图 5-4-3 所示为同步 4 位二进制加法计数器的时序图。从时序图可以看出，计数器可以实现分频的作用。若时钟脉冲 CLK 的频率为 f，则 Q_0 端输出脉冲的频率为 $f/2$，代表 Q_0 端为二分频端。同理，Q_1 端、Q_2 端、Q_3 端分别为四分频端、八分频端和十六分频端。

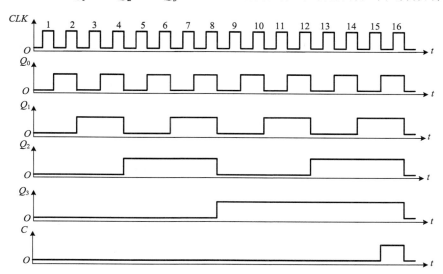

图 5-4-3　同步 4 位二进制加法计数器的时序图

由上述分析可以总结出由 T 触发器构成的同步 n 位二进制加法计数器的输入端逻辑表达式为

$$\begin{cases} T_0 = 1 \\ T_i = Q_{i-1}Q_{i-2}\cdots Q_1 Q_0 = \prod_{j=0}^{i-1} Q_j (i = 1, 2, \cdots, n-1) \end{cases} \tag{5-4-4}$$

进位信号为

$$C = Q_{n-1}Q_{n-2}\cdots Q_1 Q_0$$

计数器单一的功能往往难以满足实际应用的需求，为了增加电路功能和灵活性，在图 5-4-1 中增加一些控制电路构成中规模集成器件。中规模集成同步 4 位二进制加法计数器典型器件有 74HC161、74HC163 等，除了具备基本的加法计数功能外，还具有预置数、保持和置零等功能。图 5-4-4、图 5-4-5 为 74HC161 的逻辑图和逻辑符号，其中 CLK 端是时钟输入端；EP 端、ET 端是计数控制端；C 端是进位输出端；RD' 端是异步复位端；LD' 端是预置数控制端；$D_3 D_2 D_1 D_0$ 端是预置数输入端，LD' 端和 $D_3 D_2 D_1 D_0$ 端需要配合使用。

当 $RD' = 0$ 时，不受其他输入端状态的影响，所有触发器将同时被置零，也就是计数器被异步置零。

当 $RD' = 1$，$LD' = 0$ 时，计数器将工作在同步预置数状态。这时门 G_2、G_4、G_6、G_8 的输出为 0，触发器 $FF_0 \sim FF_3$ 的输入状态由 $D_0 \sim D_3$ 的状态决定，在下一个时钟信号上升沿到来时，$Q_0 \sim Q_3$ 被置成 $D_0 \sim D_3$ 所设定的值。

当 $RD' = LD' = 1$，$EP \cdot ET = 0$ 时，同或门 $G_9 \sim G_{12}$ 均有一个输入端为 0，起到反相器的

作用，$FF_0 \sim FF_3$ 输入端均为 $D = Q$，此时计数器处于保持状态。计数器在保持状态时，$EP = 0$、$ET = 1$ 时，进位信号 C 的状态也为保持，而当 $ET = 0$ 时，进位输出 C 为 0。

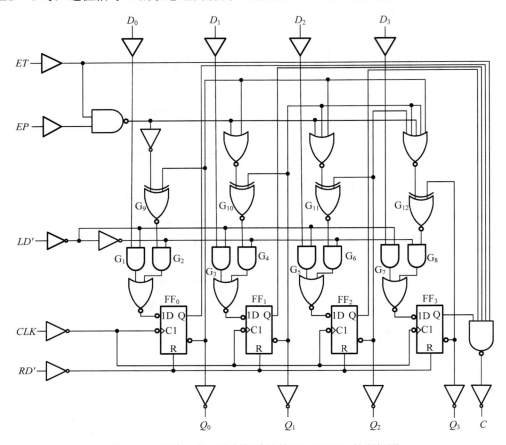

图 5-4-4　同步 4 位二进制加法计数器 74HC161 的逻辑图

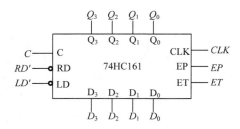

图 5-4-5　同步 4 位二进制加法计数器 74HC161 逻辑符号

当 $RD' = LD' = EP = ET = 1$ 时，门 G_1、G_3、G_5、G_7 的输出为 0，门 G_2、G_4、G_6、G_8 的其中一个输入端为 1，输出取决于对应门 $G_9 \sim G_{12}$ 的输出。以 FF_2 为例，输入端 D 的驱动方程为 $D = (((Q_1' + Q_0')' \odot Q_2')')' = (Q_0 \cdot Q_1) \oplus Q_2$，即相当于接成 T 触发器，$T = Q_0 Q_1$，电路工作在计数状态。计数器在时钟脉冲 CLK 的作用下，输出 $Q_3 \sim Q_0$ 从 0000 依次加 1 计数到 1111。在计数到 1111 时，进位输出端 $C = 1$。

表 5-4-2 为同步 4 位二进制加法计数器 74HC161 的功能表。功能表给出计数器置零、预置数、保持以及计数时各个端口对应的状态。

表 5-4-2　同步 4 位二进制加法计数器 74HC161 的功能表

CLK	RD'	LD'	EP	ET	工作状态
×	0	×	×	×	置零
↑	1	0	×	×	预置数
×	1	1	C	1	保持
×	1	1	×	0	保持($C=0$)
↑	1	1	1	1	计数

74HC161 采用异步置零、同步置数，同步 4 位二进制加法计数器 74HC163 与 74HC161 略有差别，采用同步置零的方式。

触发器构成计数器有两种结构形式：一种是通过控制输入端来控制触发器的状态；另一种是通过控制时钟信号来控制触发器的状态。以 T 触发器为例，当每个触发器的 T 端为 1 时，只要触发器的时钟输入端接收到有效触发脉冲，则这个触发器就会翻转一次。

图 5-4-6 所示为同步 3 位二进制减法计数器电路图，计数器由 3 个下降沿触发的 JK 触发器和门电路构成。根据图 5-4-6 可以分别写出电路的输出方程和触发器的驱动方程：

$$B = Q_2'Q_1'Q_0' \tag{5-4-5}$$

$$\begin{cases} J_0 = K_0 = 1 \\ J_1 = K_1 = Q_0' \\ J_2 = K_2 = Q_1'Q_C' \end{cases} \tag{5-4-6}$$

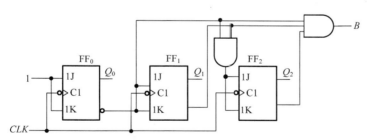

图 5-4-6　同步 3 位二进制减法计数器电路图

根据式(5-4-5)、式(5-4-6)可以得到同步二进制减法计数器的时序图，如图 5-4-7 所示。由于驱动方程中 $J_0 = K_0 = 1$，可知每输入一个时钟脉冲，触发器 FF_0 的输出状态将会翻转一次；由 $J_1 = K_1 = Q_0'$ 可知，当 $Q_0 = 0$ 时，触发器 FF_1 的输出状态将在下一个时钟信号的下降沿到来时翻转；同样，当 $Q_0 = Q_1 = 0$ 时，触发器 FF_2 的输出状态也在下一个时钟信号的下降沿到来时翻转。

将时序图转换为相对应的状态转换图，如图 5-4-8 所示，在 CLK 的作用下，$Q_2Q_1Q_0$ 从 111 依次减 1 变为 000，实现了 3 位二进制减法计数器的功能。

可以将同步 3 位二进制减法计数器推广到同步 n 位二进制减法计数器。将 JK 触发器接成 T 触发器，即 $J=K$，则同步 n 位二进制减法计数器的输出方程和驱动方程可以表示为

$$B = Q'_{n-1}Q'_{n-2}\cdots Q'_1 Q'_0 \tag{5-4-7}$$

$$\begin{cases} J_0 = K_0 = 1 \\ J_1 = K_1 = Q'_0 \\ J_2 = K_2 = Q'_1 Q'_0 \\ \quad\vdots \\ J_{n-1} = K_{n-1} = Q'_{n-2}Q'_{n-3}\cdots Q'_1 Q'_0 \end{cases} \tag{5-4-8}$$

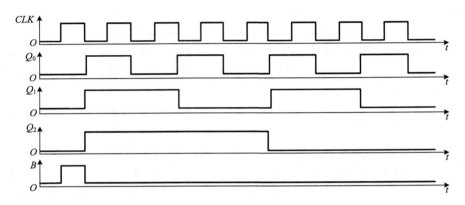

图 5-4-7　同步 3 位二进制减法计数器时序图

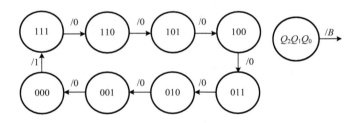

图 5-4-8　同步 3 位二进制减法计数器的状态转换图

　　有些应用场合要求计数器既能做加法计数又能做减法计数，因此需要使用可逆计数器。可逆计数器主要有两种形式：一种是单时钟可逆计数器，只有一个时钟输入端，由加/减控制端控制做加法计数还是减法计数；另一种是双时钟可逆计数器，有两个时钟输入端，当加法计数脉冲输入时，做加法计数，当减法计数脉冲输入时，做减法计数。

　　图 5-4-9 为单时钟同步十六进制可逆计数器 74HC191 的逻辑图。U'/D 为加/减控制信号，计数器在 $U'/D = 0$ 时实现加计数功能，在 $U'/D = 1$ 时实现减计数功能。由图 5-4-9 可以看出各触发器的驱动方程：

$$\begin{cases} T_0 = 1 \\ T_1 = (U'/D)'Q_0 + (U'/D)Q'_0 \\ T_2 = (U'/D)'(Q_0 Q_1) + (U'/D)(Q'_0 Q'_1) \\ T_3 = (U'/D)'(Q_0 Q_1 Q_2) + (U'/D)(Q'_0 Q'_1 Q'_2) \end{cases} \tag{5-4-9}$$

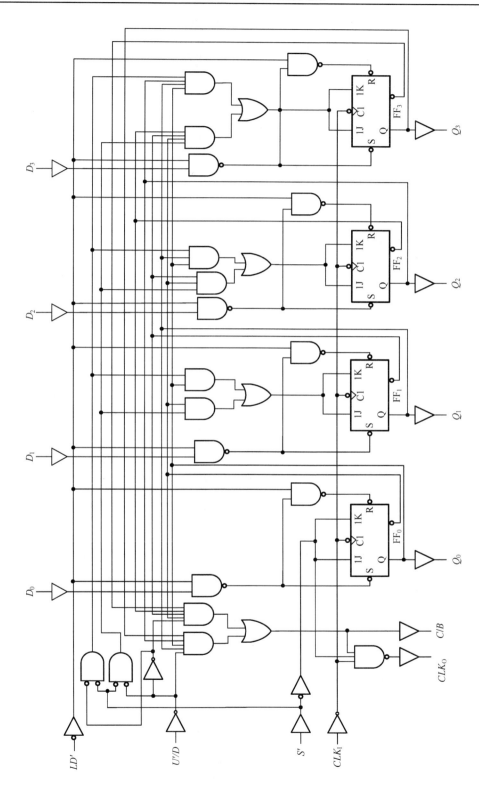

图 5-4-9 单时钟同步十六进制可逆计数器 74HC191 的逻辑图

从式(5-4-9)可以看出，当$U'/D=0$时，各触发器的驱动方程与加法计数器驱动方程一致；当$U'/D=1$时，各触发器的驱动方程与减法计数器驱动方程一致，通过控制U'/D即可实现可逆计数。

LD'端为计数器的预置数控制端。当$LD'=0$时，电路处于预置数状态，输入端$D_3\sim D_0$的数据将会置入到对应触发器中，与 74HC161 的同步置数不同，74HC191 预置数不受时钟信号CLK的控制，称为异步置数。

S'端是使能端。当$S'=1$时，$FF_0\sim FF_3$的输入端J、K全部为 0，计数器工作在保持状态。当$S'=0$时，$FF_0\sim FF_3$的输入端J、K全部为 1，计数器工作在计数状态。当$U'/D=0$时，计数器进行加法计数，输出$Q_3Q_2Q_1Q_0=1111$时，进位/借位信号输出端$C/B=1$，此时为进位输出；当$U'/D=1$时，计数器进行减法计数，输出$Q_3Q_2Q_1Q_0=0000$时，$C/B=1$，此时为借位输出。

通过上述分析可以得到同步十六进制可逆计数器74HC191 的功能表，如表 5-4-3 所示。

表 5-4-3　同步十六进制可逆计数器 74HC191 的功能表

CLK	S'	LD'	U'/D	工作状态
×	×	0	×	预置数
×	1	1	×	保持
↑	0	1	0	加法计数
↑	0	1	1	减法计数

CLK_O是串行时钟输出端。在$C/B=1$的情况下，在下一个CLK_I上升沿到达前，CLK_O端会输出一个负脉冲。

74HC191 的时序图如图 5-4-10 所示。

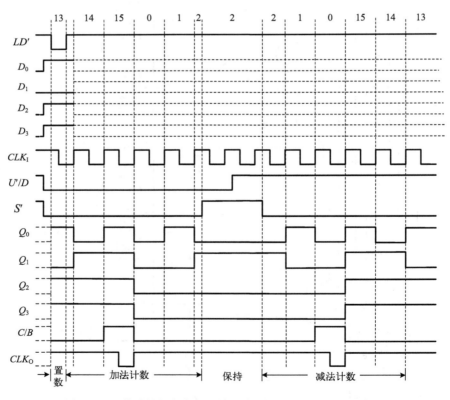

图 5-4-10　单时钟同步十六进制可逆计数器 74HC191 的时序图

双时钟同步十六进制可逆计数器 74HC193 的逻辑图如图 5-4-11 所示。4 个触发器$FF_0\sim FF_3$均工作在$T=1$状态，有时钟信号输入，触发器会随之翻转。当在CLK_U端输入计数脉冲时，计

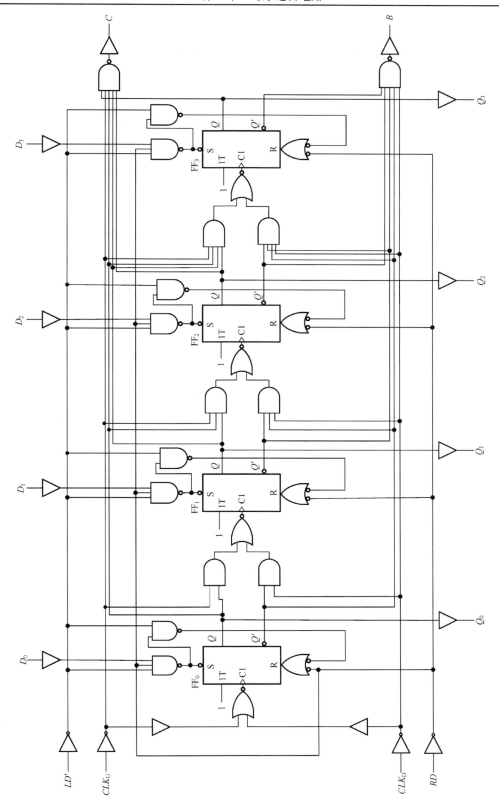

图 5-4-11　双时钟同步十六进制可逆计数器 74HC193 的逻辑图

数器将作为加法计数器使用；当 CLK_D 端输入计数脉冲时，计数器将作为减法计数器使用。74HC193 具有异步置零和异步预置数的功能，图 5-4-12 给出了 74HC193 的时序图。

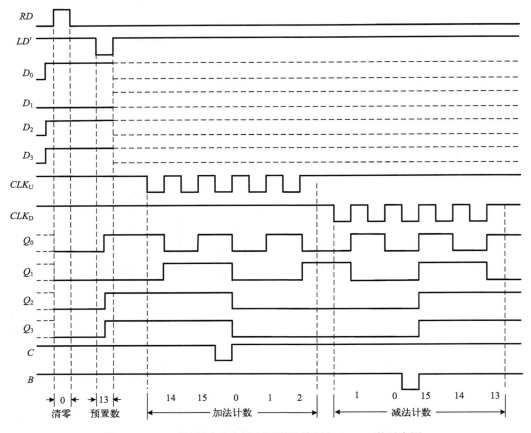

图 5-4-12　双时钟同步十六进制可逆计数器 74HC193 的时序图

2. 同步十进制计数器

图 5-4-13 是中规模集成同步十进制加法计数器 74HC160 的逻辑图。74HC160 具有加法计数、异步置零、同步置数和保持的功能，图 5-4-13 中 RD'、LD'、EP、ET 以及 $D_0 \sim D_3$ 等输入端的功能和用法与图 5-4-5 中相应端一致，功能表与表 5-4-2 所示的同步二进制计数器 74HC161 的功能表相同。

根据图 5-4-13 可以写出 74HC160 对应的输出方程：

$$C = Q_3 Q_2' Q_1' Q_0 \tag{5-4-10}$$

驱动方程：

$$\begin{cases} D_0 = Q_0' \\ D_1 = (Q_3 + Q_0')' \odot Q_1' = (Q_0 Q_3') \oplus Q_1 \\ D_2 = (Q_1' + Q_0')' \odot Q_2' = (Q_0 Q_1) \oplus Q_2 \\ D_3 = (Q_2' + Q_1' + Q_0')' Q_3' + (Q_3' + (Q_0 + Q_3'))' = Q_0 Q_1 Q_2 + Q_0' Q_3 \end{cases} \tag{5-4-11}$$

将式(5-4-11)代入 D 触发器的特性方程可得电路的状态方程：

$$\begin{cases} Q_0^* = Q_0' \\ Q_1^* = (Q_0 Q_3') \oplus Q_1 \\ Q_2^* = (Q_0 Q_1) \oplus Q_2 \\ Q_3^* = Q_0 Q_1 Q_2 + Q_0' Q_3 \end{cases} \tag{5-4-12}$$

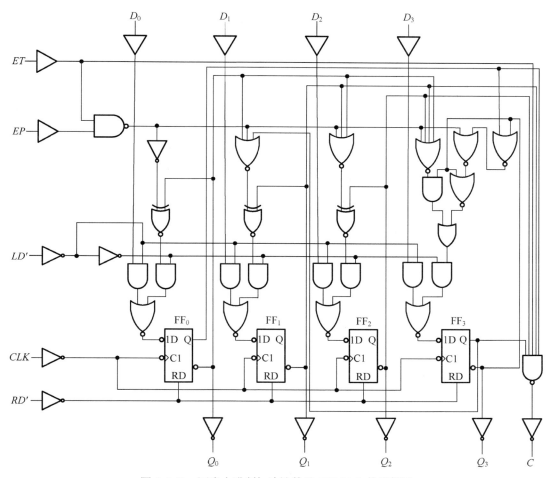

图 5-4-13　同步十进制加法计数器 74HC160 的逻辑图

根据式(5-4-10)、式(5-4-12)，可以计算出状态转换表，如表 5-4-4 所示，状态转换图如图 5-4-14 所示。可以看出，每输入 10 个计数脉冲，$Q_3 Q_2 Q_1 Q_0$ 从 0000 递增变化到 1001，然后回到 0000 开始循环计数。1010～1111 这 6 个状态在时钟脉冲作用下能够进入有效循环中，实现自启动。

表 5-4-4　74HC160 的状态转换表

计数顺序	状态				等效十进制数	输出 C
	Q_3	Q_2	Q_1	Q_0		
0	0	0	0	0	0	0
1	0	0	0	1	1	0
2	0	0	1	0	2	0
3	0	0	1	1	3	0
4	0	1	0	0	4	0
5	0	1	0	1	5	0
6	0	1	1	0	6	0
7	0	1	1	1	7	0
8	1	0	0	0	8	0
9	1	0	0	1	9	1
10	0	0	0	0	0	0
0	1	0	1	0	10	0
1	1	0	1	1	11	1
2	0	1	1	0	6	0
0	1	1	0	0	12	0
1	1	1	0	1	13	1
2	0	1	0	0	4	0
0	1	1	1	0	14	0
1	1	1	1	1	15	1
2	0	0	1	0	2	0

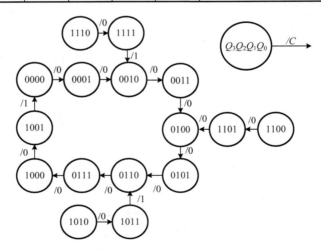

图 5-4-14　74HC160 的状态转换图

同步十进制计数器也可以实现可逆计数，图 5-4-15 为单时钟同步十进制加/减计数器 74HC190 的逻辑图。当加/减控制信号 $U'/D = 0$ 时，电路为加法计数器；当 $U'/D = 1$ 时，电路为减法计数器。74HC190 的功能表与 74HC191 的功能表相同。同样，同步十进制加/减计数器也有单时钟和双时钟两种结构形式。单时钟结构可逆计数器还有 74HC168、CC4510 等，双时钟结构可逆计数器有 74HC192、CC40192 等。

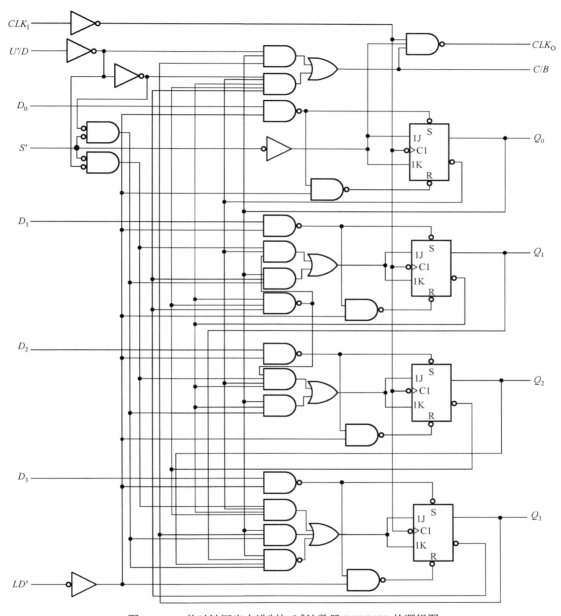

图 5-4-15　单时钟同步十进制加/减计数器 74HC190 的逻辑图

5.4.3　异步计数器

1. 异步二进制计数器

图 5-4-16 为由 3 个上升沿触发的 T 触发器构成的异步 3 位二进制加法计数器，每个触发

器都接成 $T = 1$ 的状态，即只要时钟信号上升沿到来，输出就会翻转。根据加法计数规则，当低位由 1 到 0 时，高位需要翻转，因此，高位触发器的时钟由低位的 Q' 端引出。最低位触发器的时钟信号 CLK 为计数器的计数输入脉冲。

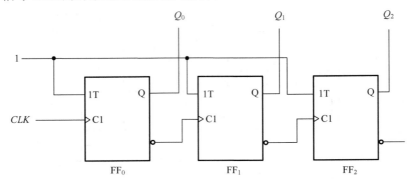

图 5-4-16　异步 3 位二进制加法计数器

　　根据触发器的翻转规律，可以得到在时钟信号作用下电路输出端 $Q_2Q_1Q_0$ 的时序图，如图 5-4-17 所示。Q_0 在计数输入脉冲 CLK 上升沿到来时发生翻转，Q_1 在 Q_0 的下降沿即 Q'_0 的上升沿到来时发生翻转。Q_2 在 Q_1 的下降沿即 Q'_1 的上升沿到来时发生翻转。触发器翻转存在延迟时间 t_{pd}，每个触发器的输出都比它的时钟信号边沿延迟 t_{pd}，当计数器位数较多时，最高位的输出相对于计数输入脉冲的延迟时间会因为累加而变长。

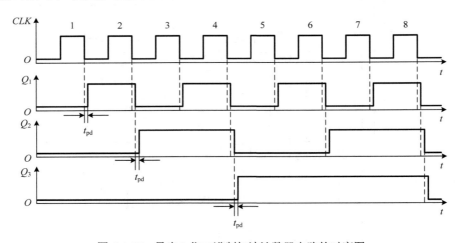

图 5-4-17　异步 3 位二进制加法计数器电路的时序图

　　如果触发器的时钟信号下降沿有效，则应将低位触发器的 Q 端接至高位触发器的时钟输入端，同样可以组成异步二进制加法计数器。

　　将 T 触发器之间按照二进制减法的计数规则连接，可以得到异步二进制减法计数器。每个触发器都接成 $T = 1$ 的状态，若使用时钟下降沿有效的 T 触发器，高位触发器的时钟由低位的 Q' 端引出，最低位触发器的时钟信号 CLK 为计数器的计数输入脉冲；若使用时钟上升沿有效的 T 触发器，高位触发器的时钟由低位的 Q 端引出，最低位触发器的时钟信号 CLK 为计数器的计数输入脉冲。

2. 异步十进制计数器

74HC290 是异步二-五-十进制加法计数器，其逻辑图如图 5-4-18 所示。由 FF_0 构成二进制计数器(或二分频器)，FF_1、FF_2、FF_3 构成五进制计数器(或五分频器)。此外，计数器还设置了两个异步置零输入端 R_{01}、R_{02}，两个异步置九输入端 S_{91}、S_{92}，可以根据需要将计数器置成 0000 或 1001 状态。以 CLK_0 为时钟输入，Q_0 与 CLK_1 相连，$Q_3Q_2Q_1Q_0$ 作为输出，即可实现十进制，如图 5-4-19 所示。

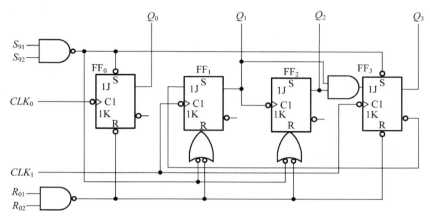

图 5-4-18　异步二-五-十进制加法计数器 74HC290 的逻辑图

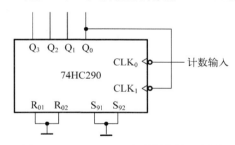

图 5-4-19　74HC290 十进制接法示意图

如果计数器从 $Q_3Q_2Q_1Q_0 = 0000$ 的状态开始计数，在前 5 个计数脉冲作用下，FF_0、FF_1、FF_2 都处于 $J = K = 1$ 的状态，进行二进制加法计数。在此期间，FF_3 的 $J_3 = Q_1Q_2 = 0$，因此 FF_3 一直保持 0 状态不变。当第 6 个时钟信号到来时，计数器计数到 0110，$J_3 = K_3 = 1$；第 7 个时钟信号到来时，Q_0 从 0 变为 1，FF_3 没有有效时钟信号，计数到 0111；第 8 个时钟信号到来时，$J_3 = K_3 = 1$，接收到有效时钟信号，状态发生翻转，计数到 1000；第 9 个时钟信号到来时，FF_1、FF_2、FF_3 都没有有效时钟信号，只有 FF_0 翻转，计数到 1001；第 10 个时钟信号到来时，FF_0 翻转到 0 状态，FF_1 和 FF_3 都处于 $J = 0$，$K = 1$，输出 0 状态。FF_2 因为没有有效时钟信号，保持 0 状态，计数器输出 0000，至此电路完成 0000 到 1001 循环，跳过 1010~1111 这六个状态成为十进制计数器。

5.4.4　任意进制计数器

常见的中规模集成计数器以十进制和十六进制为主，当需要其他进制计数器时，只能通过利用已有的计数器产品附加外电路来实现。假定已有 N 进制计数器，要实现 M 进制计数器，需要考虑 $M < N$ 和 $M > N$ 两种不同的实现方式。

1. $M < N$ 时的实现方式

对于 $M < N$，只需一片中规模集成计数器即可构成所需进制。由于 N 进制计数器在计数过程中有 N 个有效状态，若设法使之跳过 $N - M$ 个状态，就可以得到 M 个有效状态，即可构成 M 进制计数器。跳过 $N - M$ 个状态的方法有两种：一种是复位法，另一种是置位法。

复位法又称置零法，适用于有置零输入端的计数器。对于有异步置零输入端的计数器，

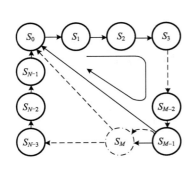

图 5-4-20　复位法构成任意进制计数器的状态转换图

其工作原理如图 5-4-20 所示。计数器从全 0 状态 S_0 开始计数，在 M 个有效状态后，计数器进入 S_M 状态。利用 S_M 状态译码产生一个置零信号，输入到计数器的异步置零端，计数器返回 S_0 状态，实现跳过 $N - M$ 个状态而得到 M 进制计数器。由于异步置零，S_M 状态存在时间极短，称为过渡状态或暂态，不包含于有效计数循环内，有效循环状态是 $S_0 \sim S_{M-1}$。

对于有同步置零输入端的计数器，由第 M 个状态 S_{M-1} 产生同步置零信号，计数器接收到置零信号后不会马上将计数器置零，而需要等待下一个有效时钟信号的到来，因此 S_{M-1} 包含在有效循环内，有效循环状态依然是 $S_0 \sim S_{M-1}$。

【例 5-3】 通过置零法用带有异步置零端的 74HC161 和同步置零端的 74HC163 构成六进制计数器。

解　采用置零法构成的六进制计数器有效状态为 0000～0101。由于 74HC161 为异步置零，利用 0110 状态译码产生置零信号，接到 RD' 端，将计数器置成 0000 状态，0110 状态存在时间极短而不被计入有效循环，状态转换图如图 5-4-21(a) 所示，74HC161 构成的六进制计数器如图 5-4-21(b) 所示。

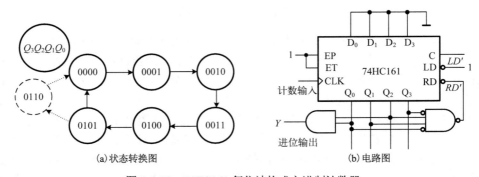

(a) 状态转换图　　　　　　　　(b) 电路图

图 5-4-21　74HC161 复位法构成六进制计数器

由于 74HC163 为同步置零，利用 0101 状态译码产生置零信号，接到 RD' 端，将计数器置成 0000 状态，由于 0101 状态被计入有效循环，状态转换图如图 5-4-22(a) 所示，74HC163 构成的六进制计数器如图 5-4-22(b) 所示。

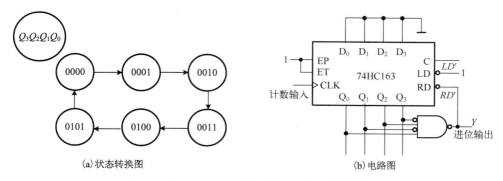

（a）状态转换图　　　　　　　　　　　　　（b）电路图

图 5-4-22　74HC163 复位法构成六进制计数器

过渡状态的存在，异步复位法清零信号作用的时间短，可能导致触发器来不及全部复位，进而使电路的清零可靠性差。改进后的电路如图 5-4-23 所示，增加了由 G_2 和 G_3 组成的低电平有效的 RS 锁存器，延长清零信号的时间。当计数输入信号上升沿到来时，$Q_3Q_2Q_1Q_0$ 的输出为 0110，G_1 输出为 0，G_2 输出为 1，此时计数输入信号是高电平，G_3 输出为 0，接到 RD' 端产生清零信号，$Q_3Q_2Q_1Q_0$ 变为 0000，G_1 的输出变为 1，RS 锁存器处于保持状态，直到计数输入信号变成低电平，G_3 输出变为 1，清零信号随之结束，清零信号的时间为计数输入信号高电平的宽度。

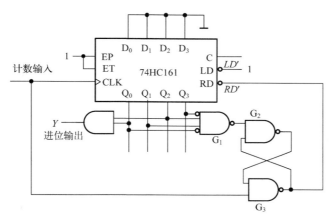

图 5-4-23　改进的复位法构成六进制计数器

置位法又称置数法，其工作原理如图 5-4-24 所示，与复位法相同的是都需要跳过 $N–M$ 个状态，对于有同步预置数控制端的计数器利用 S_i 状态译码产生一个预置数信号，输入到计数器的预置数控制端，在下一个有效时钟信号到来时，计数器被置成预置数输入端设定的状态 S_j。对于有异步预置数控制端的计数器利用 S_{i+1} 状态译码产生一个预置数信号，输入到计数器的预置数控制端，计数器被置成预置数输入端设定的状态 S_j。S_{i+1} 状态存在时间极短，不包含于有效计数循环内。

【例 5-4】 分析图 5-4-25 中 74HC161 构成了几进制计数器。

解　电路在 $Q_3Q_2Q_1Q_0 = 1100$ 时产生 $LD' = 0$ 的置数信号，$D_3D_2D_1D_0$ 设定状态为 1111，计数器的状态从 0000 计数至 1100，然后被置成 1111，计数器共有 14 个有效状态，为十四进制计数器。由于用到了 1111 状态，因此进位输出可以直接使用芯片本身的进位输出端 C 端。

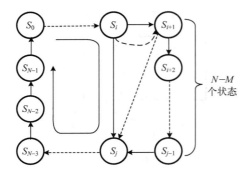

图 5-4-24　置位法构成任意进制计数器的状态转换图

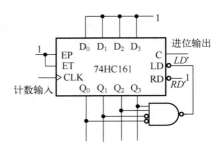

图 5-4-25　例 5-4 置位法构成其他进制计数器

2. $M > N$ 时的实现方式

若要构成的计数器进制 $M > N$ 时，必须使用多片级联的构成方式。多片级联主要有并行进位、串行进位、整体置零和整体置数等几种方式。

【例 5-5】 试用两片 74HC163 构成二百五十六进制计数器。

解　74HC163 是同步 4 位二进制计数器，即十六进制计数器，而 $256 = 16×16$，所以可以直接采用两片 74HC163 来实现二百五十六进制计数器。

并行进位的连接方式如图 5-4-26 所示，把两片 74HC163 的时钟信号 CLK 连接到一起，低位片(1)的进位输出端 C 与高位片(2)的计数控制端 EP、ET 相连，其他各端按需求连接高、低电平，保证计数器正常工作。当芯片(1)计数到 1111 时进位输出 C 为 1，下一时钟信号到来时，芯片(2)进行一次计数，整个计数循环实现 $16×16$ 个有效状态，即二百五十六进制。芯片(2)的进位输出端 C 可以作为二百五十六进制的进位输出端。

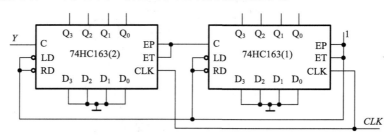

图 5-4-26　例 5-5 电路的并行进位连接方式

串行进位的连接方式如图 5-4-27 所示，以低位片(1)时钟输入端为整体计数输入，将低位片(1)进位端与高位片(2)时钟端通过非门相连，以芯片(2)进位输出端 C 为整体进位输出。其他各端按需求连接高、低电平，保证计数器正常工作。

如图 5-4-28 所示，当第 15 个时钟信号上升沿到来时，芯片(1)计数到 1111，进位输出 C 为 1，门 G_1 输出为 0；第 16 个时钟信号上升沿到来时，芯片(1)的输出由 1111 变为 0000，进位输出 C 由 1 变为 0，门 G_1 输出由 0 变为 1，芯片(2)的 CLK 接收到来自门 G_1 输出的上升沿，进行一次计数。两片之间实现了十六进制。

【例 5-6】 分析图 5-4-29 所示用整体置数法构成的计数器为几进制。

解　两片计数器之间采用同步连接方式。低位片(1)的进位信号接至高位片(2)的计数控制端，两片之间是十六进制。当两片计数到 01000110 状态时，产生 $LD' = 0$ 的信号，当下一计数脉冲到来时，总体置入 00000000。Y 端是此计数器的进位输出端。在整个计数过程中，共存在 71 个稳定的状态。因此，计数器总体进制为七十一进制。

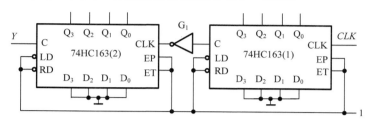

图 5-4-27　例 5-5 电路的串行进位连接方式

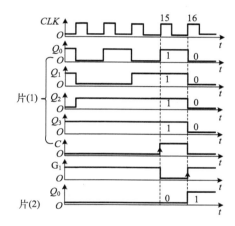

图 5-4-28　例 5-5 串行进位的波形图

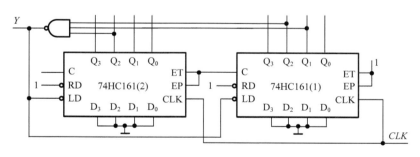

图 5-4-29　例 5-6 的整体置数法电路图

5.5　常用的时序逻辑电路

5.5.1　移位寄存器型计数器

移位寄存器型计数器的结构一般由移位寄存器和反馈逻辑电路构成。移位寄存器的基础单元一般选用 D 触发器。反馈逻辑电路的形式不同，移位寄存器型计数器的类别也不同，最常用的有环形计数器和扭环形计数器。

1. 环形计数器

如果将移位寄存器的串行输出端和串行输入端相连，就构成了环形计数器。图 5-5-1 为 4 位环形计数器的电路图，初始状态设为 $Q_0Q_1Q_2Q_3 = 1000$，在时钟信号的作用下，电路的状态将会按照 $1000 \rightarrow 0100 \rightarrow 0010 \rightarrow 0001 \rightarrow 1000$ 的顺序依次循环变化。时序图如图 5-5-2 所示，可以将环形计数器作为顺序脉冲发生器，随着时钟信号 *CLK* 的不断输入，$Q_0 \sim Q_3$ 端将依次循环输出正脉冲。

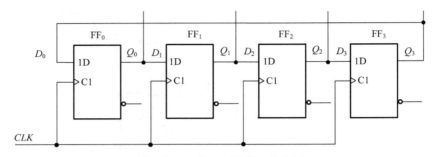

图 5-5-1　4 位环形计数器电路图

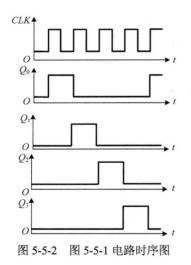

图 5-5-2　图 5-5-1 电路时序图

假设将 $1000 \rightarrow 0100 \rightarrow 0010 \rightarrow 0001 \rightarrow 1000$ 作为有效循环，电路进入有效循环以外的状态后无法自动返回至有效循环状态，图 5-5-1 所示的电路不能够自启动。能够自启动的 4 位环形计数器电路图如图 5-5-3 所示。

根据图 5-5-3，列出状态方程：

$$\begin{cases} Q_0^* = (Q_0 + Q_1 + Q_2)' \\ Q_1^* = Q_0 \\ Q_2^* = Q_1 \\ Q_3^* = Q_2 \end{cases}$$

由状态方程可以得到电路状态转换图，如图 5-5-4 所示。

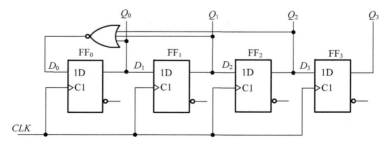

图 5-5-3　能自启动的 4 位环形计数器电路图

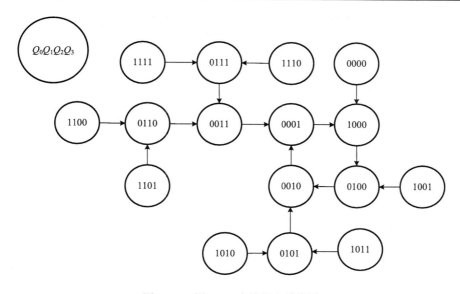

图 5-5-4　图 5-5-3 电路状态转换图

环形计数器最大的优点是电路结构简单，缺点是电路状态利用率低，n 位环形计数器存在 2^n 个状态，但是只有 n 个有效状态。

2. 扭环形计数器

为了提高电路状态的利用率，可以通过改变反馈逻辑电路来实现。能够自启动的 4 位扭环形计数器的电路结构如图 5-5-5 所示。

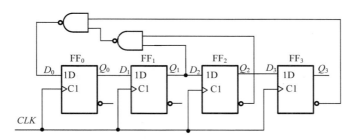

图 5-5-5　能自启动的 4 位扭环形计数器

根据图 5-5-5 可以画出其状态转换图，如图 5-5-6 所示。此电路在进行状态转换时，每次

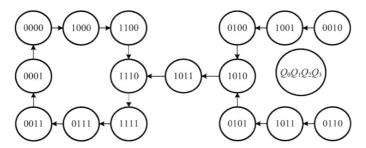

图 5-5-6　图 5-5-5 电路状态转换图

只有一个触发器会发生状态改变，因此在对电路状态进行译码时，不会产生竞争冒险现象。与环形计数器相比，扭环形计数器的状态利用率提高了一倍，n 位扭环形计数器的有效状态为 $2n$ 个。

5.5.2 序列信号发生器

数字系统中有时需要一组特定的串行数字信号，这组串行数字信号通常被称为序列信号，能产生这种信号的电路称为序列信号发生器。

用计数器和数据选择器可以构成序列信号发生器。图 5-5-7 是由十六进制计数器 74HC161 和两片八选一的数据选择器 74HC151 构成的序列信号发生器。两片 74HC151 接成十六选一数据选择器，将 74HC161 的输出端 $Q_3Q_2Q_1Q_0$ 与十六选一数据选择器的地址输入端相连接。在连续时钟脉冲的作用下，74HC161 输出端 $Q_3Q_2Q_1Q_0$ 的状态会在 0000~1111 之间不断循环，当 $Q_3Q_2Q_1Q_0$ 为 0000~0111 时，74HC151(1) 的 Y 端会依次输出 74HC151(1) 的 $D_0 \sim D_7$ 所设定的值 01010011；$Q_3Q_2Q_1Q_0$ 为 1000~1111 时，74HC151(2) 的 Y 端会依次输出 74HC151(2) 的 $D_0 \sim D_7$ 所设定的值 11001010，最终在输出端 Z 得到循环的序列信号 0101001111001010。若想要获得不同的序列信号，只需修改数据选择器数据输入端的高低电平状态即可。

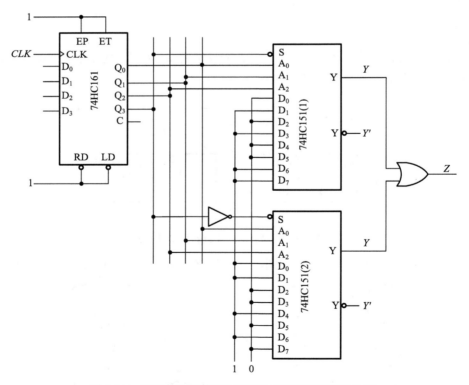

图 5-5-7　用计数器和数据选择器组成的序列信号发生器

5.6　时序逻辑电路的设计方法

5.6.1　同步时序逻辑电路的设计方法

时序逻辑电路的设计是根据实际逻辑问题求解出实现这一逻辑功能的逻辑电路的过程，与时序逻辑电路的分析过程相反。时序逻辑电路的功能可以用一组输出方程、驱动方程和状态方程来表达。

时序逻辑电路设计的主要步骤如下。

(1)对设计要求进行具体分析，确定输入变量、输出变量和电路的状态数。经过逻辑抽象，定义输入、输出逻辑状态和每个电路状态的含义，得到原始状态转换图。

(2)对原始状态转换图进行化简。若两个状态在相同的输入下有相同的输出，并且转换到同样的次态，则这两个状态等价，可以合并成一个。经过等价状态合并，可以得到最简的状态转换图。通常电路的状态数越少，设计出来的电路就越简单。

(3)采用二进制的形式对状态进行编码。根据状态转换图中状态的数量可以确定二进制码的位数，n 位二进制码可以对应 2^n 个状态。每一个触发器可以存储 1 位二进制码，为使用尽可能少的触发器获得时序逻辑电路，应保证二进制码的位数尽可能少。若需编码的状态有 M 个，则当 n 与 M 满足 $2^{n-1} < M \leqslant 2^n$ 时，n 取值最小。

(4)根据状态转换图和选定的触发器类型可以求出电路的输出方程、状态方程和驱动方程。

(5)根据得到的方程画出逻辑图。

(6)检查电路能否自启动。如果电路不能自启动，则需要对设计进行修改，使其能够自启动。

【例 5-7】　用 JK 触发器设计一个带有借位输出端的六进制减法计数器。

解　电路没有输入端，有借位输出端，六进制计数器应该有 6 个有效状态，分别用 S_0、S_1、$\cdots$、S_5 表示，按题意可以画出如图 5-6-1 所示的电路状态转换图，此状态转换图不能化简。

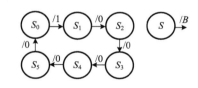

图 5-6-1　例 5-7 的状态转换图

如对状态分配无特殊要求，可以取 3 位二进制数对状态进行编码，得到如表 5-6-1 所示的状态转换表。

表 5-6-1　例 5-7 电路的状态转换表

状态变化顺序	状态编码			借位输出 B
	Q_2	Q_1	Q_0	
S_0	0	0	0	1
S_1	1	0	1	0
S_2	1	0	0	0
S_3	0	1	1	0
S_4	0	1	0	0
S_5	0	0	1	0
S_0	0	0	0	1

根据表 5-6-1 可以画出表示次态和进位输出的卡诺图，将最小项 $Q_2Q_1Q_0'$ 和 $Q_2Q_1Q_0$ 作为无关项，如图 5-6-2 所示。

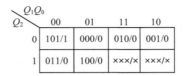

图 5-6-2　例 5-7 电路次态/输出 $(Q_2^*Q_1^*Q_0^*/B)$ 卡诺图

将图 5-6-2 所示的卡诺图分解为图 5-6-3 所示的 4 个卡诺图，分别表示 Q_2^*、Q_1^*、Q_0^* 和 B。

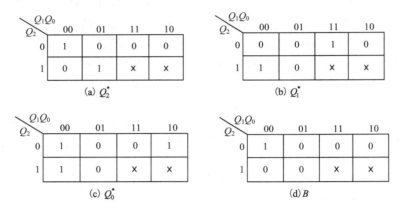

图 5-6-3　图 5-6-2 卡诺图的分解

由图 5-6-3 所示的卡诺图得到电路的输出方程为

$$B = Q_2'Q_1'Q_0' \tag{5-6-1}$$

状态方程为

$$\begin{cases} Q_2^* = Q_1'Q_0'Q_2' + Q_0Q_2 \\ Q_1^* = Q_2Q_0'Q_1' + Q_0Q_1 \\ Q_0^* = Q_0' \end{cases} \tag{5-6-2}$$

将式(5-6-2)中的各逻辑式与 JK 触发器的特性方程 $Q^* = JQ' + K'Q$ 对照，则各个触发器的驱动方程为

$$\begin{cases} J_2 = Q_1'Q_0', & K_2 = Q_0' \\ J_1 = Q_2Q_0', & K_1 = Q_0' \\ J_0 = 1, & K_0 = 1 \end{cases} \tag{5-6-3}$$

根据式(5-6-1)和式(5-6-3)得到计数器的逻辑图，如图 5-6-4 所示。

最后还应检查电路能否自启动。将无效状态 110、111 分别代入式(5-6-2)中计算，所得次态分别为 000、110，故电路能自启动。完整的状态转换图如图 5-6-5 所示。

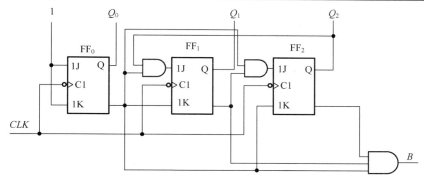

图 5-6-4　例 5-7 的逻辑图

【例 5-8】　设计一个序列编码检测电路，当检测到输入信号出现 011 序列编码时，电路输出为 1，否则输出为 0。

解　首先由设计要求确定状态转换图。设输入信号为 A，输出信号为 Y，由题意知，当 A 端连续输入 011 序列时，输出 Y 为 1，否则输出 Y 均为 0。

设 S_0 表示电路的初始状态，在 S_0 状态下，电路输出 $Y = 0$，若 $A = 0$，则当有效时钟信号到来时，电路接收到 1 个 0，状态变为 S_1；若 $A = 1$，则当有效时钟信号到来时，电路接收到 1 个 1，状态保持 S_0 不变。在 S_1 状态下，若 $A = 0$，电路接收到 00，状态保持 S_1；若 A

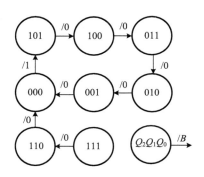

图 5-6-5　图 5-6-4 电路的状态转换图

$= 1$，电路接收到 01，状态变为 S_2。在 S_2 状态下，若 $A = 0$，电路接收到 010，状态变为 S_1；若 $A = 1$，电路接收到序列码 011，状态变为 S_3，输出 $Y = 1$。在 S_3 状态下，若 $A = 0$，状态变为 S_1；若 $A = 1$，状态变为 S_0，输出 Y 均为 0。由此得到如图 5-6-6 所示的状态转换图和表 5-6-2 所示的状态转换表。

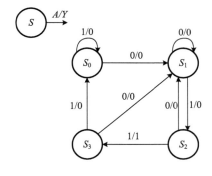

图 5-6-6　例 5-8 的状态转换图

表 5-6-2　例 5-8 的状态转换表

现态(S)	次态/输出（S^*/Y）	
	$A = 0$	$A = 1$
S_0	$S_1 /0$	$S_0 /0$
S_1	$S_1 /0$	$S_2 /0$
S_2	$S_1 /0$	$S_3 /1$
S_3	$S_1 /0$	$S_0 /0$

由图 5-6-6 所示的状态转换图可知，对于 S_0 与 S_3 状态，当输入 $A = 0$ 和 $A = 1$ 时，其分别具有相同的次态及相同的输出，即 S_0 和 S_3 是等价状态，可以合并为一个。于是，得到化简后的状态转换图，如图 5-6-7 所示。

化简后有三个状态，可以采用 2 位二进制编码，用 00、01、10 分别代表 S_0、S_1、S_2。得到状态分配后的状态转换图，如图 5-6-8 所示。

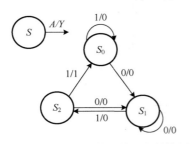

图 5-6-7　例 5-8 化简后的状态转换图

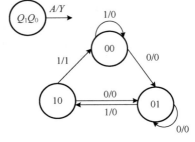

图 5-6-8　例 5-8 状态分配后的状态转换图

选用 JK 触发器来构成所需电路。根据图 4-3-3 所示的 JK 触发器的状态转换图和图 5-6-8 可以得到如表 5-6-3 所示的状态转换表及两个触发器的驱动信号。

表 5-6-3　例 5-8 的状态转换表及驱动信号

输入及现态			次态及输出			驱动信号			
A	Q_1	Q_0	Q_1^*	Q_0^*	Y	J_1	K_1	J_0	K_0
0	0	0	0	1	0	0	×	1	×
0	0	1	0	1	0	0	×	×	0
0	1	0	0	1	0	×	1	1	×
1	0	0	0	0	0	0	×	0	×
1	0	1	1	0	0	1	×	×	1
1	1	0	0	0	1	×	1	0	×

根据表 5-6-3，利用卡诺图进行化简，得到图 5-6-9 所示的输入 J、K 和输出 Y 的卡诺图，化简后得到驱动方程为

$$\begin{cases} J_1 = Q_0 A, & K_1 = 1 \\ J_0 = A', & K_0 = A \end{cases} \tag{5-6-4}$$

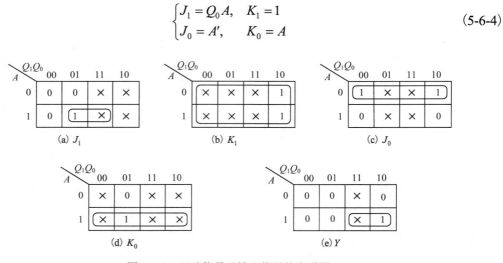

图 5-6-9　驱动信号及输出信号的卡诺图

输出方程为

$$Y = Q_1 A \tag{5-6-5}$$

如图 5-6-10 所示，根据驱动方程和输出方程画出逻辑图。

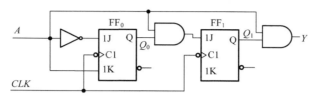

图 5-6-10　例 5-8 的逻辑图

最后检查该电路的自启动能力。当电路进入无效状态 11 后，若 $A = 0$，则次态转入 10；若 $A = 1$，则次态转入 00，电路能够自启动。

5.6.2　时序逻辑电路的自启动设计

在时序逻辑电路的设计过程中，如果有无效状态，那么在设计时应考虑自启动问题，让无效状态最终能够进入到有效循环中。

【例 5-9】　用 D 触发器设计一个能够自启动的计数器。计数器的状态转换图如图 5-6-11 所示。

解　由于状态编码的位数 $n = 3$，所以该计数器需要三个触发器。由状态转换图画出次态的卡诺图，如图 5-6-12 所示。将状态 010 和状态 101 对应的最小项 $Q_2'Q_1Q_0'$、$Q_2Q_1'Q_0$ 作为无关项处理。

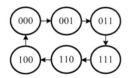

图 5-6-11　例 5-9 的状态转换图

图 5-6-12　电路次态的卡诺图

将图 5-6-12 所示的卡诺图分解，如图 5-6-13 所示。可得状态方程为

$$\begin{cases} Q_2^* = Q_1 \\ Q_1^* = Q_0 \\ Q_0^* = Q_2' \end{cases} \tag{5-6-6}$$

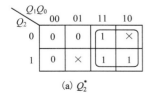　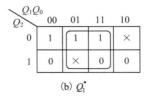

图 5-6-13　分解后的卡诺图

在卡诺图化简的过程中，如果"×"出现在矩形内，就认为是 1；如果出现在矩形外，则认为是 0。根据"×"出现的位置，可以判断出无效状态 010 和 101 的次态分别为 101 和 010。无效状态 010 和 101 形成了一个无效循环，电路不能自启动。

为使电路能够自启动，应将图 5-6-12 中的一个"×××"取为有效状态，可以将 010 的次态取为有效循环中的 000。这时 Q_1^* 的卡诺图将被修改，如图 5-6-14 所示。根据修改后的 Q_1^* 的卡诺图可以得到

$$Q_1^* = Q_1'Q_0 + Q_2'Q_1' \tag{5-6-7}$$

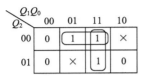

图 5-6-14　修改后的 Q_1^* 的卡诺图

则此时状态方程为

$$\begin{cases} Q_2^* = Q_1 \\ Q_1^* = Q_1'Q_0 + Q_2'Q_1' \\ Q_0^* = Q_2' \end{cases} \tag{5-6-8}$$

由式(5-6-8)可以得到 D 触发器的驱动方程：

$$\begin{cases} D_2 = Q_1 \\ D_1 = Q_1'Q_0 + Q_2'Q_1' \\ D_0 = Q_2' \end{cases} \tag{5-6-9}$$

根据式(5-6-9)的驱动方程，可画出电路逻辑图如图 5-6-15 所示，以及完整状态转换图如图 5-6-16 所示。此电路能够自启动。

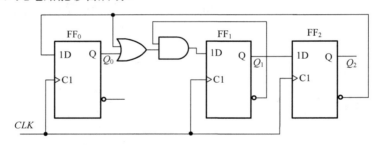

图 5-6-15　例 5-9 的逻辑图

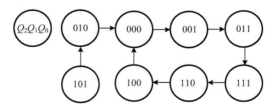

图 5-6-16　例 5-9 的状态转换图

本 章 小 结

时序逻辑电路任意时刻的输出不仅取决于当时的输入信号，还取决于电路所处的状态，即与电路之前的输入有关，时序逻辑电路主要由组合逻辑电路和存储电路两部分组成。

根据存储电路中触发器状态更新是否同时发生，时序逻辑电路可以分为同步时序逻辑电路和异步时序逻辑电路。根据输出信号的特点将时序逻辑电路分为米利型和摩尔型。

时序逻辑电路的逻辑功能可以用输出方程、驱动方程以及状态方程来描述，也可以用状态转换表、状态转换图和时序图来表达。时序逻辑电路分析是从逻辑图出发，写出输出方程、驱动方程和状态方程，通过状态方程得到状态转换表、状态转换图和时序图，最终分析出时序逻辑电路逻辑功能。异步时序逻辑电路由于时钟不同，异步翻转存在延迟，可能会发生竞争冒险现象。

在数字电路中寄存器常用于存储一组二进制数据，通常由触发器与外围电路组成。每个触发器能存储 1 位二进制数据，存储 n 位二进制数据的寄存器至少需要 n 个触发器。常用的寄存器还具有一些附加功能，可以实现数据保持、右移、左移、并行输入和并行输出等。

计数器是数字系统中使用最多的一种时序逻辑电路，其基本功能是对输入时钟脉冲进行计数，也可用于分频、定时、产生节拍脉冲和脉冲序列等。计数器按触发器是否受同一时钟控制，可以分为同步计数器和异步计数器；按计数过程中数值的增减，可分为加法、减法和可逆计数器。计数器还可以按照计数容量和编码方式等进行分类。

常用的时序逻辑电路还有移位寄存器型计数器和序列信号发生器等。移位寄存器型计数器一般有环形计数器和扭环形计数器两种，扭环形计数器的状态利用率是环形计数器的 2 倍，环形计数器还可用作顺序脉冲发生器。序列信号发生器可以产生一组特定的串行数字信号，可以用计数器和数据选择器组成。

在设计时序逻辑电路时，首先对设计要求进行具体分析，确定输入变量、输出变量和电路的状态数，得到原始状态转换图。对原始状态转换图进行化简，并采用二进制的形式对状态进行编码。根据状态转换图和选定的触发器类型求出电路的输出方程、状态方程和驱动方程，画出逻辑图。检查电路能否自启动，如果电路不能自启动，则需要对设计进行修改。

习　题

5-1　分析图题 5-1 所示时序电路的逻辑功能，写出电路的驱动方程、状态方程和输出方程，列出电路的状态转换表，画出电路的状态转换图和时序图，并说明该电路能否自启动。

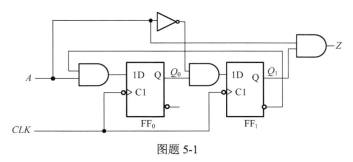

图题 5-1

5-2　JK 触发器和门电路组成图题 5-2 所示的同步时序逻辑电路，分析电路为几进制计数器，画出电路的状态转换图和时序图。

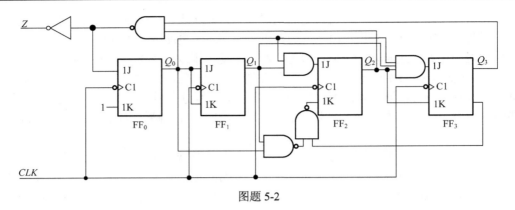

图题 5-2

5-3 分析图题 5-3 所示的时序电路的逻辑功能，写出电路的驱动方程、状态方程，列出电路的状态转换表，画出电路的状态转换图和时序图，并说明该电路能否自启动。

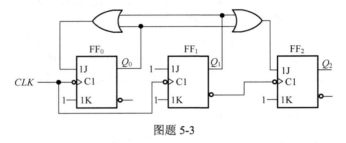

图题 5-3

5-4 图题 5-4 为数据选择器 74HC151 和触发器构成的时序逻辑电路，分析其工作过程，要求列出驱动方程、状态方程、状态转换表，画出状态转换图，画出在 *CLK* 脉冲作用下三个触发器的状态信号和 Z 的波形图。设三个触发器的初始状态均为 0。

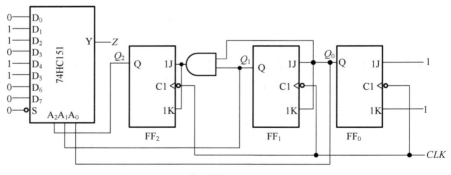

图题 5-4

5-5 用同步十进制加法计数器 74HC160 构成九进制计数器。

5-6 分析图题 5-6 所示的计数器在 $M=0$ 和 $M=1$ 时各为几进制计数器，并画出状态转换图。

5-7 图题 5-7 为采用同步 4 位二进制加法计数器 74HC161 设计的计数器，分别说明两片计数器的进制，以及两片连接后的进制，并列出状态转换表。

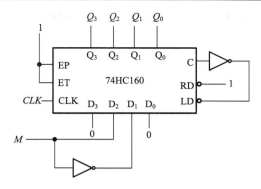

图题 5-6

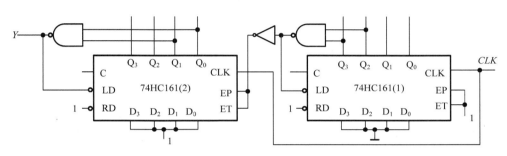

图题 5-7

5-8　图题 5-8 为采用同步 4 位二进制加法计数器 74HC161 设计的计数器，分析两片连接后的进制。

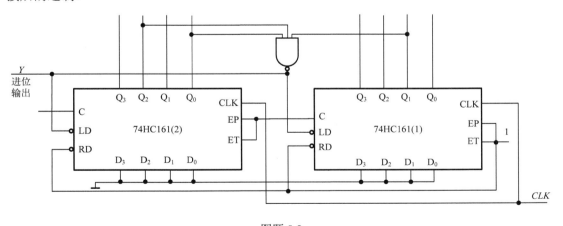

图题 5-8

5-9　用同步 4 位二进制加法计数器 74HC161 设计一个四十九进制的计数器，要求用同步置数法构成，部分连线如图题 5-9 所示，允许附加必要的门电路且原有电路不能改动。

5-10　用边沿 JK 触发器和门电路设计一个能够自启动的同步六进制加法计数器。

5-11　用 JK 触发器设计一个同步时序电路，其状态转换表如表题 5-11 所示。

5-12　用 D 触发器和门电路设计一个可变进制同步计数器。它有一个控制端 M，当 $M=0$ 时实现七进制计数器；当 $M=1$ 时实现五进制计数器。要求能够实现自启动。

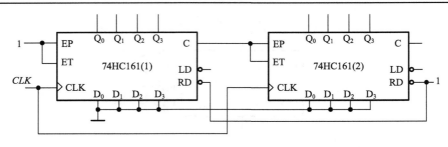

图题 5-9

表题 5-11

Q_1Q_0	$Q_1^*Q_0^*/Y$	
	$A=0$	$A=1$
00	01/0	11/0
01	10/0	00/0
10	11/0	01/0
11	00/1	10/1

5-13　设计一个序列信号发生器电路，使其在一系列 *CLK* 信号作用下能周期性输出"0011001011"的序列信号。

第6章 脉冲波形的产生和整形电路

6.1 概　　述

脉冲信号是一种特殊类型的电信号，它通常是由短暂而急剧变化的电压或电流形成的，脉冲波形的特点是在一个极短的时间内，电压或电流从低值迅速上升到高值，然后再从高值迅速下降到低值，常见的脉冲信号波形如图 6-1-1 所示。

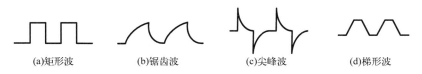

(a)矩形波　　　　(b)锯齿波　　　　(c)尖峰波　　　　(d)梯形波

图 6-1-1　常见的脉冲信号波形

应用最广泛的脉冲信号是矩形脉冲信号，作为数字电路系统的时钟信号，矩形脉冲信号的质量对系统的正常工作至关重要。可以采用多种方法来获取矩形脉冲，其中包括直接使用多谐振荡电路产生矩形脉冲，以及通过各类整形电路将已有频率和幅度适合的脉冲信号转换为所需的矩形脉冲。

6.2　脉冲波形的产生电路

脉冲波形的产生电路有多种不同的电路结构。多谐振荡电路是一种常用的脉冲产生电路，它可以产生连续的脉冲信号，通常由门电路、集成电路或其他元件组成。多谐振荡电路是一种自激振荡电路，只要接通电源便可在不需要外加触发信号的情况下自动产生矩形脉冲波形。多谐振荡电路没有稳定状态，因此也称为无稳态电路。门电路可以用来构成多谐振荡电路，有对称式、非对称式和环形等电路结构。555 定时器是一种通用定时器集成电路，可以接成多谐振荡电路，用作脉冲产生电路。

6.2.1　TTL 门电路构成的对称式多谐振荡电路

经典的对称式多谐振荡电路由 RC 电路和门电路组成，如图 6-2-1(a)所示，由两个反相器 G_1 和 G_2、两个耦合电容 C_1 和 C_2，以及两个提供偏压的反馈电阻 R_{F1} 和 R_{F2} 组成自激振荡电路。

由图 6-2-1(b)所示反相器的电压传输特性曲线可知，如果能使门 G_1 和 G_2 工作在电压传输特性的转折区或线性区，则它们将工作在放大状态，电压放大倍数为

$$A_V = \frac{|\Delta v_O|}{|\Delta v_I|} > 1 \tag{6-2-1}$$

实际电路的输入电压存在各种微小扰动，可被正反馈回路反复放大，则该电路可自发地

产生振荡波形。为了达到这一目的，需要通过跨接在反相器输入端与输出端的反馈电阻来为反相器提供适当的偏置电压，该电压的数值介于高、低电平之间。

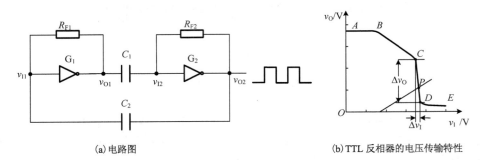

(a) 电路图　　　　　　　　　　　　　　　(b) TTL 反相器的电压传输特性

图 6-2-1　对称式多谐振荡电路

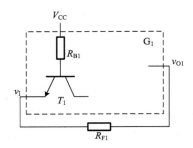

图 6-2-2　计算静态工作点的等效电路

图 6-2-1(a) 所示的多谐振荡电路的静态工作等效电路如图 6-2-2 所示。若忽略门电路的输出电阻，则可利用叠加定理求出其输入电压为

$$v_I = \frac{R_{F1}}{R_{F1} + R_{B1}}(V_{CC} - V_{BE}) + \frac{R_{B1}}{R_{F1} + R_{B1}} v_{O1} \tag{6-2-2}$$

式 (6-2-2) 表明，输出电压与输入电压之间满足线性关系。其斜率为

$$\frac{\Delta v_{O1}}{\Delta v_I} = \frac{R_{F1} + R_{B1}}{R_{B1}} \tag{6-2-3}$$

当 $v_{O1} = 0$ 时，则有

$$v_I = \frac{R_{F1}}{R_{F1} + R_{B1}}(V_{CC} - V_{BE}) \tag{6-2-4}$$

将式 (6-2-4) 代表的直线绘制在反相器的电压传输特性曲线中，两线的交点即为反相器的静态工作点 P，如图 6-2-1(b) 所示。通过选取适当的 R_{F1}，可将静态工作点 P 置于电压传输曲线的转折区。对于 74 系列 TTL 反相器，一般选取 R_{F1} 的阻值为 0.5～1.9kΩ。

当图 6-2-1(a) 所示电路接通电源后，产生电源波动或者外部干扰，使 v_{I1} 产生微小的正跳变，电路将产生如下的正反馈过程：

$$v_{I1} \uparrow \; \rightarrow v_{O1} \downarrow \; \rightarrow v_{I2} \downarrow \; \rightarrow v_{O2} \uparrow$$

v_{O1} 和 v_{O2} 分别迅速向低电平和高电平跳变，电路进入第一个暂稳态。此时，电容 C_1 和电容 C_2 分别开始充电和放电，充、放电等效电路如图 6-2-3 所示。

R_{E1} 和 V_{E1} 是等效电阻和等效电压源，它们分别为

$$R_{E1} = \frac{R_{F2} R_{B1}}{R_{F2} + R_{B1}} \tag{6-2-5}$$

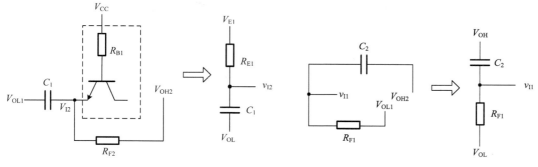

(a) C_1 充电的等效电路　　　　　　　(b) C_2 放电的等效电路

图 6-2-3　电容充、放电等效电路

$$V_{E1} = V_{OH} + \frac{R_{B1}}{R_{B1} + R_{F2}}(V_{CC} - V_{OH} - V_{BE}) \tag{6-2-6}$$

由图 6-2-3(a) 可以看出，电容 C_1 同时经由 R_{B1} 与 R_{F2} 充电，因此充电速度较快，故 v_{I2} 先上升到门 G_2 的阈值电压 V_{TH}，此时存在如下正反馈过程：

$$v_{I2}\uparrow \;\to\; v_{O2}\downarrow \;\to\; v_{I1}\downarrow \;\to\; v_{O1}\uparrow$$

这将使得 v_{O2} 和 v_{O1} 分别迅速向低电平和高电平跳变，电路进入第二个暂稳态。此时，电容 C_1 和电容 C_2 分别开始放电和充电，由于电路是对称的，故这一过程与电容 C_1 充电、电容 C_2 放电的过程一样，当 v_{I1} 上升到 V_{TH} 时，电路将迅速地返回第一个暂稳态。

上述分析表明，该电路无法在任何一个暂稳态上保持稳定，不停在两个暂稳态之间振荡，输出端产生矩形脉冲，电路中各关键点的电压波形变化如图 6-2-4 所示。

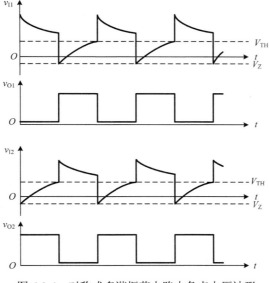

图 6-2-4　对称式多谐振荡电路中各点电压波形

在 RC 电路充、放电的过程中，电容上的电压 v_C 从充、放电开始变化到某一数值 V_{TH} 的时间可以表示为

$$t = RC \ln \frac{v_C(\infty) - v_C(0)}{v_C(\infty) - V_{TH}} \qquad (6\text{-}2\text{-}7)$$

由于 TTL 反相器的输入端存在保护二极管，因此 v_{I2} 产生负跳变时只能下跳到输入端的钳位电压 V_Z。假定 $V_{OL} = 0$，故 C_1 充电的起始值为 $v_C = V_Z$，即 $v_C(0) = V_Z$，$v_C(\infty) = V_{E1}$，V_{TH} 是阈值电压，因此电容充电时间 T_1 为

$$T_1 = R_{E1} C_1 \ln \frac{V_{E1} - V_Z}{V_{E1} - V_{TH}} \qquad (6\text{-}2\text{-}8)$$

由于电路的对称性，电路处于两个暂稳态的时间是相同的，因此电路总的振荡周期为 T_1 的两倍。设 $R_{F1} = R_{F2} = R_F$，$C_1 = C_2 = C$，则电路振荡周期简化为

$$T = 2T_1 = 2R_{E1} C \ln \frac{V_{E1} - V_Z}{V_{E1} - V_{TH}} \qquad (6\text{-}2\text{-}9)$$

若两个反相器均为 74LS 系列，设 $V_{OH} = 3.4\text{V}$，$V_Z = -1\text{V}$，$V_{TH} = 1.1\text{V}$，则在 $R_F \ll R_1$ 的情况下，可近似地估算多谐振荡电路的周期为

$$T = 2T_1 \approx 2R_F C \ln \frac{V_{OH} - V_Z}{V_{OH} - V_{TH}} \approx 1.3 R_F C \qquad (6\text{-}2\text{-}10)$$

6.2.2　环形振荡电路

将奇数个反相器首尾相接，利用门电路的传输延迟时间，可以构成环形振荡电路。由此方法构成的环形振荡电路的振荡周期为 $T = 2nt_{pd}$，其中 n 为串联反相器的个数，t_{pd} 为门电路的传输延迟时间。对于这种利用反相器延时特性构成的环形振荡电路，其频率不易调节。

在环形振荡电路上附加 RC 延迟环节，构成带有 RC 延迟电路的环形振荡电路。如图 6-2-5 所示，环形振荡电路由 3 个反相器和 RC 元件构成的，其中 RC 元件是定时元件，用来决定振荡电路的振荡频率，R_S 为非门 G_3 的输入保护电阻。

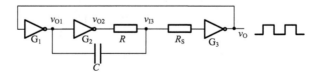

图 6-2-5　环形振荡电路

假设在电源接通后，门 G_3 的输出端电压 v_O 是低电平，该低电平信号直接传送到门 G_1 的输入端，门 G_1 的输出 v_{O1} 为高电平，门 G_2 的输出 v_{O2} 为低电平，同时，由于电容 C 两端的电压不能突变，因此电容 C 两端为高电平。v_{I3} 为高电平，通过电阻 R_S 传递，门 G_3 输出 v_O 仍然保持低电平。此时，电容 C 经过电阻 R 和门 G_2 放电，使 v_{I3} 下降。当 v_{I3} 下降到 V_{TH} 时，输出 v_O 跳变为高电平。

在门 G_3 输出高电平期间，门 G_2 输出的高电平经过电阻 R 对电容 C 进行充电，使 v_{I3} 上升。当 v_{I3} 上升到 V_{TH} 时，输出 v_O 跳变为低电平。此后电路会重复上述工作过程，从而在 v_O 输

出矩形脉冲信号。

由于电容充电所需要的时间远远大于门电路本身产生的传输延迟时间，因此可以近似地认为该振荡电路的振荡周期仅依赖于 RC 电路的参数，电路中各关键点的电压波形变化如图 6-2-6 所示。

如果忽略反相器的输出电阻，则可得到电容 C 充、放电时的等效电路，如图 6-2-7 所示。

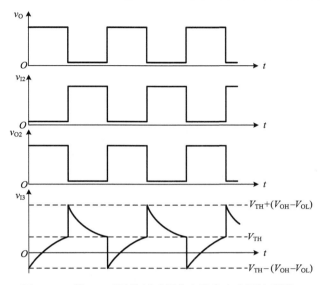

图 6-2-6　带 RC 延迟的环形振荡电路各点电压波形图

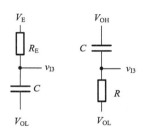

图 6-2-7　电容 C 充、放电时的等效电路

若 $R_{B1} + R_S \gg R$ ， $V_{OL} \approx 0$ ，则 $V_E \approx V_{OH}$ ， $R_E \approx R$ ，充、放电时间可化简为

$$T_1 \approx RC \ln \frac{2V_{OH} - V_{TH}}{V_{OH} - V_{TH}} \tag{6-2-11}$$

$$T_2 \approx RC \ln \frac{V_{OH} + V_{TH}}{V_{TH}} \tag{6-2-12}$$

则对于图 6-2-5 所示的电路，其振荡周期可近似表示为

$$T = T_1 + T_2 \approx RC \ln \left(\frac{2V_{OH} - V_{TH}}{V_{OH} - V_{TH}} \cdot \frac{V_{OH} + V_{TH}}{V_{TH}} \right) \tag{6-2-13}$$

设 $V_{OH} = 3V$ ， $V_{TH} = 1.4V$ ，可得振荡周期为

$$T \approx 2.2RC \tag{6-2-14}$$

6.2.3　石英晶体多谐振荡电路

为得到频率稳定性高的脉冲波形，目前普遍采用是在多谐振荡电路中接入石英晶体。石英晶体的电抗频率特性和符号如图 6-2-8 所示。石英晶体与对称式多谐振荡电路中的耦合电容串联起来，由石英晶体的电抗频率特性可知，当外加电压的频率为 f_0 时，它的阻抗最小，所以把它接入多谐振荡电路的正反馈环路中以后，频率为 f_0 的电压信号最容易通过，并在电路中形成正反馈，而其他频率信号经过石英晶体时会被衰减。因此，振荡电路的工作频率必然是 f_0，与外接电阻、电容等参数无关。

石英晶体具有极高的频率稳定性，$\Delta f_0 / f_0$ 可达 $10^{-11} \sim 10^{-10}$，使得石英晶体多谐振荡电路成为常用的频率源，在精密计时、频率标准和通信设备等领域得到广泛应用。石英晶体多谐振荡电路如图 6-2-9 所示。

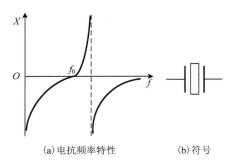

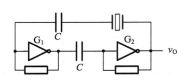

(a) 电抗频率特性　　　　(b) 符号

图 6-2-8　石英晶体的电抗频率特性和符号　　　　图 6-2-9　石英晶体多谐振荡电路

6.3　脉冲波形的整形电路

6.3.1　施密特触发电路

施密特触发电路常用于脉冲波形的变换和整形，它有两个明显的特点。

(1) 具有滞回电压传输特性。当输入信号从低电平向高电平变化时，触发电路的阈值电压不同于输入信号从高电平向低电平变化时的阈值电压，这种特性称为滞回特性。

(2) 电路内部有两个正反馈。在电路状态发生转换时，通过电路内部的正反馈使输出电压波形的边沿变得陡峭。

1. 门电路构成的施密特触发电路

由 CMOS 门电路构成的施密特触发电路如图 6-3-1 所示，电路由两个反相器和两个电阻构成，设 $R_1 < R_2$，门 G_1 和 G_2 的阈值电压 $V_{TH} = \dfrac{1}{2} V_{DD}$。

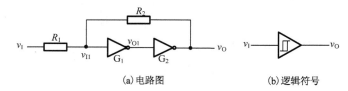

(a) 电路图　　　　　　(b) 逻辑符号

图 6-3-1　用 CMOS 门电路构成的施密特触发电路

当输入电压 $v_I = 0$ 时，$v_{O1} \approx V_{DD}$，$v_O \approx 0$，v_O 的低电平被电阻 R_2 反馈到门 G_1 的输入端。

当输入电压 v_I 逐渐升高使得门 G_1 的输入端 v_{I1} 到达阈值电压 V_{TH} 时，随着 v_I 的增加，电路存在如下正反馈过程：

$$v_{I1} \uparrow \;\rightarrow v_{O1} \downarrow \;\rightarrow v_O \uparrow$$

因此，电路输出电压 v_O 迅速翻转，$v_O \approx V_{DD}$。当输入信号从低电平向高电平变化时，使电路输出状态发生改变的输入电压称为正向阈值电压 V_{T+}，该电压需要满足如下关系：

$$v_{I1} = V_{TH} \approx \frac{R_2}{R_1 + R_2} V_{T+} \tag{6-3-1}$$

可得

$$V_{T+} = \frac{R_1 + R_2}{R_2} V_{TH} = \left(1 + \frac{R_1}{R_2}\right) V_{TH} \tag{6-3-2}$$

当输入电压 v_I 由 V_{DD} 逐渐下降使得门 G_1 的输入端 v_{I1} 到达阈值电压 V_{TH}，随着 v_{I1} 的增加，电路存在如下正反馈过程：

$$v_{I1} \downarrow \ \rightarrow v_{O1} \uparrow \ \rightarrow v_O \downarrow$$

因此，电路输出电压又迅速翻转，$v_O \approx V_{OL} \approx 0$，当输入信号从高电平向低电平变化时，使电路输出状态发生改变的输入电压称为负向阈值电压 V_{T-}，该电压需要满足如下关系：

$$v_{I1} = V_{TH} \approx V_{DD} - (V_{DD} - V_{T-}) \frac{R_2}{R_1 + R_2} \tag{6-3-3}$$

可得

$$V_{T-} = \frac{R_1 + R_2}{R_2} V_{TH} - \frac{R_1}{R_2} V_{DD} = \left(1 - \frac{R_1}{R_2}\right) V_{TH} \tag{6-3-4}$$

将正向与负向阈值电压之差定义为回差电压，用 ΔV_T 表示，即

$$\Delta V_T = V_{T+} - V_{T-} \tag{6-3-5}$$

由于 $V_{TH} = \dfrac{1}{2} V_{DD}$，因此有

$$\Delta V_T = V_{T+} - V_{T-} = \left(1 + \frac{R_1}{R_2}\right) V_{TH} - \left(1 - \frac{R_1}{R_2}\right) V_{TH} = \frac{2R_1}{R_2} V_{TH} = \frac{R_1}{R_2} V_{DD} \tag{6-3-6}$$

施密特触发电路的正向阈值电压 V_{T+}、负向阈值电压 V_{T-}、回差电压 ΔV_T 可通过调节电路中的两个电阻 R_1 和 R_2 的阻值来实现，须满足 $R_1 < R_2$，否则电路将陷入自锁状态而无法正常工作。

若以图 6-3-1(a) 中的 v_O 作为施密特触发电路输出电压，则其电压传输特性曲线如图 6-3-2 所示，由于其输出与输入的高低电平是同相的，故其称为同相输出的施密特触发电路。若将 v'_O (V_{O1}) 作为电路的输出端，则输出与输入的高低电平是反相的，故称为反相输出的施密特触发电路。

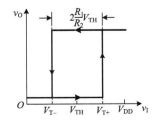

图 6-3-2　同相输出施密特触发电路的电压传输特性

2. CMOS 集成施密特触发电路

CMOS 集成施密特触发器 CC40106 的单元电路如图 6-3-3 所示。电路是由施密特电路、整形电路和输出缓冲电路 3 部分组

成。电路的核心部分是由 $T_{P1} \sim T_{P3}$ 和 $T_{N1} \sim T_{N3}$ 组成的施密特触发电路。整形电路是由 T_{P4}、T_{P5}、T_{N4} 和 T_{N5} 组成的 CMOS 反相器构成的，通过两级反相器的正反馈过程可改善施密特电路的输出波形。由 T_{P6} 和 T_{N6} 构成的 CMOS 反相器作为整个电路的输出缓冲电路，一方面可起隔离和缓冲作用，另一方面可以提高电路的带负载能力。

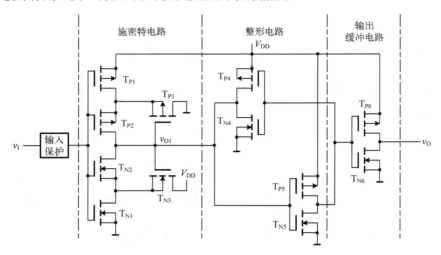

图 6-3-3　CMOS 集成施密特触发器 CC40106 的单元电路

CMOS 集成施密特触发器工作电压范围宽，在不同的电源电压情况下工作，所得的 V_{T+}、V_{T-} 和 ΔV_T 有一定的分散性。CC40106 芯片中集成了 6 个独立的施密特触发电路，当电源电压 V_{DD} 在 5～15V 之间变化时，ΔV_T 为 0.3～5V，电路的输出与输入反相。

3．施密特触发电路的应用

1）波形变换

由于施密特触发电路具有滞回特性和内部电路的正反馈特性，因此它能够将满足一定条件的边沿变化缓慢的周期性信号转换为具有陡峭边沿的矩形脉冲信号。如图 6-3-4 所示，利用反相输出的施密特触发电路将正弦波、三角波转变成矩形脉冲信号。只要信号的最大值和最小值分别大于和小于施密特触发电路的阈值电压 V_{T+} 和 V_{T-}，触发电路的输出状态会发生快速切换，即可将其变换为同频率的矩形脉冲信号。

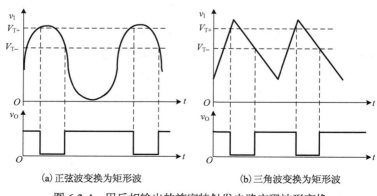

(a) 正弦波变换为矩形波   (b) 三角波变换为矩形波

图 6-3-4　用反相输出的施密特触发电路实现波形变换

2) 脉冲整形

在实际的数字电路中，外界环境的干扰会导致脉冲信号不规则，可以使用施密特触发电路来对不规则脉冲波形进行整形，以获得高质量的信号，如图 6-3-5 所示。

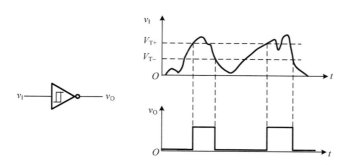

图 6-3-5　用施密特触发电路对脉冲进行整形

3) 脉冲鉴幅

施密特触发电路可以鉴别出幅度大于正向阈值电压 V_{T+} 的脉冲信号，如图 6-3-6 所示。

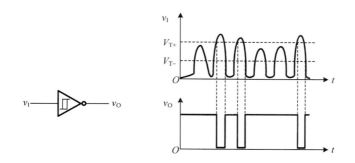

图 6-3-6　反相输出的施密特触发电路鉴别脉冲幅度

4) 构成多谐振荡电路

施密特触发电路还可以用于构成多谐振荡电路，图 6-3-7 所示为反相输出的施密特触发电路构成的多谐振荡电路。

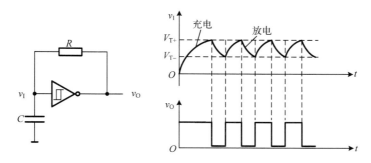

图 6-3-7　反相输出的施密特触发电路构成的多谐振荡电路

在刚接通电源时，电容 C 还没有被充电，它两端的电压 v_I 为低电平，施密特触发电路输出高电平；然后输出端的高电平经 R 对 C 充电，电容 C 上的电压慢慢上升，当上升到 V_{T+} 时，施密特触发电路状态翻转，输出端 v_O 为低电平；接着电容 C 开始通过 R 放电，随着电容的放电，电压 v_I 下降，当 v_I 下降到 V_{T-} 时，施密特触发电路状态又会翻转，输出端 v_O 为高电平。电路重复上述过程，就可以输出矩形脉冲。

6.3.2　单稳态触发电路

单稳态触发电路具有两个工作状态：稳态和暂稳态。在无外界信号触发时，单稳态触发电路始终保持稳态，当收到触发信号时，电路将由稳态转为暂稳态，经过一段时间后自动返回到稳态。单稳态触发电路在暂稳态下的持续时间取决于电路固有的参数。单稳态触发电路在脉冲整形、脉冲延时和定时等领域得到广泛应用。

1. 微分型单稳态触发电路

根据 RC 电路的不同连接方式，单稳态触发电路可分为微分型和积分型两种。图 6-3-8 为 CMOS 门电路和 RC 电路构成的微分型单稳态触发电路。单稳态触发电路的暂稳态持续时间取决于 RC 电路充、放电过程。

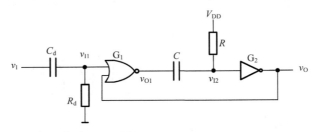

图 6-3-8　CMOS 门电路和 RC 电路构成的微分型单稳态触发电路

分析图 6-3-8 的电路，设 $V_{OH} \approx V_{DD}$，$V_{OL} \approx 0$ 且 $V_{TH} = \frac{1}{2} V_{DD}$。

当 $v_I = 0$，$v_{I2} = V_{DD}$ 时，电路处于稳态，$v_O = 0$，$v_{O1} = V_{DD}$，电容 C 两端电压 $v_C = 0$。

当 v_I 出现正脉冲时，由 R_d 和 C_d 构成的微分电路对 v_I 进行微分，在 v_{I1} 上升到 V_{TH} 后，电路将产生如下正反馈：

$$v_{O1} \downarrow \ \rightarrow v_{I2} \downarrow \ \rightarrow v_O \uparrow$$

于是 v_{O1} 将迅速向低电平跳变。由于电容 C 两端的电压 v_C 不能跳变，因此 v_{I2} 产生负跳变，输出电压 v_O 为高电平，电路进入暂稳态。电容 C 将开始充电，门 G_2 的输入电压 v_{I2} 将逐渐升高，当 $v_{I2} = V_{TH}$ 时，电路将会发生如下正反馈：

$$v_{I2} \uparrow \ \rightarrow v_O \downarrow \ \rightarrow v_{O1} \uparrow$$

若触发信号 v_I 回到低电平，则 v_{O1}、v_{I2} 将跳变为高电平，输出 v_O 跳变为低电平。电容 C 开始放电，直到放电完毕，电路回到稳定状态。电路中各关键点的电压波形如图 6-3-9 所示，t_W 是输出脉冲宽度。

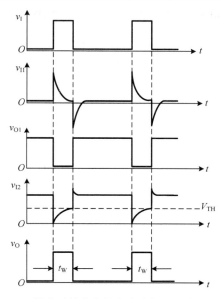

图 6-3-9 微分型单稳态触发电路的电压波形示意图

在 $R_{\mathrm{ON}} \ll R$ 的情况下，电容充电时的等效电路如图 6-3-10 所示，R_{ON} 为或非门 G_1 输出低电平时的输出电阻。

根据前述分析，电路中电容充电的初始电压 $v_{\mathrm{C}}(0)=0$，充电完成时的电压 $v_{\mathrm{C}}(\infty)=V_{\mathrm{DD}}$，因此输出脉冲的宽度 t_{W} 可表示为

$$t_{\mathrm{W}} = RC \ln \frac{V_{\mathrm{DD}}-0}{V_{\mathrm{DD}}-V_{\mathrm{TH}}} = RC\ln 2 \approx 0.69RC \qquad (6\text{-}3\text{-}7)$$

输出脉冲的幅度 V_{m} 可表示为

$$V_{\mathrm{m}} = V_{\mathrm{OH}} - V_{\mathrm{OL}} \approx V_{\mathrm{DD}} \qquad (6\text{-}3\text{-}8)$$

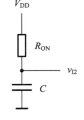

图 6-3-10 微分型单稳态触发电路中电容 C 充电时的等效电路

在输出电压 v_{O} 回到低电平后，需要等待电容 C 完成放电，整个电路才能恢复为稳态。一般情况下恢复时间 t_{re} 为 3～5 倍的 RC 电路时间常数，即

$$t_{\mathrm{re}} = 3R_{\mathrm{ON}}C \sim 5R_{\mathrm{ON}}C \qquad (6\text{-}3\text{-}9)$$

除此之外，单稳态触发电路还有一个重要的参数为分辨时间 t_{d}，代表在保证电路正常工作的情况下，两个相邻的触发脉冲之间最小的时间间隔：

$$t_{\mathrm{d}} = t_{\mathrm{W}} + t_{\mathrm{re}} \qquad (6\text{-}3\text{-}10)$$

如图 6-3-8 所示的微分型单稳态触发电路，在宽脉冲情况下电路仍然可以工作，如果输出电压 $v_{\mathrm{O}}=0$ 返回低电平时，v_{I1} 仍为高电平，则电路内部的正反馈过程无法正常工作，导致电路输出脉冲的下降沿会变差。

2. CMOS 集成单稳态触发电路

图 6-3-11 是 CMOS 集成单稳态触发电路 CC14528 的逻辑电路，CC14528 由 3 部分组成，即输入控制电路、三态门电路和输出缓冲电路。C_{ext} 和 R_{ext} 是外接电容和电阻。

A 和 B 分别为下降沿和上升沿触发输入端，L' 为置零输入端，v_O 和 v'_O 是两个互补输出端。置零输入端加入 L' 低电平信号时，T_P 导通、T_N 截止，电容 C_{ext} 通过 T_P 迅速充电到 V_{DD}，使 $v_O = 0$。当触发电路正常工作时，L' 应接高电平。

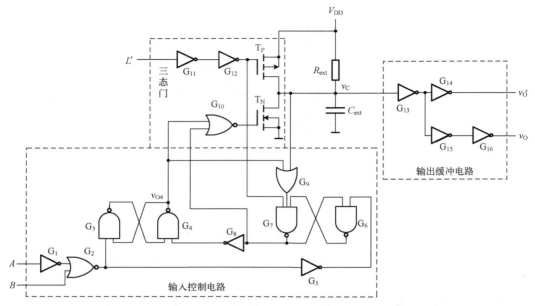

图 6-3-11　CMOS 集成单稳态触发电路 CC14528 的逻辑电路

当无触发信号（$A=1$、$B=0$）时，门 G_4 的输出 $v_{O4}=1$，$v_C = V_{DD}$，$v_O = 0$，电路处于稳态。

当 B 端输入正脉冲且 A 保持高电平（或者在 A 端输入负脉冲且 B 保持为低电平）时，门 G_3 和 G_4 组成的锁存器立即被置 0，$v_{O4}=0$，门 G_{10} 输出高电平，T_N 导通，C_{ext} 开始放电，电路进入暂稳态。当 v_C 下降至门 G_9 的阈值电压 V_{TH9} 时，门 G_9 输出 $v_{G9}=0$，门 G_7 输出高电平，则门 G_8 输出低电平，使 $v_{O4}=1$，因此门 G_{10} 输出低电平，T_N 截止，C_{ext} 开始充电。当 C_{ext} 充电到 V_{TH13} 时，门 G_{13} 输出低电平，使 $v_O = 0$，C_{ext} 继续充电至 V_{DD} 后，电路又恢复为稳态。通过上述分析可知，集成单稳态触发电路 CC14528 的输出脉冲宽度 t_w 等于 v_C 从 V_{TH13} 放电到 V_{TH9} 与 v_C 再从 V_{TH9} 充电到 V_{TH13} 的时间之和。因此，为了获得较宽的输出脉冲，一般需要 V_{TH13} 较高而 V_{TH9} 较低。

集成单稳态触发电路 CC14528 的工作波形如图 6-3-12 所示。

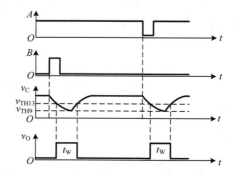

图 6-3-12　集成单稳态触发电路 CC14528 的工作波形

输出脉冲宽度 t_W 可表示为

$$t_W = R_{ext}C_{ext}\ln 2 \approx 0.69RC \tag{6-3-11}$$

6.4　555 定时器及其应用

6.4.1　555 定时器的电路结构与功能

　　555 定时器是一种常见、多用途的数字-模拟混合的中规模集成电路，因其灵活性和方便性而在电子电路设计中得到广泛应用。555 定时器得名于输入端设计有三个 5kΩ 的电阻，它可以配置为施密特触发电路、单稳态触发电路和多谐振荡电路。

　　555 定时器的型号繁多，可分为双极型和 CMOS 型两大类。双极型产品型号最后 3 位数码是 555，CMOS 产品型号最后 4 位是 7555，它们的功能与引脚排列是完全相同的，可互换使用。为提高器件集成度，又生产出双定时器 556（两个 555）和 7556（两个 7555）。

　　图 6-4-1 是 CMOS 555 定时器 CC7555 的电路结构示意图，电路由基准电压、电压比较器、RS 锁存器、直接复位端、放电管等部分组成。CC7555 芯片的功能表如表 6-4-1 所示。

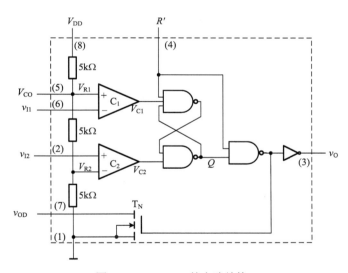

图 6-4-1　CC7555 的电路结构

　　三个 5kΩ 电阻组成分压器，提供两个基准电压。V_{CO} 为外接控制电压，通过该端的外加电压 V_{CO} 可改变两个电压比较器的基准电压。无外接控制电压时，通常该端通过 0.01μF 的电容接地，以减少高频干扰。

　　当两个完全相同的高精度电压比较器 C_1、C_2 输入电阻趋近于无穷大，同相输入端上所加的电压 V_+ 大于反相输入端上所加的电压 V_- 时，电压比较器输出高电平，反之输出低电平。

　　对于两个与非门组成 RS 锁存器，两个电压比较器的输出信号决定锁存器输出状态。

　　R' 是 RS 锁存器的直接复位端，只要接收到低电平，输出端 v_O 便被置为低电平。555 定时器正常工作时，R' 应接高电平。

放电管 T_N 是增强型的 NMOS 管，其状态受到 RS 锁存器的输出 Q 控制，当 $Q = 0$ 时，T_N 导通，当 $Q = 1$ 时，T_N 截止。

由图 6-4-1 可知，C_1、C_2 的参考电压 V_{R1} 和 V_{R2} 由 V_{DD} 经 3 个 $5k\Omega$ 电阻分压得到，在控制电压 V_{CO} 不接入外接电压时，$V_{R1} = \dfrac{2}{3}V_{DD}$，$V_{R2} = \dfrac{1}{3}V_{DD}$。如果 V_{CO} 外接固定电压，则 $V_{R1} = V_{CO}$，$V_{R2} = \dfrac{1}{2}V_{CO}$。

(1) 当 $v_{I1} > V_{R1}$ 且 $v_{I2} > V_{R2}$ 时，比较器 C_1 的输出 $v_{C1} = 0$，比较器 C_2 的输出 $v_{C2} = 1$，根据与非门构成的 RS 锁存器的特性，$Q = 0$，因此 T_N 导通，$v_O = 0$。

(2) 当 $v_{I1} > V_{R1}$ 且 $v_{I2} < V_{R2}$ 时，比较器 C_1 的输出 $v_{C1} = 0$，比较器 C_2 的输出 $v_{C2} = 0$，锁存器处于 $Q = Q' = 1$ 的状态，因此 T_N 截止，$v_O = 1$。

(3) 当 $v_{I1} < V_{R1}$ 且 $v_{I2} > V_{R2}$ 时，比较器 C_1 的输出 $v_{C1} = 1$，比较器 C_2 的输出 $v_{C2} = 1$，根据与非门构成的 RS 锁存器的特性，其输出维持原状态不变，因此 v_O、T_N 也保持原来的状态不变。

(4) 当 $v_{I1} < V_{R1}$ 且 $v_{I2} < V_{R2}$ 时，比较器 C_1 的输出 $v_{C1} = 1$，比较器 C_2 的输出 $v_{C2} = 0$，$Q = 1$，因此 T_N 截止，$v_O = 1$。

表 6-4-1　CC7555 芯片的功能表

	输入		输出	
R'	v_{I1}	v_{I2}	v_O	T_N 状态
0	×	×	0	导通
1	$> \dfrac{2}{3}V_{DD}$	$> \dfrac{1}{3}V_{DD}$	0	导通
1	$> \dfrac{2}{3}V_{DD}$	$< \dfrac{1}{3}V_{DD}$	1	截止
1	$< \dfrac{2}{3}V_{DD}$	$> \dfrac{1}{3}V_{DD}$	保持	保持
1	$< \dfrac{2}{3}V_{DD}$	$< \dfrac{1}{3}V_{DD}$	1	截止

6.4.2　555 定时器实现施密特触发电路

由 CC7555 定时器构成的施密特触发电路如图 6-4-2 所示。将 555 定时器的两输入端 v_{I1} 和 v_{I2} 并联作为信号输入端，即可实现施密特触发电路。555 定时器内部的两比较器 C_1 和 C_2 的参考电压不同，使 RS 锁存器的置 0 和置 1 信号被触发时对应的输入信号 v_I 不同。这样一来，电路输出由 0 到 1 和由 1 到 0 时对应的输入电压也就不同，于是便形成了施密特触发电路的滞回特性，通常一般在 V_{CO} 端接一个 $0.01\mu F$ 的滤波电容以提高参考电压 V_{R1} 和 V_{R2} 的稳定性。

1) 输入电压 v_I 从 0 逐渐上升到 V_{DD} 的过程

当 $0 < v_I < \dfrac{1}{3}V_{DD}$ 时，$v_{C1} = 1$，$v_{C2} = 0$，$Q = 1$，故 $v_O = V_{OH}$。

当 $\dfrac{1}{3}V_{DD} < v_I < \dfrac{2}{3}V_{DD}$ 时，$v_{C1} = 1$，$v_{C2} = 1$，故 $v_O = V_{OH}$，保持状态不变。

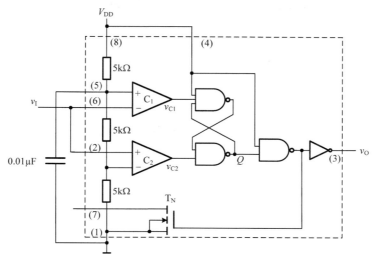

图 6-4-2　CC7555 定时器构成的施密特触发电路

当 $v_I > \dfrac{2}{3}V_{DD}$ 时，$v_{C1} = 0$，$v_{C2} = 1$，$Q = 0$，故 $v_O = V_{OL}$。

输入信号上升过程中使电路状态发生转换时所对应的正向阈值电压 $V_{T+} = \dfrac{2}{3}V_{DD}$。

2) 输入电压 v_I 从 V_{DD} 逐渐下降到 0 的过程

当 $\dfrac{2}{3}V_{DD} < v_I < V_{DD}$ 时，$v_{C1} = 0$，$v_{C2} = 1$，故 $v_O = V_{OL}$。

当 $\dfrac{1}{3}V_{DD} < v_I < \dfrac{2}{3}V_{DD}$ 时，$v_{C1} = 1$，$v_{C2} = 1$，故 $v_O = V_{OL}$ 保持不变。

当 $0 < v_I < \dfrac{1}{3}V_{DD}$ 时，$v_{C1} = 1$，$v_{C2} = 0$，$Q = 1$，故 $v_O = V_{OH}$。

输入信号下降过程中使电路状态发生转换时所对应的负向阈值电压 $V_{T-} = \dfrac{1}{3}V_{DD}$。

图 6-4-2 所示施密特触发器电路的回差电压为

$$\Delta V_T = V_{T+} - V_{T-} = \frac{1}{3}V_{DD} \tag{6-4-1}$$

若通过 V_{CO} 引脚单独供给参考电压，此时 $V_{T+} = V_{CO}$，$V_{T-} = \dfrac{1}{2}V_{CO}$，$\Delta V_T = \dfrac{1}{2}V_{CO}$。这样该施密特触发器电路就可以通过改变 V_{CO} 的值来调节回差电压。

6.4.3　555 定时器实现单稳态触发电路

由 CC7555 定时器构成的单稳态触发电路如图 6-4-3 所示，R、C 为外接定时元件，触发信号由 v_I 接入。

1) 没有触发信号接入，v_I 处于高电平

若接通电源后触发器处于 $Q = 0$ 的状态，T_N 导通，则电容 C 的电压 $v_C \approx 0$，电路中 $v_{C1} = 1$，$v_{C2} = 1$，$Q = 0$，此时 $v_O = V_{OL}$，电路将维持稳定状态。

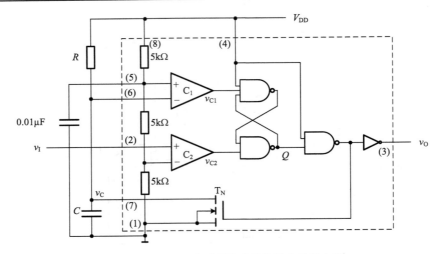

图 6-4-3　CC7555 定时器构成的单稳态触发电路

若接通电源后触发器处于 $Q=1$ 的状态，T_N 截止，V_{DD} 通过 R 向 C 充电，当 v_C 逐渐上升到 $\frac{2}{3}V_{DD}$ 时，电压比较器 C_1 的电压 $v_{C1}=0$，由于 $v_I=1$，则锁存器被置零，$Q=0$，T_N 导通，电容 C 开始经 T_N 迅速放电，使 v_C 电压下降，$v_C\approx0$，因此 $v_{C1}=1$。由于 $v_{C1}=v_{C2}=1$，锁存器 $Q=0$ 的状态将保持不变，输出 $v_O=V_{OL}$ 也将维持不变，电路进入稳定状态。

因此，在没有触发信号的状态下，通电后电路的状态会自动稳定在 $v_O=V_{OL}$ 的状态。

2）触发信号 v_I 下降沿出现，且下跳变到低于 $\frac{1}{3}V_{DD}$

电压比较器 C_2 输出低电平 $v_{C2}=0$，则 $Q=1$，T_N 截止，电路输出的低电平跳变到高电平，$v_O=V_{OH}$。V_{DD} 经过 R 向电容 C 充电，电路进入暂稳态。当电容 C 上的电压 v_C 到达 $\frac{2}{3}V_{DD}$ 时，$v_{C1}=0$。若此时触发脉冲 v_I 消失，即 v_I 回到高电平，则锁存器输出 $Q=0$。因此，$v_O=V_{OL}$，T_N 导通，电容 C 经 T_N 迅速放电，$v_C\approx0$，电路结束暂稳态恢复到稳态。

图 6-4-4 是在触发信号作用下，图 6-4-3 所示单稳态触发电路各关键点的电压波形图。

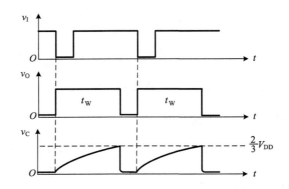

图 6-4-4　基于 CC7555 的单稳态触发电路的电压波形图

由此可见，输出脉冲的宽度 t_W 便是暂稳态的持续时间，该时间则取决于电阻和电容的参数，t_{W} 便是电容电压 v_{C} 从 0 到达 $\frac{2}{3}V_{\mathrm{DD}}$ 所需要的时间，可由式(6-4-2)计算：

$$t_{\mathrm{W}} = RC\ln\frac{V_{\mathrm{DD}}-0}{V_{\mathrm{DD}}-\frac{2}{3}V_{\mathrm{DD}}} = RC\ln3 \approx 1.1RC \tag{6-4-2}$$

需要注意的是，由于电容充电末期的电压曲线斜率很小，因此环境因素造成的毛刺都可能造成电路的误触发，从而随着 t_{W} 的增加，电路的精度和稳定性也将下降。

6.4.4　555 定时器实现的多谐振荡电路

由 CC7555 定时器构成的多谐振荡电路如图 6-4-5 所示，其中 R_1、R_2、C 为外接电阻和电容，是电路的定时元件。

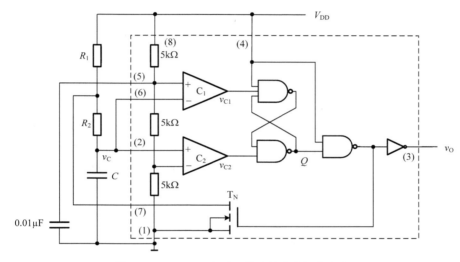

图 6-4-5　CC7555 定时器构成的多谐振荡电路

在接通电源的瞬间，由于电容 C 来不及充电，$v_{\mathrm{C}} \approx 0$，电压比较器 C_1 输出高电平，C_2 输出低电平，此时 RS 锁存器置 1，$Q=1$，使 T_{N} 截止，则 $v_{\mathrm{O}} = V_{\mathrm{OH}}$，$V_{\mathrm{DD}}$ 通过 R_1 和 R_2 对电容 C 充电，电路处于第一暂稳态。

当电压 v_{C} 逐渐上升到大于 $V_{\mathrm{T+}} = \frac{2}{3}V_{\mathrm{DD}}$ 时，电压比较器 C_1 输出低电平，使 RS 锁存器置 0，$Q=0$，T_{N} 导通，$v_{\mathrm{O}} = V_{\mathrm{OL}}$。$C$ 开始通过 R_2 和 T_{N} 放电，电路处于第二暂稳态。

当电压 v_{C} 逐渐降低到小于 $V_{\mathrm{T-}} = \frac{1}{3}V_{\mathrm{DD}}$ 时，电压比较器 C_1 输出高电平，C_2 输出低电平，此时 RS 锁存器置 1，$Q=1$，使 T_{N} 截止，$v_{\mathrm{O}} = V_{\mathrm{OH}}$，电路由第二暂稳态结束进入第一暂稳态。

根据上述分析可知，电容 C 上的电压 v_{C} 在 $V_{\mathrm{T+}}$ 和 $V_{\mathrm{T-}}$ 之间反复振荡，v_{C} 和 v_{O} 的电压波形如图 6-4-6 所示。

由图 6-4-6 可知，电容的充电时间 T_1 和放电时间 T_2 分别为

$$T_1 = (R_1+R_2)C\ln\frac{V_{\mathrm{DD}}-V_{\mathrm{T-}}}{V_{\mathrm{DD}}-V_{\mathrm{T+}}} = (R_1+R_2)RC\ln2 \tag{6-4-3}$$

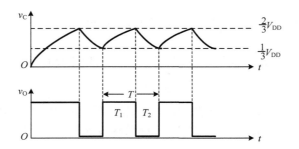

图 6-4-6　基于 CC7555 的多谐振荡电路电压波形图

$$T_2 = R_2 C \ln \frac{0 - V_{T+}}{0 - V_{T-}} = R_2 C \ln 2 \qquad (6\text{-}4\text{-}4)$$

则电路的振荡周期为

$$T = T_1 + T_2 = (R_1 + 2R_2)C \ln 2 \approx 0.7(R_1 + 2R_2)C \qquad (6\text{-}4\text{-}5)$$

输出的矩形脉冲波形的占空比为

$$q = \frac{T_1}{T} = \frac{R_1 + R_2}{R_1 + 2R_2} \qquad (6\text{-}4\text{-}6)$$

由式 (6-4-6) 可知，输出矩形脉冲的占空比始终大于 50%。若想获取占空比等于或小于 50% 的矩形脉冲波形，可以利用电容 C 充电与放电的电流方向不同的特点，接入两个方向相反的二极管，使电容 C 充、放电分别通过不同回路，通过调节两个回路中电阻的阻值，可达到调节占空比的目的。

本 章 小 结

脉冲波形的产生和整形电路是数字电子技术中的重要内容。

多谐振荡电路常用来作为脉冲波形的产生电路，它可以产生连续的脉冲信号。多谐振荡电路是一种自激振荡电路，只要接通电源，便可在不需要外加触发信号的情况下自动产生矩形脉冲波形。多谐振荡电路没有稳定状态，在两个暂稳态间来回切换，因此也称为无稳态电路。

施密特触发电路和单稳态触发电路是脉冲波形整形常用的电路。施密特触发电路有两个稳定状态，当电路输入信号从低电平向高电平变化时，使电路状态发生改变的阈值电压不同于输入信号从高电平向低电平变化时使电路状态发生改变的阈值电压。在电路状态发生转换时，电路内部的正反馈使输出电压波形的边沿变得陡峭。施密特触发电路具有滞回特性，能够将不稳定的输入波形转换为稳定的矩形波信号。单稳态触发电路只有一个稳定状态，在无外界信号触发时，触发电路始终保持稳态，当接收到触发信号时，电路由稳态转为暂稳态，经过一段时间后自动返回到稳态，电路在暂稳态下的持续时间取决于电路固有的参数。

555 定时器是一种常见、多用途的数字-模拟混合的中规模集成电路，上述三种常用的脉冲波形的产生和整形电路，都可以采用集成电路 555 定时器而方便实现。

习　题

6-1　若反相输出的施密特触发电路输入信号波形如图题 6-1 所示，试画出输出信号的波形。

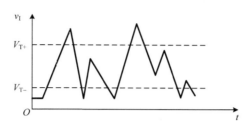

图题 6-1

6-2　图 6-2-5 所示的环形振荡电路中，$R = 100\Omega$，$R_S = 50\Omega$，$C = 0.01\mu F$，$V_{OH} = 3.4V$，$V_{OL} = 0.1V$，$V_{TH} = 1.4V$，计算电路的振荡频率。

6-3　图 6-3-1 所示由 CMOS 反相器组成的施密特触发电路中，若 $R_1 = 15k\Omega$，$R_2 = 30k\Omega$，$V_{DD} = 5V$，$V_{TH} = V_{DD}/2$，试求电路的正向阈值电压 V_{T+}、负向阈值电压 V_{T-} 以及回差电压 ΔV。

6-4　图 6-3-8 所示微分型单稳态电路中，若 $R_d = 100k\Omega$，$R = 50k\Omega$，$C_d = 0.02\mu F$，$C = 0.01\mu F$，电源电压 $V_{DD} = 10V$，求输出脉冲的宽度和幅度。

6-5　如图题 6-5 所示由施密特触发电路构成的多谐振荡电路中，已知电源电压 $V_{DD} = 15V$，$V_{T+} = 9V$，$V_{T-} = 4V$，若 $R_2 = 3k\Omega$，R_1 变化范围为 $1 \sim 5k\Omega$，$C = 0.1\mu F$，求输出脉冲的频率和占空比变化范围。

6-6　如图题 6-6 所示在 CC7555 定时器构成的多谐振荡电路中，若在控制电压输入端(5 端)接入一个可变电压 V_{CO}，则可构成电压-频率变换器，分析其工作原理，计算输出信号的频率。

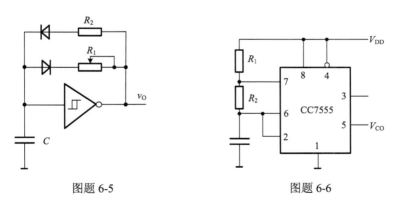

图题 6-5　　　　　　　　　　　　　　　图题 6-6

6-7　如图题 6-7 所示将 CC7555 定时器接成单稳态触发电路，若 $R = 1k\Omega$，$C = 1\mu F$，试求输出脉冲信号脉宽值。

6-8　如图题 6-8 所示是一个由 CC7555 定时器构成的防盗报警电路，x、y 两端被一细铜丝接通，在铜丝碰断后，扬声器发出报警声。分析报警电路的工作原理，计算扬声器发声频率。

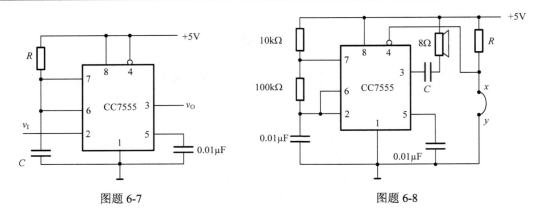

图题 6-7　　　　　　　　　　　　　　图题 6-8

6-9　由 CC7555 定时器组成的电路及参数如图题 6-9(a)所示，已知 v_I 的电压波形如图题 6-9(b)所示。分析电路的功能，画出 v_{O1}、v_{O2} 的波形。

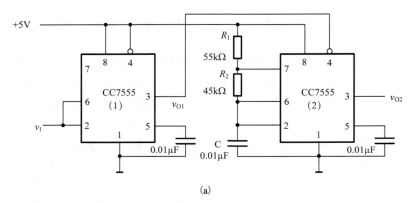

(a)

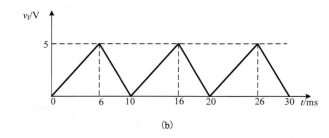

(b)

图题 6-9

第 7 章　半导体存储器与可编程逻辑器件

7.1　概　　述

数字系统不仅需要对数据进行处理，还需要存储这些数据。存储器的种类很多，按照存储介质为标准分类，存储器可分为半导体存储器、磁介质存储器和光盘存储器等不同类型，本章将重点介绍半导体存储器。

与使用触发器构成的寄存器等能存储少量数据的存储电路相比，半导体存储器是一种有效存储大量数据的重要组件。

1. 半导体存储器的发展

20 世纪 60 年代初，金属氧化物半导体(MOS)技术带来了革命性的突破。MOS 技术允许在半导体上构建一种新型的存储器元件，即 MOS 存储器。之后，静态随机存储器(Static Random Access Memory，SRAM)问世，SRAM 利用触发器作为存储单元，其读/写速度非常快，但成本较高且占用空间较大。在 70 年代初，动态随机存储器(Dynamic Random Access Memory，DRAM)开始广泛应用。

IBM 成为最早研发 DRAM 技术和产品的先驱，探索使用晶体管和电容作为存储单元实现数据存储与访问。DRAM 具有较高的存储密度和较低的成本，但需要定期刷新操作以维持数据稳定性。在这一时期，半导体存储器的发展面临着挑战，晶体管和电容等元器件的制造工艺相对落后，导致存储器单元的尺寸较大，存储密度有限，存储器的稳定性和可靠性仍然不足，数据的保存和读取存在较大的误差率。

在 1971 年，英特尔(Intel)成功开发出了 DRAM，并推出了最具有里程碑意义的存储容量为 1kbit 的 DRAM 芯片 C1103。C1103 打破了传统存储器容量的限制，大幅提高了数据存储密度和处理速度。DRAM 的问世标志着半导体存储器进入了一个全新的发展阶段。

除了 DRAM，SRAM 也成为一种备受关注的存储器技术。SRAM 采用触发器作为存储单元，具有快速的读/写速度和稳定的存储性能，适用于高速缓存等需要频繁读/写的场景。此外，用于存储固定的数据和程序的只读存储器(Read-Only Memory，ROM)也得到了发展。EPROM 和 EEPROM 等可擦写的 ROM 技术也在不断发展，为存储器行业带来了更多的选择。

21 世纪后，美、日、韩等国家抓住了 3C(计算机、通信和消费电子)产品的需求特点，在全球范围内掀起了半导体存储器应用研发的热潮。半导体存储器产业成为推动全球科技革命的关键领域之一。2016 年，我国着手建设半导体存储器基地，半导体存储器产业迅速崛起，产业链也在不断完善，从芯片设计、制造到封装测试等环节均取得了长足进步，逐渐成为全球半导体产业的重要参与者。

近年来，随着半导体存储器技术的不断进步，相变存储器(Phase Change Random Access Memory，PRAM)、电阻式随机存储器(Resistive Random Access Memory，ReRAM)和磁性随

机存取存储器（Magnetic Random Access Memory，MRAM）等新型非易失性存储器不断涌现。这些存储器技术具有快速读/写、低功耗和长寿命等优势。

2．半导体存储器的应用

半导体存储器的应用场景不断扩展，不仅仅局限于传统的计算机和消费电子领域，在人工智能（Artificial Intelligence，AI）、物联网（Internet Of Things，IoT）、自动驾驶（Autopilot）等新兴技术的领域中也起着关键作用。AI 算法的发展需要大量的训练数据和模型参数，半导体存储器可以提供高速、可靠的数据存储，以支持深度学习模型的训练和推断。此外，AI 芯片中的高速缓存和内存子系统也依赖于半导体存储器来实现快速数据交换，以提高算法的性能。IoT 设备通常需要小型、低功耗的存储器，以存储传感器数据、设备配置信息和固件更新。存储器的高度可靠性和低功耗特性使得 IoT 设备能够长时间运行，而不需要频繁地更换电池，从而推动了智能城市、智能家居和工业自动化等应用的发展。自动驾驶汽车需要高速存储和处理大量感知数据，包括来自摄像头、激光雷达和其他传感器的信息。半导体存储器用于高速数据缓存和实时数据传输，以确保车辆能够快速而准确地做出决策，从而提高道路安全性。

半导体存储器在智能终端、电脑/服务器、可穿戴设备、汽车电子、商业/专用设备以及其他领域都发挥着关键作用，满足了不同应用场景的存储需求，推动了各行业的技术创新和发展。

7.2　半导体存储器的结构

半导体存储器的一般结构框图如图 7-2-1 所示，包括存储体、存储地址寄存器（Memory Address Register，MAR）、地址译码器、读/写电路、存储数据寄存器（Memory Data Register，MDR）以及控制电路等主要部分。各部分在同一个控制逻辑的协同下工作，使得 CPU 能够高效地读取和写入存储器中的数据，从而支持程序的执行和数据的处理。

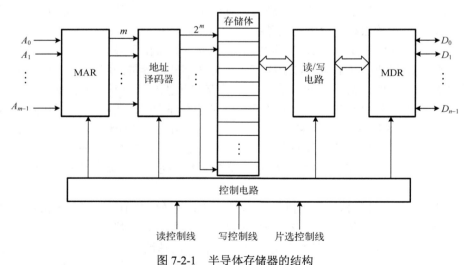

图 7-2-1　半导体存储器的结构

1．存储体

存储体是半导体存储器的核心，负责存储具体的二进制位，是由多个存储单元组成的存储阵列。存储阵列包含多个行和列，每个存储单元都可以存储 1 个二进制位（0 或 1），即 1 比特（bit）。每个存储单元都有唯一的地址，用于寻址和访问存储单元内的数据。

2．存储地址寄存器

MAR 是负责接收和存放存储器地址的特殊寄存器。MAR 的位宽度是根据存储器的容量来确定的，以确保能够对整个存储器空间进行寻址。如果存储器的容量是 2^n 个存储单元，那么 MAR 的位宽度应至少为 n，这样才能表示所有存储单元的地址。在执行存储器操作时，待访问存储单元的地址被加载到 MAR 中，然后根据 MAR 中的地址信息，将对应存储单元的数据读取到数据总线，或者将数据写入到指定的存储单元中。

3．地址译码器

地址译码器的主要作用是将 MAR 中的存储器地址译码为存储体的相应行和列选择信号。通过地址译码器的精确地址匹配和选择信号的生成，CPU 能够高效地进行存储器读/写操作，提高数据访问效率，同时确保数据被正确地读取或写入到存储体中的目标位置。

4．读/写电路

读/写电路负责处理从存储体中读取数据或将数据写入存储体的操作。当需要从存储体中读取数据时，电路会根据地址译码器生成的行和列选择信号，准确地选中目标存储单元。一旦目标存储单元被选中，电路会将其中的数据加载到 MDR 中。当需要将数据写入存储体时，读/写电路会根据地址译码器生成的行和列选择信号，将 MDR 中的数据写入到指定的存储单元中。

5．存储数据寄存器

MDR 主要负责存取要读/写的数据。MDR 的位宽度通常与存储单元的数据位宽度相匹配。在进行存储器读取数据时，读/写电路根据地址译码器的指示，选择特定的存储单元，并从该存储单元中读取数据，读取的数据被加载到 MDR 中，使得 CPU 可以方便地获取这些数据并进行后续的处理；在将数据写入存储体时，CPU 将待写入的数据存入 MDR，接着，读/写电路将 MDR 中的数据写入被地址译码器选中的存储单元。

6．控制电路

控制电路是半导体存储器的控制中心，负责协调各个部件的工作。控制电路根据指令的类型和地址，控制 MAR、地址译码器、读/写电路以及 MDR 的操作，从而实现对存储器的读取和写入操作。

7.3　半导体存储器的性能指标

半导体存储器的主要性能指标有存储容量和存储速度。

1．存储容量

存储容量是指存储器能够存储数据量的大小，较大的存储容量意味着存储器能够储存更多的数据。数据以不同的单位进行存储。在许多应用中，数据以 8 bit 为 1 个单位进行存储，称为字节（B）。

【例 7-1】　设计一个图像处理系统，需要存储一张分辨率为 1920×1080 像素的彩色图片，每个像素点需要存储 24 bit 的颜色信息。计算存储该彩色图片所需的存储容量为多少 MB？

解　图片的像素总数=1920×1080=2073600。

由于存储一个像素点需要 24 bit，即存储每个像素点需要 3 B 用于存储颜色信息，因此，存储整张图片所需的存储容量=像素总数×每个像素字节数=2073600× 3=6220800（B）。

存储该彩色图片所需的存储容量为 6220800 B，约为 5.93 MB。

2.　存储速度

存储速度是衡量半导体存储器响应速度的重要指标，它包括存取时间和存取周期。

存取时间是指从启动一次存储器操作到完成该操作所经历的时间，可以分为读出时间和写入时间，分别表示从存储器中读取数据和向存储器中写入数据所需的时间。存取时间越短，存储器的读/写速度越快。

存取周期是指两次存储器访问所需的最小时间间隔，指存储器进行一次完整的读/写操作所需的全部时间。存取周期包括了存取时间和恢复时间，因此通常存取周期会大于存取时间。

3.　其他指标

存储器的功耗也是一个关键的考虑因素，较低的功耗意味着存储器在运行时消耗的能量较少，有助于降低系统的能源开销并延长设备的使用时间。

可靠性是指存储器在长期运行中保持数据完整性和稳定性的能力。高可靠性的存储器能够有效避免数据损坏和丢失，提高系统的稳定性。通常以平均故障间隔时间来衡量。

存储器的价格也是一个重要的考虑因素，经济实惠的存储器价格有助于降低系统的总体成本。

7.4　半导体存储器的分类

按照存取方式的不同，半导体存储器可以划分为 ROM 和 RAM。ROM 是一种在正常工作时只能读取而不能写入数据的存储器类型。RAM 是一种在正常工作状态下能够随时在任何存储位置进行读取或写入数据的存储器类型。不同类型的半导体存储器具有各自的特点和适用场景，半导体存储器分类如表 7-4-1 所示。

表 7-4-1　半导体存储器的分类

半导体存储器类型				
非易失型	只读存储器	掩模 ROM		
	可编程存储器	PROM	EPROM	EEPROM
	闪存存储器	NAND		NOR
易失型	DRAM		SRAM	
新型(非易失型)	FeRAM	MRAM	ReRAM	PCRAM

7.4.1　只读存储器

1.　掩模型只读存储器

掩模型只读存储器是 ROM 的一种最早形式，制造时，厂商利用掩模工艺写入原始信息，一旦写入后无法更改，通常用于存储永久性数据，如固定不变的程序、数据表格以及字库等，因此被称为只读存储器。图 7-4-1(a)所示为掩模 ROM 的存储单元，WL 和 BL 分别为字线和位线。图 7-4-1(b)所示为一个 5×8 位掩模 ROM 的电路结构，存储阵列中 NMOS 的有、无分别表示 1、0。在读取时，WL 和 BL 都被置成高电平，其中，WL 被置成高电平使 NMOS 导通，BL 被下拉至低电平，经非门反相后在 Q 端输出高电平。位线上如果没有 NMOS，位线的高电平将直接输入非门，经反相后输出低电平。

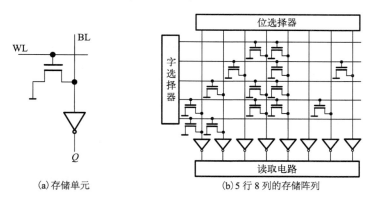

(a)存储单元　　　　　　　(b)5 行 8 列的存储阵列

图 7-4-1　掩模 ROM 的结构

2. 可编程只读存储器

随着半导体技术的进步，出现了可编程 ROM 即 PROM，它允许用户进行一次性编程，以将特定的数据和程序写入其中。制造 PROM 时，存储单元所有的晶体管都是相连的，这相当于存储单元全部存入 1 或 0。

图 7-4-2 所示为熔丝型 PROM 的存储单元，存储单元由一个三极管和一根易熔的金属丝相连接构成。三极管集电极一直输入高电平，发射极与熔丝相连。使用专用设备和规定的电流，通过字线和位线选择需要编程的存储单元，可以有针对性地熔断 PROM 存储阵列中特定位置的熔丝，被熔断熔丝的存储单元将断开，这样就将该单元的内容进行了改写。当 WL 被置成高电平时，三极管被导通，BL 获取三极管集电极上的高电平，相当于 1。

用户可以根据自己的需求来制定 PROM 中的数据内容，一旦编程完成，PROM 中的数据将被固化。但是，这种修改是不可逆的，因此，只能一次性写入。

3. 可擦可编程只读存储器

可擦可编程只读存储器(Erasable Programmable Read Only Memory，EPROM)与传统的 PROM 不同，允许在需要时擦除其存储内容，以便重新编程，这为数据的多次更新和修改提供了便利。EPROM 的存储单元采用叠栅雪崩注入型 MOS(Stacked Gate Injection MOS，SIMOS)管。SIMOS 管除控制栅 G_C 外，还有第二个栅极浮栅 G_F，利用 SIMOS 管浮栅上是否带有负电荷来实现 0 或 1 的存储，如图 7-4-3 所示。出厂时浮栅上不带有负电荷，代表存储单元全为 1。若在某些选定的 SIMOS 管的漏源之间加上足够高的电压，SIMOS 管的浮栅上将带有负电荷，使相应存储单元的读出数据变为 0。

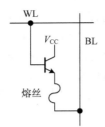

图 7-4-2 熔丝型 PROM 的存储单元

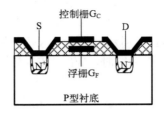

图 7-4-3 SIMOS 管结构

早期 EPROM 是使用专门设计的紫外线设备擦除,通过将 SIMOS 管浮栅上积累的电子形成光电流而泄放,使存储单元恢复到初始状态。但是,紫外线擦除方式必须使用专用设备,只能对 EPROM 进行整体擦除,并且 EPROM 的擦写次数有限。

在半导体存储器的进一步发展过程中,出现了电可擦可编程只读存储器(Electrically Erasable Programmable ROM,EEPROM)。EEPROM 的存储单元采用了浮栅隧道氧化层 MOS(Floating Gate Tunnel Oxide,Flotox MOS)管,该技术通过电信号来擦除数据而不必使用紫外线擦除。

Flotox MOS 管的浮栅与漏极之间的氧化层是一个约 20nm 的薄隧道区。当隧道区的电场强度足够大时,漏极与浮栅之间便产生隧道效应,形成电流,对浮栅进行充电和放电。充电相当于对存储单元写 0,放电相当于对存储单元写 1,对应擦除操作,只要用 10ms、20V 左右的电脉冲即可完成擦除操作。

EEPROM 在擦除数据时不需要编程器,与 RAM 的读/写操作类似,但断电后数据不会丢失。EEPROM 可以以字节为单位进行操作,这使得数据的存储和修改变得非常高效,其擦写次数可达万次以上。

4. 闪速存储器

EEPROM 虽然有可读、可写的特性,但是其写入速度很慢,不适用于大容量存储。闪速存储器(Flash Memory),简称闪存,是 20 世纪 80 年代出现的新一代 EEPROM,其存储阵列由 Flash MOS 管构成,如图 7-4-4 所示为 Flash MOS 管的结构和逻辑符号。

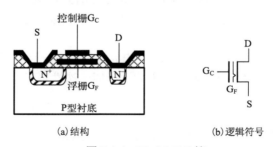

(a)结构   (b)逻辑符号

图 7-4-4 Flash MOS 管

闪存主要分为 NOR 型和 NAND 型两种。NOR 型和 NAND 型的主要区别是存储单元中使用的逻辑门不同,分别对应或非门和与非门。NOR 闪存阵列结构如图 7-4-5 所示,多个存储单元的漏极连接到一条共用的 BL 上,多条位线构成了存储矩阵的 I/O 线。WL 作用在存储单元的控制栅极上。这种布局结构有独立的 WL 和 BL,允许以并行方式一次访问多个存储单元,从而可以实现快速的读/写访问性能。

NOR 型闪存和 NAND 型闪存须先将芯片中的内容擦除再写入,擦除与 EEPROM 类似,都是在源极上施加正电压，利用隧道效应释放浮栅上的电子，表示存储 0，浮栅充有电荷表示存储 1。NAND 型闪存一次擦写整个块。

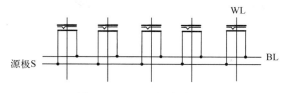

图 7-4-5　NOR 闪存阵列结构

闪存有很多优异的特性，如集成度高、容量大、成本低、使用方便等，特别是读/写速度很快。固态硬盘、单片机的片内程序存储器、微型计算机系统的 BIOS 等都采用闪存。

7.4.2　随机访问存储器

与 ROM 不同，RAM 的内容在断电后数据丢失，是一种易失性存储器。常见的两种 RAM 是静态随机存取存储器(Static RAM，SRAM)和动态随机存取存储器(Dynamic RAM，DRAM)。

1.　静态随机存取存储器

SRAM 由存储阵列、行/列地址译码器、读/写控制电路和三态 I/O 缓冲器等部分组成。

图 7-4-6 所示为 SRAM 的基本结构，虚线框内为 64×64 的存储阵列，每个存储单元由 6 个 MOS 管组成，每一位二值数据(0 和 1)存储在由 4 个场效应管 $T_1 \sim T_4$ 构成的 RS 锁存器中，另外两个场效应管 T_5 和 T_6 是门控管，用以控制锁存器的 Q 和 Q' 与位线 D 和 D' 之间的联系，如图 7-4-7 所示。$X=1$ 时，T_5 和 T_6 导通，锁存器的 Q 和 Q' 与位线 D 和 D' 接通；$X=0$ 时，T_5 和 T_6 截止，锁存器的 Q 和 Q' 与位线 D 和 D' 断开。T_7 和 T_8 用于和 I/O 电路相连，T_7 和 T_8 的状态由列地址译码器的输出 Y_j 来控制，$Y_j=0$ 时截止，$Y_j=1$ 时导通。

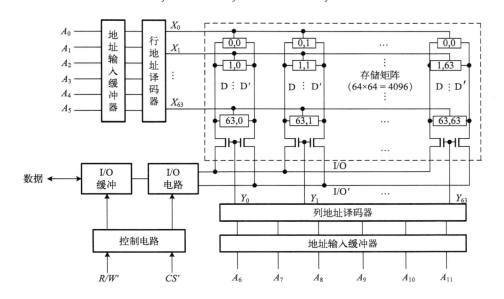

图 7-4-6　SRAM 的基本结构

　　确定一个存储单元需要行和列同时被选中，$T_5 \sim T_8$ 均处于导通状态，Q 和 Q' 与位线 D 和 D' 接通。如果此时片选信号 CS' 有效，读/写信号 R/W' 为高电平，则实现数据的读出。如果此时片选信号 CS' 有效，读/写信号 R/W' 为低电平，则实现数据的写入。

　　除六管存储单元外，还有八管、十管，甚至使用更多的晶体管的实现存储单元，可用于多端口的读/写访问，如显存的实现。

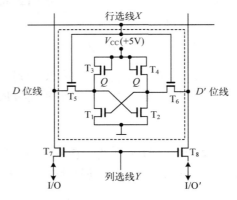

图 7-4-7　六管静态存储单元

2. 动态随机存取存储器

　　DRAM 特点是存储密度高、存取速度相对较慢，且需要定时刷新电路，否则所存储的内容会丢失。DRAM 用于大容量存储，一般用作计算机的内存。图 7-4-8 所示为 DRAM 的基本结构。

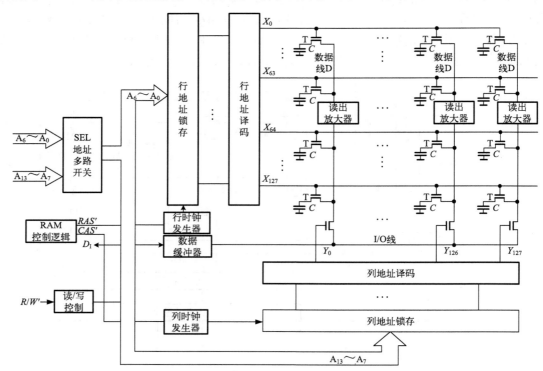

图 7-4-8　DRAM 的基本结构

图 7-4-9 所示为单管动态 MOS 存储单元,每个存储单元由一个电容和一个 MOS 管组成,利用电容来存储 0 或 1。当电容 C 充有电荷、呈现高电平时，相当于存储 1，反之相当于存储 0。由于电容存储电荷会随时间逐渐泄漏不能长久保存，为避免存储的数据丢失，因此 DRAM 需要定期进行刷新操作来维持存储数据有效。

当需要对存储单元进行写操作时，WL 为高电平，T 管导通，此时 R/W' 为低电平，输入缓冲器被选通，数据 D_I 经过输入缓冲器、BL 和 T 管被存入 C 中。如果输入数据 D_I 是 1，则向电容 C 充电，反之 D_I 为 0，电容 C 放电。未被选通的数据缓冲器呈现高阻态。

当需要从存储单元进行读操作时，WL 为高电平，T 管导通，此时 R/W' 为高电平，输出缓冲器被选通，C 中存储的数据通过 T 管、位线和输出缓冲器由 D_O 输出。由于读操作消耗电容中的电荷，因此必须对电容补充电荷，以免数据丢失。

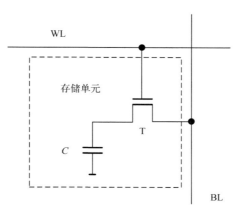

图 7-4-9　单管动态 MOS 存储单元

7.5　存储器扩展

单个存储器的容量有限，常需将多个存储器联合扩展，构成一个存储容量更大的存储器，即存储器扩展。ROM 和 RAM 都可以进行扩展，存储器扩展有三种形式：位扩展、字扩展以及字位同时扩展。存储器容量用存储单元的数目来表示，可以写成"字数×位数"的形式。

1. 存储器位扩展

当存储器字数满足要求而位数不够时，需要进行位扩展。

【例 7-2】　为实现存储容量为 1K×8 位的存储器，需要几片 RAM 2114(1K×4 位)存储芯片。

解　为了将存储器扩展成 8 位，需要使用 2 片 RAM 2114 芯片，连接方法如图 7-5-1 所示。

数据线的连接：每一个 RAM 2114 有 4 条数据线，所以需要 2 片 RAM 2114。

地址线的连接：两片 2114 的地址线 $A_0 \sim A_9$ 对应相连接。

在位扩展中，所有芯片都应同时被选中，各芯片片选信号 CS' 并联在一起。读/写信号 R/W' 也应接在一起。

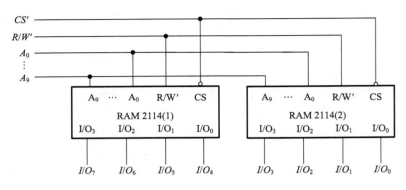

图 7-5-1　例 7-2 的存储器位扩展连线

2. 存储器字扩展

当存储器位数足够，但字数不满足存储需求时，可以进行存储器的字扩展。

如图 7-5-2 所示，使用 4 片 RAM 2114，扩展成为 4K×4 位的存储器。由于位数足够，但字数不够，需要增加字数，因此地址线数就要相应增加。

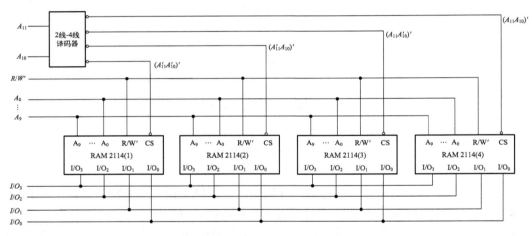

图 7-5-2　存储器的字扩展

将 4 片 RAM 2114 的片选信号分别连接至 2 线-4 线译码器的四个输出。当译码器输入 2 位地址时，译码器会有一个输出端为低电平，从而与其相连的 RAM 2114 被选中。例如，当 $A_{11}A_{10}=00$ 时，RAM 2114(1) 被选中。当读/写信号 R/W' 有效时，对 RAM 2114(1) 进行读/写操作。读/写控制信号 R/W' 应接在一起。

3. 存储器字位同时扩展

当存储器位数和字数都不满足存储需求时，可以进行字位同时扩展。

如图 7-5-3 所示，使用 8 片 RAM 2114 组成 4K×8 位存储器。所有芯片的地址线 $A_0 \sim A_9$ 对应相接。所有芯片的读/写控制信号 R/W' 接在一起。将 8 个 RAM 2114 分成 4 组，组内 2 片按位扩展方法连接，组间按字扩展方法连接。

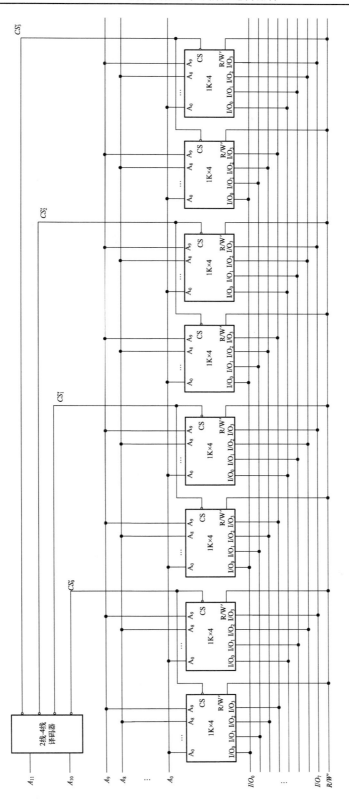

图 7-5-3 存储器的字位扩展

7.6　可编程逻辑器件

随着集成电路工艺与技术的发展，20世纪70年代，可编程只读存储器（PROM）和可编程阵列逻辑（Programmable Array Logic，PAL）的出现为可编程逻辑器件（Programmable Logic Device，PLD）的发展拉开了帷幕。此后，通用阵列逻辑（Generic Array Logic，GAL）、复杂可编程逻辑器件（Complex Programmable Logic Device，CPLD）和现场可编程门阵列（Field Programmable Gate Array，FPGA）的出现，进一步提升了可编程逻辑器件的功能和性能。可编程逻辑器件的出现大大简化了数字集成电路的设计流程，革新了数字电路的设计方法，同时也成为许多数字电路与系统中的重要组成部分。

通常把逻辑门数量低于 1000 门的可编程逻辑器件称为低密度可编程逻辑器件或简单可编程逻辑器件，早期的 PROM、PLA、PAL 以及 GAL 都属于低密度 PLD。

7.6.1　可编程只读存储器

图 7-6-1 所示为 4 输入 PROM 的结构。PROM 由固定的与阵列和可编程的或阵列组成，从图 7-6-1 中可以看出，PROM 的输出逻辑表达式可以看作最小项之和，通过改变或阵列连接方式，即可实现可编程的逻辑功能。PROM 只可以编程一次，已写入的逻辑功能无法擦除或改写。

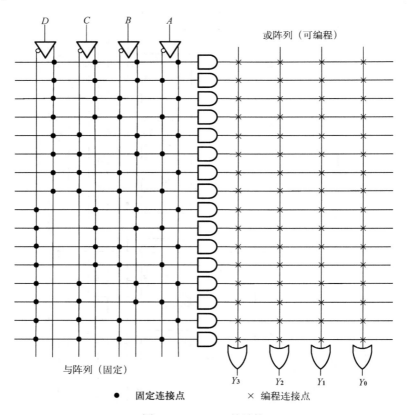

图 7-6-1　PROM 的结构

7.6.2　可编程阵列逻辑

图 7-6-2 所示为 PAL 的内部结构。PAL 的原理与 PROM 相似，不同的是，PAL 由可编程的与阵列和固定的或阵列组成。PAL 可以通过改变可编程与阵列的连接方式来实现逻辑功能的可编程。与 PROM 和 PAL 结构相似，可编程逻辑阵列(Programmable Logic Array，PLA)内部同时包含可编程的与阵列和可编程的或阵列，因此，PLA 具有更好的可重构性，可以实现更为复杂的逻辑功能，其内部结构如图 7-6-3 所示。从内部结构中可以看出，PROM、PAL和 PLA 都只能实现功能较为简单的组合逻辑电路，若要实现时序逻辑电路，则需要在片外配置触发器等电路以实现相应的逻辑功能。

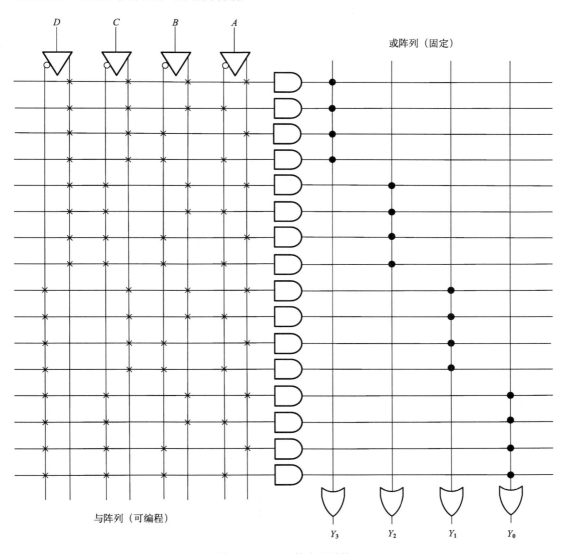

图 7-6-2　PAL 的内部结构

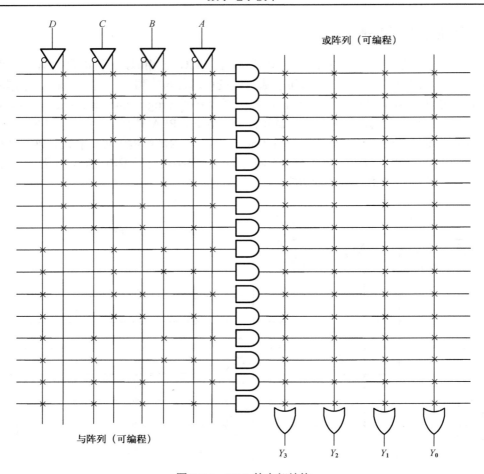

图 7-6-3　PLA 的内部结构

7.6.3　通用阵列逻辑

1985 年，Lattice 公司推出了第一款 GAL 芯片 GAL16V8，进一步提高了可编程逻辑器件的通用性。GAL 与 PROM 和 PAL 相比，具有两个显著的优点。首先，GAL 采用了电可擦除的 CMOS 工艺，成为可以重复编程的可编程逻辑器件。此外，GAL 的输出端上加入了输出逻辑宏单元(Output Logic Macro Cell，OLMC)，可以直接实现时序逻辑电路的设计，进一步丰富了可编程逻辑器件的功能，图 7-6-4 所示为 GAL16V8 的内部结构。GAL 与 PAL 采用相似的结构，即可编程的与阵列和固定的或阵列。但是与 PAL 不同的是，GAL 的输出端中增加了 OLMC。GAL16V8 由 64×32 位的可编程与阵列、8 个 OLMC、10 个输入缓冲器、8 个三态输出缓冲器、8 个反馈/输入缓冲器组成。引脚 1 和 11 为专用输入端，引脚 2～9 为 8 个输入端，引脚 12～19 为 8 个输入/输出端。

通过配置 OLMC，可以实现专用输入、专用组合输出、反馈组合输出、寄存器输出等多种工作模式，极大程度地增加了器件的可重构性。

逻辑单元的数量可以反映可编程逻辑器件实现复杂逻辑功能的能力，低密度的可编程逻辑器件由于内部资源有限，因此只能用于实现简单的数字逻辑功能。

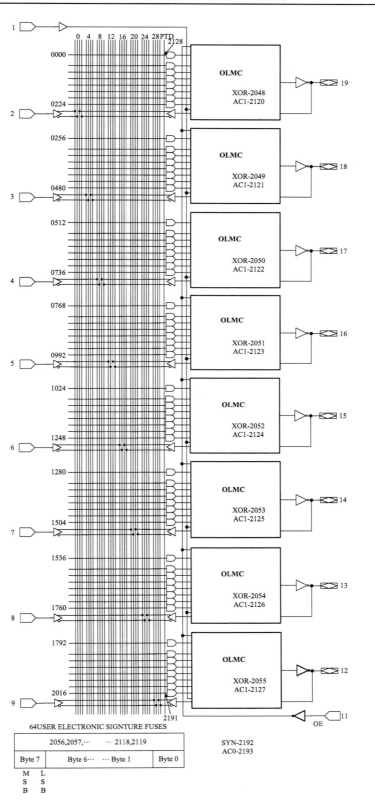

图 7-6-4　GAL16V8 的内部结构

7.7　高密度可编程逻辑器件

逻辑门数量高于 1000 门的可编程逻辑器件称为高密度可编程逻辑器件。高密度可编程逻辑器件包括 CPLD 和 FPGA。CPLD 与 FPGA 都是数字电路设计中经常使用的可编程器件，然而，二者在结构与性能方面还存在一定的差异。通常情况下，基于 EEPROM(或 FLASH)和与或阵列结构的高密度可编程逻辑器件称为 CPLD，而基于 SRAM 和查找表(Look Up Table，LUT)结构的高密度可编程逻辑器件称为 FPGA。

7.7.1　复杂可编程逻辑器件

Altera 公司的 MAX 7000 系列是基于 EEPROM 的复杂可编程逻辑器件。MAX 7000 系列是由逻辑阵列块(Logic Array Block，LAB)、宏单元、可编程连线阵列(Programmable Interconnect Array，PIA)和 I/O 控制块组成的，如图 7-7-1 所示。经典的 CPLD 是在 GAL 的基础上发展而来的，其主体结构仍是与或阵列，但是，CPLD 的逻辑宏单元增加了共享扩展乘积项和并联扩展乘积项，使得 CPLD 可以更容易实现复杂的逻辑功能。

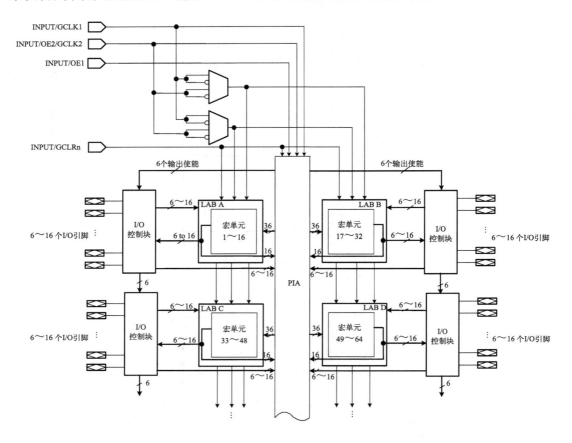

图 7-7-1　MAX 7000 的内部结构

逻辑阵列块 LAB 是 CPLD 逻辑构成的核心，它由逻辑宏单元组成，LAB 之间通过 PIA

和全局总线连接在一起。LAB 的输入信号有三部分：来自 PIA 的 36 个输入信号、用于寄存器辅助功能的全局控制信号、从 I/O 引脚到寄存器的直接输入信号。

MAX 7000 系列的每个 LAB 包含了 16 个逻辑宏单元，逻辑宏单元是 CPLD 实现组合逻辑和时序逻辑功能的基本单元，可被单独地配置为组合逻辑和时序逻辑方式。逻辑宏单元包含乘积项逻辑阵列、乘积项选择矩阵和可编程寄存器 3 部分，如图 7-7-2 所示。逻辑阵列实现组合逻辑，可以为每个逻辑宏单元提供 5 个乘积项，这些乘积项会被乘积项选择矩阵输入到或门或者异或门中作为输入信号，用来实现组合逻辑功能。此外，逻辑阵列的乘积项还可以作为逻辑宏单元中寄存器的辅助输入信号，用来完成置位、复位、时钟以及时钟使能控制等功能。

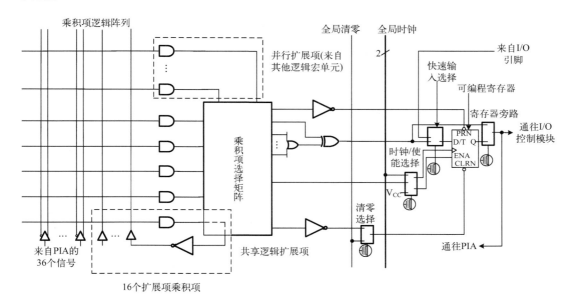

图 7-7-2　MAX 7000 系列逻辑宏单元内部结构

每个逻辑宏单元中还包括两个扩展乘积项：共享扩展乘积项和并行扩展乘积项。共享扩展乘积项经过非门反馈回逻辑阵列中，可以被 LAB 的 16 个宏单元中的任何一个宏单元共享，而并行扩展乘积项是从邻近宏单元借用而来，用于完成更复杂的逻辑功能。扩展乘积项可以完成同一个 LAB 内逻辑宏单元之间的逻辑扩展，合理运用扩展乘积项可以提升 CPLD 的工作速度，提高片内资源利用率。

可编程寄存器可以配置成 D 触发器、T 触发器、RS 触发器和 JK 触发器等方式，也可以旁路掉寄存器，实现组合逻辑输出。可编程寄存器可以使用全局时钟，全局时钟信号由高电平有效的时钟信号使能和由逻辑阵列乘积项提供时钟。可编程寄存器还支持复位和置位功能，置位信号由乘积项选择矩阵提供，复位信号由乘积项选择矩阵或全局清零信号提供。

在 MAX 7000 系列中，PIA 可以完成不同 LAB 之间的互连，以实现所需要的逻辑功能。PIA 是一个可编程的通道，它可以将信号传输到其目的地。专用输入、I/O 引脚和逻辑宏单元的输出都与 PIA 相连，通过 PIA 可以将这些信号送到器件内的各个地方。PIA 具有固定的延时，使得 CPLD 的时间性能更容易预测，这也是 CPLD 器件一个显著的优点。

I/O 控制块允许每个 I/O 引脚单独被置成为输入、输出和双向工作方式。所有的 I/O 引脚都有一个三态缓冲器，它的控制端信号来自一个多路选择器，可以选择用全局输出使能信号中的一个进行控制，或者直接连到地（GND）或电源（V_{CC}）上，还可以进行摆率控制，对于 MAX 7000S 系列，可实现漏极开路输出，如图 7-7-3 所示。

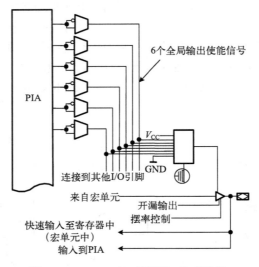

图 7-7-3　MAX 7000 系列的 I/O 控制块

7.7.2　现场可编程门阵列

Cyclone Ⅳ E 系列是低成本、高性能、低功耗的 FPGA，该类芯片具有非常丰富的硬件资源，包括逻辑阵列块（LAB）、嵌入式存储器、嵌入式乘法器、全局时钟、通用锁相环、用户 I/O 等，这些硬件资源使得 Cyclone Ⅳ E 系列 FPGA 可以灵活地用在很多应用场景中。

图 7-7-4 为 Cyclone Ⅳ E 的 LAB 结构。每一个 LAB 中包含 16 个逻辑单元（Logic Element，LE）、LAB 控制信号、LE 进位链、寄存器链和本地互连线。本地互连线用于在同一个 LAB 的 LE 之间传递信号，而寄存器链可以将 LE 寄存器输出传输到 LAB 中相邻的 LE 寄存器。

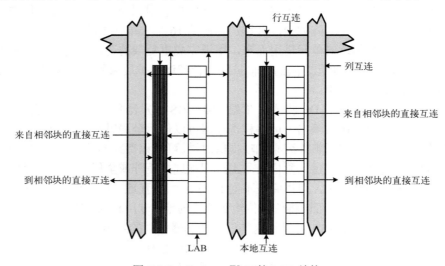

图 7-7-4　Cyclone Ⅳ E 的 LAB 结构

LE 是 Cyclone 系列中最基本的可编程单元，Cyclone Ⅳ E 的 LE 结构如图 7-7-5 所示。

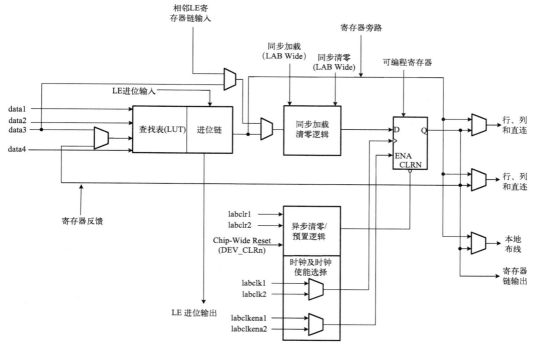

图 7-7-5　Cyclone Ⅳ E 的 LE 结构

LE 包含一个 4 输入 LUT、进位链和一个可编程寄存器。4 输入 LUT 用于完成任何 4 输入的组合逻辑功能；进位链逻辑具有快速进位选择功能，可以灵活地构成 1 位加法或者减法逻辑；可编程寄存器可以配置为 D 触发器、T 触发器、RS 触发器和 JK 触发器等多种模式，也可以旁路掉寄存器，LUT 的输出直接作为 LE 的组合逻辑输出。寄存器具有数据、时钟、时钟使能清零等输入信号。全局时钟网络、通用 I/O 引脚、内部逻辑都可以驱动寄存器时钟和清零寄存器控制信号，通用 I/O 引脚或内部逻辑都可以驱动时钟使能。

　　每一个 LE 的输出都可以连接到本地布线，行、列和直连，以及寄存器链。在同一个 LAB 中，LE 连在一起可以实现输入多于 4 个的逻辑输出，寄存器可以通过寄存器链级联在一起，构成移位寄存器。

　　LE 的输出中有 3 个输出驱动内部互联，其中一个输出用于驱动本地互连，另外两个输出可以驱动行或列的互连资源。LUT 和寄存器的输出可以单独控制，可以实现在一个 LE 中，LUT 驱动一个输出，而寄存器驱动另一个输出。在 LE 中的 LUT 和寄存器能够分别完成不相关的功能，从而提高 LE 的资源利用率。

　　Cyclone Ⅳ E 的 LE 具有普通模式和算术模式。普通模式适用于通用逻辑以及组合逻辑的功能，如图 7-7-6 所示，在普通模式下，来自 LAB 本地互连的 4 个数据输入作为 4 输入 LUT 的输入。可以选择进位输入 cin 或者数据 data3 作为 LUT 的其中一个输入信号。在算术模式下，LE 内有两个 3 输入 LUT，可以实现 1 个两位全加器和基本的进位链，如图 7-7-7 所示。算术模式下，LE 可被配置成动态的加法/减法器结构，更适用于完成加法器、计数器和比较器等功能。

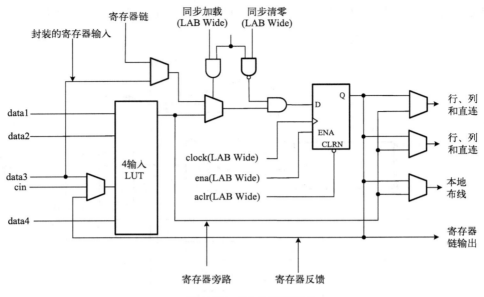

图 7-7-6　LE 的普通模式

大多数 FPGA 都是采用基于 SRAM 的 LUT 结构，用 SRAM 来构成逻辑函数发生器。LUT 是 FPGA 中可编程的最小逻辑构成单元，Cyclone Ⅳ E 的 4 输入 LUT 结构如图 7-7-8 所示。4 输入的 LUT 需要有 16×1 个 RAM 单元，RAM 中存储的就是 4 个输入构成的真值表。每输入一个信号进行逻辑运算就等于输入一个地址进行查表，找出地址对应的内容，然后输出。对于 n 个输入的查找表，RAM 单元的数量应为 2^n 个，可以实现 n 变量的任何逻辑功能。

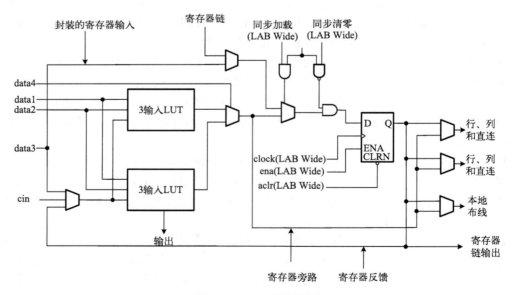

图 7-7-7　LE 的算术模式

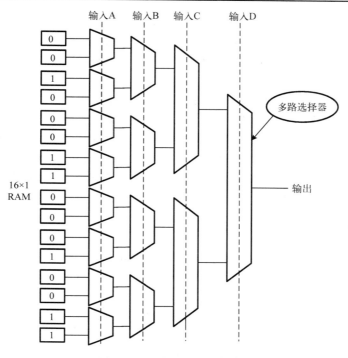

图 7-7-8　4 输入 LUT 结构

Cyclone Ⅳ E 中还配置了嵌入式存储器和嵌入式乘法器。嵌入式存储器可以帮助 FPGA 实现 RAM、ROM、移位寄存器以及 FIFO 缓冲器等功能，而嵌入式乘法器可以提高 FPGA 的数字信号处理能力。Cyclone Ⅳ E 中的嵌入式乘法器可以配置成一个 18×18 乘法器，或者配置成两个 9×9 乘法器，还可以通过级联实现更多位的乘法运算。

主流的 FPGA 都是基于 SRAM 工艺，掉电后信息会丢失，因此，FPGA 需要专用的配置芯片来完成程序的存储及加载。上电时，FPGA 便将外部存储器中的数据读入片内 RAM 以完成配置，对 FPGA 编程完成后便进入工作状态。FPGA 的配置方式有主动配置方式(AS)、被动配置方式(PS)和 JTAG 配置方式。

7.8　FPGA 产品简介

FPGA 在几十年的发展历程中，出现了很多系列、不同功能与定位的产品，本节将对市场份额较大的 FPGA 厂商和常见的 FPGA 型号做简要的介绍。

7.8.1　AMD 公司的 FPGA 产品

AMD 公司在 2022 年收购了 FPGA 的发明者赛灵思(Xilinx)，Xilinx 一直是全球最大的 FPGA 制造商，在技术创新和应用方面一直处于领先地位。Xilinx 的 FPGA 分为以下几个系列的产品。

1. Spartan 系列

Spartan 系列是 Xilinx 的低端 FPGA，包括 Spartan-2、Spartan-3 以及 Spartan-6，Spartan-6

系列采用 45nm 工艺，在功耗、性能、成本之间很好地实现了平衡。最新的 Spartan-7 系列使用 28nm 的工艺，每片最大可以包含超过 10 万个逻辑单元，以实现复杂的功能。

2. Artix 系列

Artix 系列的定位是中端 FPGA，在性能上比 Spartan 系列具有明显的提升。Artix 系列产品有 Artix-6 和 Artix-7 等。Artix-7 系列采用了 28nm 工艺，具有更高的集成度和更优异的数据处理能力，还配备了 MicroBlaze 软处理器，使其在低成本、高性能、低功耗的电子系统中具备更强的竞争力。Artix 系列的 UltraScale+采用 16nm 工艺，是成本和功耗优化的 FPGA 系列，可以实现超小封装和极高的计算密度，在视频应用、无线通信、高级驾驶辅助系统和工业物联网等领域具有更强的竞争力。

3. Kintex 系列

Kintex 系列是 Xilinx 的中高端 FPGA，其系列产品包括 28nm 工艺的 Kintex-7，20nm 工艺的 Kintex UltraScale 和 16nm 工艺的 Kintex UltraScale+。Kintex 系列 FPGA 相比于 Artix 系列，在器件带宽和计算能力上都有显著的提升，每片最多可以包含 47 万个逻辑单元，配备有高性能收发器、存储器和 DSP，支持 PCIe 3.0 和 10G 以太网等主流标准，在无线通信和智能终端领域都具有较高的应用价值。Kintex UltraScale+的逻辑单元数超过了 120 万个，片内集成 100G 以太网 MAC 和 150G Interlaken 内核，与 Kintex-7 相比，系统级性能功耗比提升了 2 倍多。

4. Virtex 系列

Virtex 系列是 Xilinx 最高端的 FPGA，其系列产品包括 28nm 工艺的 Virtex-7、20nm 工艺的 Virtex UltraScale 和 16nm 工艺的 Virtex UltraScale+。Virtex 系列具有更良好的 DSP 性能和更大的 I/O 带宽。Virtex-7 系列每片最高具有 200 万个逻辑单元，具有出色的高速互联能力以及 ASIC 原型设计能力。2019 年，Xilinx 推出业界最大容量的 FPGA 芯片 Virtex UltraScale+系列的 VU19P，包含超过 900 万个逻辑单元，配有高速收发器，还能支持各种复杂的新兴算法。

在 AMD 的产品中，Spartan-7、Artix-7、Kintex-7 和 Virtex-7 也被称为 7 系列产品，代表当前 AMD 最先进的 FPGA 产品。7 系列产品在 AMD 产品中拥有独特地位，AMD 延长全部 7 系列器件产品生命周期至少到 2035 年。

7.8.2　Intel 公司的 FPGA 产品

2015 年，Intel 收购了全球市场份额第二的 FPGA 厂商阿尔特拉(Altera)公司，Altera 是可编程片上系统(System On a Programmable Chip，SOPC)解决方案的倡导者，具有完备的 FPGA 产品体系，包含以下几个系列的产品。

1. Cyclone 系列

Cyclone 系列是 Intel 的低端 FPGA，其优点在于低功耗与低成本，其系列产品有 Cyclone Ⅲ，Cyclone Ⅳ，Cyclone Ⅴ 以及 Cyclone 10 等。Cyclone Ⅳ E 具有丰富的资源，包括多达 11.5 万个逻辑单元、DSP、PLL 等，可支持各种复杂的数字信号处理和控制算法。Cyclone

10 包含了具有高带宽性能的 GX 系列和低功耗、低成本的 LP 系列，能够满足大多数应用需求。

2. Arria 系列

Arria 系列是 Intel 的中端 FPGA，其系列产品包括 40nm 工艺的 Arria Ⅱ，28nm 工艺的 Arria Ⅴ 和 20nm 工艺的 Arria 10 等。Arria 系列还具有对应的 SoC 产品，为芯片提供基于 ARM 的硬核处理系统，具有丰富的存储器、DSP 和高速收发模块，提高集成度和系统带宽，降低功耗，更能满足中端应用需求。

3. Stratix 系列

Stratix 系列是 Intel 的高端 FPGA，该系列产品有 40nm 工艺的 Stratix Ⅳ、28nm 工艺的 Stratix Ⅴ 以及 14nm 工艺的 Stratix 10。Stratix 系列单片最高可以集成 144 个收发器，数据传输速率可达 57.8Gb/s。在 Stratix 10 SoC 中，集成了 ARM Cortex-A53 硬核处理器和 DSP，具有更紧凑的结构和更强的数据处理能力。Stratix 10 NX 系列针对 AI 进行了优化，具有 AI 加速所需的更高带宽和更低延迟。

4. Agilex 系列

Agilex 系列是 Intel 最先进的 FPGA，该系列有 Agilex 5、Agilex 7 和 Agilex 9 等系列产品。利用英特尔 10nm SuperFin 和英特尔 7 先进工艺，可以集成最多 400 万个逻辑元件，还包含 ARM 处理器、116Gb/s 的收发器、PCIe 5.0 处理器接口，使 Agilex 系列产品逻辑容量更大、功能特性更多、I/O 带宽更高，在高端应用场景中具有巨大的潜力。

7.8.3　Lattice 公司的 FPGA 产品

Lattice 是全球第三大 FPGA 厂商，相比于 AMD 和 Intel，Lattice 的 FPGA 为中端 FPGA，大多应用在小型电子设备和低功耗设备上。Lattice 的通用 FPGA 产品有 EPC5 系列、Certus-NX 系列以及专为网络边缘处理应用优化的 Avant-E 系列。Avant-E 系列最多可集成 50 万个逻辑单元、36Mbit 嵌入式存储器和 1800 个 18×18 乘法器，支持高速外部存储器，可高效地实现 AI 算法。

CrossLink 系列可以实现小体积、低功耗、高性能的视频互连。CrossLink-NX 系列提供丰富的逻辑单元、高速接口、嵌入式存储器，可以实现 MIPI 桥接和边缘 AI。MachXO3 和 MachXO5 系列是安全控制 FPGA 产品系列，在计算、通信和工业市场的系统控制和管理中具有广泛的应用。

低功耗 FPGA 是 Lattice 的特色产品，其中的代表产品为 iCE 系列 FPGA，该系列产品具有逻辑架构灵活、超低功耗以及超小尺寸等特点。iCE40 UltraPlus 能有效解决互联难题，通过各类广泛的接口和协议，提供低功耗的计算资源实现更高级别的智能，适合应用于智能家居、智能工厂和智慧城市的各类系统，旨在解决智能设备之间的互联问题。

7.8.4　国产 FPGA 产品

国内设计与开发 FPGA 的公司有紫光同创、安路科技、高云半导体、复旦微电子、成都华微、智多晶、遨格芯、京微齐力等。随着关键技术的不断突破，国产 FPGA 也取得了较大的进展。紫光同创的 Titan 系列 FPGA 已经可以实现千万门级的集成，Titan-2 系列采用先进成熟工艺，支持 SERDES 高速接口、PCIe Gen3、DDR3/4 等高性能模块和接口，为客户提供高性能的可编程解决方案，可广泛应用于通信、图像视频处理、数据分析、网络信息安全、仪器仪表等行业。复旦微电子是国内 FPGA 领域技术较为领先的公司之一，可提供千万门级 FPGA 芯片、亿门级 FPGA 芯片以及可编程片上系统共三个系列的产品。亿门级 FPGA 芯片采用 28nm 的 CMOS 工艺，是国内最早研制成功的亿门级 FPGA 芯片。

从事 EDA 工具软件开发的公司包括华大九天、国微集团、概伦电子、芯华章等。华大九天主要产品包括模拟电路设计全流程 EDA 工具系统、数字电路设计 EDA 工具、平板显示电路设计全流程 EDA 工具系统和晶圆制造 EDA 工具等 EDA 软件产品。

本 章 小 结

首先，本章介绍了半导体存储器的发展历程，从早期的只读存储器到如今的高性能随机访问存储器，回顾了半导体存储器技术的演变过程，同时阐述了半导体存储器在多个领域的应用。

其次，本章详细介绍了半导体存储器的结构，包括存储体、存储地址寄存器、地址译码器、读/写电路、存储数据寄存器以及控制电路。这些组成部分共同协作，实现了存储器的正常工作。

再次，本章分析了半导体存储器的性能指标，包括存储容量和存储速度，这些指标直接影响着存储器在系统中的应用效果。

从次，本章介绍了半导体存储器的分类，包括只读存储器和随机访问存储器。其中，只读存储器包括了掩模型只读存储器、可编程只读存储器、可擦可编程只读存储器、电可擦可编程只读存储器以及闪速存储器。

最后，本章详细探讨了静态随机存取存储器（SRAM）和动态随机存取存储器（DRAM）这两种常见的随机访问存储器，分别介绍了它们的基本结构、工作原理、读/写操作和典型特点。

早期的 PROM、PLA 和 PAL 都属于低密度 PLD，由与或阵列组成，采用熔丝工艺或反熔丝工艺，且只能实现组合逻辑输出。而 GAL 采用 EEPROM 工艺，成为可以重复编程的可编程逻辑器件。此外，GAL 的输出端增加了输出逻辑宏单元，提高了输出灵活性。

CPLD 与 FPGA 为高密度可编程逻辑器件，都是数字电路设计中经常使用的可编程器件，二者在结构与性能方面还存在一定的差异。基于 EEPROM（或 FLASH）和与或阵列结构的高密度可编程逻辑器件为 CPLD，基于 SRAM 和 LUT 结构的高密度可编程逻辑器件为 FPGA。

习 题

7-1 解释静态随机存取存储器（SRAM）和动态随机存取存储器（DRAM）之间的主要区别，并讨论它们各自的优缺点。

7-2 半导体存储器的主要技术指标有哪些？

7-3 动态随机存取存储器（DRAM）为什么需要定期刷新？

7-4　一片 RAM 芯片的字为 n，位为 d，扩展后字数为 N，位数为 D，计算需要的片数 X。

7-5　简述半导体存储器的分类。

7-6　总结 GAL 相比于其他低密度 PLD 的优点。

7-7　根据 MAX 7000 系列和 Cyclone Ⅳ E 的结构与原理，总结 CPLD 与 FPGA 的不同之处，并说明两种结构各自的优点有哪些。

7-8　使用 4 输入查找表实现 4 位二进制数的奇偶校验，当输入 1 的个数为奇数时，输出为 1；当输入 1 的个数为偶数时，输出为 0。

7-9　简述 FPGA 的生产厂商及其系列产品，并总结这些厂商的技术优势。

第8章 数模和模数转换器

8.1 概 述

自然界中广泛存在的物理量，如温度、速度、压力和流量等都是模拟量。为了便于测量和分析这些模拟量，需要借助于计算机和数字系统强大的运算能力，而数字系统只能处理数字量。为了发挥数字系统在自动控制以及诸多领域中的应用，需要利用特定的装置来完成数字量和模拟量之间的相互转换。

数模和模数转换器是连接数字系统和模拟系统的桥梁，用以实现数字信号和模拟信号的相互转换。数模转换器（Digital Analog Converter，DAC）是实现从数字信号到模拟信号的转换装置，又称为 D/A 转换器，模数转换器（Analog Digital Converter，ADC）是实现从模拟信号到数字信号的转换装置，又称为 A/D 转换器。

图 8-1-1 所示为 ADC 和 DAC 的应用框图，传感器测量控制对象端的模拟信号，通过 ADC 将模拟信号转换成数字信号送入到微控制器中进行分析和处理，处理之后的数字信号再通过 DAC 转换成模拟信号，通过执行器实现对控制对象的控制。

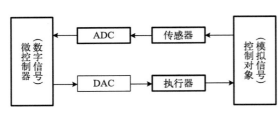

图 8-1-1 ADC 和 DAC 的应用框图

8.2 D/A 转换器

D/A 转换器的框图如图 8-2-1 所示，转换原理是将输入的每一位二进制代码按其权的大小转换成相应的模拟量，然后将代表各位数字量的模拟量相加，所得的总模拟量与数字量成正比，于是便实现了从数字量到模拟量的转换。

D/A 转换器的转换特性是指其输出模拟量和输入数字量之间的转换关系。理想的 D/A 转换器输出模拟电压与输入数字量成正比，即

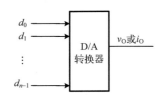

图 8-2-1 D/A 转换器的框图

$$v_O = K_v \times D \tag{8-2-1}$$

或对于输出模拟电流，则有

$$i_O = K_i \times D \tag{8-2-2}$$

式中，K_v 或 K_i 为电压或电流转换比例系数；D 为输入二进制数所代表的十进制数。如果输

入为 n 位二进制数 $d_{n-1}d_{n-2}\cdots d_1d_0$，则输出模拟电压为

$$v_O = K_v(d_{n-1}\cdot 2^{n-1} + d_{n-2}\cdot 2^{n-2} + \cdots + d_1\cdot 2^1 + d_0\cdot 2^0) \tag{8-2-3}$$

8.2.1　权电阻网络 D/A 转换器

图 8-2-2 所示为 4 位权电阻网络 D/A 转换器的结构，它由 R、$2R$、$4R$、$8R$ 组成的电阻网络，模拟开关 S_0、S_1、S_2、S_3，运算放大器和基准电源 V_{REF} 组成。$d_3 \sim d_0$ 为输入的数字量，d_3 为最高位（Most Significant Bit，MSB），d_0 为最低位（Least Significant Bit，LSB），权值依次为 2^3、2^2、2^1、2^0。当数字量 d_i 为 1 时，模拟开关接 V_{REF} 端；当数字量 d_i 为 0 时，模拟开关接地。

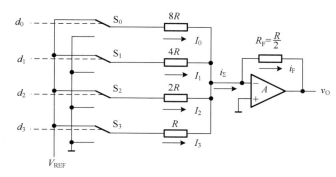

图 8-2-2　4 位权电阻网络 D/A 转换器

各支路的电阻值与数字量所在位的权成反比，因此，电阻网络称为权电阻网络。

对于理想的运算放大器，当 $d_i = 1$ 时，各支路的电流分别为 $I_0 = \dfrac{V_{REF}}{8R}$、$I_1 = \dfrac{V_{REF}}{4R}$、$I_2 = \dfrac{V_{REF}}{2R}$、$I_3 = \dfrac{V_{REF}}{R}$，则总电流为

$$\begin{aligned}
i_\Sigma &= I_0 d_0 + I_1 d_1 + I_2 d_2 + I_3 d_3 \\
&= \frac{V_{REF}}{8R}d_0 + \frac{V_{REF}}{4R}d_1 + \frac{V_{REF}}{2R}d_2 + \frac{V_{REF}}{R}d_3 \\
&= \frac{V_{REF}}{2^3 R}(d_3\cdot 2^3 + d_2\cdot 2^2 + d_1\cdot 2^1 + d_0\cdot 2^0)
\end{aligned} \tag{8-2-4}$$

运算放大器的输出为

$$\begin{aligned}
v_O &= -R_F i_F = -\frac{R}{2}i_F \\
&= -\frac{V_{REF}}{2^4}(d_3\cdot 2^3 + d_2\cdot 2^2 + d_1\cdot 2^1 + d_0\cdot 2^0)
\end{aligned} \tag{8-2-5}$$

可见，实现了从数字量到模拟量的转换，且输出的模拟电压与输入的数字量成正比。

对于输入数字量为 n 位的权电阻网络 D/A 转换器，若反馈电阻 $R_F = R/2$，则输出的模拟电压为

$$v_O = -\frac{V_{REF}}{2^n}(d_{n-1} \cdot 2^{n-1} + d_{n-2} \cdot 2^{n-2} + \cdots + d_1 \cdot 2^1 + d_0 \cdot 2^0) \tag{8-2-6}$$

由式 (8-2-6) 可知，当输入的数字量 $d_{n-1}d_{n-2}\cdots d_1 d_0$ 从 $00\cdots00 \sim 11\cdots11$ 变化时，输出模拟电压 v_O 的变化范围为 $0 \sim -\dfrac{2^n-1}{2^n}V_{REF}$ ，且 v_O 的极性与 V_{REF} 的极性相反。

权电阻网络 D/A 转换器的优点是结构简单、所需的电阻数量不多，缺点是当数字量的位数较多时，电阻网络中电阻阻值之间相差过大。一个 12 位的权电阻网络 D/A 转换器使用的电阻从 R 到 $2^{11}R$ ，最大相差 2^{11} 倍，在这样宽的阻值范围之内保证每一个电阻阻值都有足够高的精度是很难实现的。

8.2.2　倒 T 形电阻网络 D/A 转换器

4 位倒 T 形电阻网络 D/A 转换器的结构如图 8-2-3 所示，它由电阻网络、模拟开关、运算放大器和基准电源 V_{REF} 组成。电阻网络中，只有取值为 R 和 $2R$ 的两种电阻，因此也称为 $R/2R$ 梯形电阻网络 D/A 转换器。倒 T 形电阻网络 D/A 转换器克服了权电阻网络 D/A 转换器的缺点，它的电阻阻值只有两种，方便制作成集成器件。

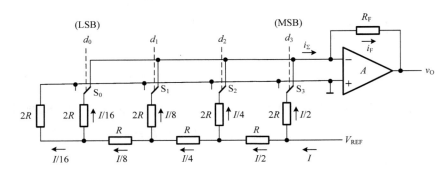

图 8-2-3　4 位倒 T 形电阻网络 D/A 转换器

由图 8-2-3 可知，输入的数字信号控制模拟开关，当 $d_i = 1$ ，S_i 将电阻接到运算放大器反相输入端（虚地）；当 $d_i = 0$ ，S_i 将电阻接到运算放大器同相输入端。根据理想运算放大器虚地的概念，无论模拟开关 S_i 接至哪个位置，与 S_i 相连的 $2R$ 电阻都相当于接地，电阻网络中流经电阻 $2R$ 的电流保持不变。从每一个节点向左看，每个二端网络的等效电阻值均为 R ，由此可以得到，从 V_{REF} 流出的总电流 $I = \dfrac{V_{REF}}{R}$ ，各支路电流分别为 $I/2$、$I/4$、$I/8$ 和 $I/16$ 。

总电流为

$$\begin{aligned}
i_\Sigma &= \frac{I}{2}d_3 + \frac{I}{4}d_2 + \frac{I}{8}d_1 + \frac{I}{16}d_0 \\
&= \frac{V_{REF}}{R}\left(\frac{d_3}{2^1} + \frac{d_2}{2^2} + \frac{d_1}{2^3} + \frac{d_0}{2^4}\right) \\
&= \frac{V_{REF}}{2^4 R}(d_3 \cdot 2^3 + d_2 \cdot 2^2 + d_1 \cdot 2^1 + d_0 \cdot 2^0)
\end{aligned} \tag{8-2-7}$$

输出的模拟电压为

$$v_O = -i_F R_F = -i_\Sigma R_F = -\frac{V_{REF} R_F}{2^4 R}(d_3 \cdot 2^3 + d_2 \cdot 2^2 + d_1 \cdot 2^1 + d_0 \cdot 2^0) \tag{8-2-8}$$

若 $R_F = R$，则

$$v_O = -\frac{V_{REF}}{2^4}(d_3 \cdot 2^3 + d_2 \cdot 2^2 + d_1 \cdot 2^1 + d_0 \cdot 2^0) \tag{8-2-9}$$

可见，实现了从数字量到模拟量的转换，输出的模拟电压与输入的数字量成正比。

对于输入数字量为 n 位的倒 T 形电阻网络 D/A 转换器，输出的模拟电压为

$$v_O = -\frac{V_{REF}}{2^n}(d_{n-1} \cdot 2^{n-1} + d_{n-2} \cdot 2^{n-2} + \cdots + d_1 \cdot 2^1 + d_0 \cdot 2^0) \tag{8-2-10}$$

由于倒 T 形电阻网络 D/A 转换器中各支路电流直接流入运算放大器的输入端，在求和的时候不存在传输时间差，因此，其转换速度高，也减小了动态过程中输出端可能出现的尖脉冲。它是目前广泛使用的速度较快的一种 D/A 转换器。

8.2.3　权电流型 D/A 转换器

在权电阻网络 D/A 转换器和倒 T 形电阻网络 D/A 转换器中，计算支路电流时均将模拟开关当作理想开关，但在实际中，模拟开关存在导通电阻和导通压降，会给各个支路的电流带来一定的误差，进而影响 D/A 转换器的转换精度。

权电流型 D/A 转换器与权电阻网络 D/A 转换器结构相似，用恒流源代替电阻网络中的电阻。恒流源使各支路电流以及求和电流稳定，不受模拟开关中导通电阻和导通压降影响，提高了转换精度。

权电流型 D/A 转换器的结构如图 8-2-4 所示，它由恒流源网络、模拟开关、运算放大器和基准电源 $-V_{REF}$ 组成。各支路电流与输入二进制数 d_i 的权值成正比，当数字量 d_i 为 1 时，开关 S_i 将恒流源接到运算放大器的反相输入端；当数字量 d_i 为 0 时，开关 S_i 将恒流源接地。

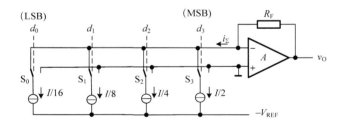

图 8-2-4　权电流型 D/A 转换器结构

根据理想运算放大器虚地的概念，无论模拟开关 S_i 接至哪个位置，各支路中的电流均相等，总电流可以表示为

$$i_\Sigma = \frac{I}{2}d_3 + \frac{I}{4}d_2 + \frac{I}{8}d_1 + \frac{I}{16}d_0 \tag{8-2-11}$$

运算放大器输出电压为

$$v_O = i_\Sigma R_F = \frac{I}{2^4} R_F (d_3 \cdot 2^3 + d_2 \cdot 2^2 + d_1 \cdot 2^1 + d_0 \cdot 2^0) \qquad (8\text{-}2\text{-}12)$$

可见，输出的模拟电压与输入的数字量成正比。

将电流值依次递减1/2的恒流源与倒T形电阻网络结合在一起构成权电流型D/A转换器，其结构如图 8-2-5 所示。运算放大器 A_1、三极管 T_r、电阻 R_1 和 R 组成基准电流 I_{REF} 发生电路。恒流源 I_{BB} 用来给 T_r、$T_3 \sim T_0$、T_C 提供必要的基极偏置电流。三极管 T_3、T_2、T_1、T_0、T_C 的基极连接在一起，即 v_B 相同，T_3、T_2、T_1、T_0 集电极分别受数字量控制，当数字量 d_i 为 1 时，开关 S_i 将三极管的集电极接到运算放大器的反相输入端；当数字量 d_i 为 0 时，开关 S_i 将三极管的集电极接地。

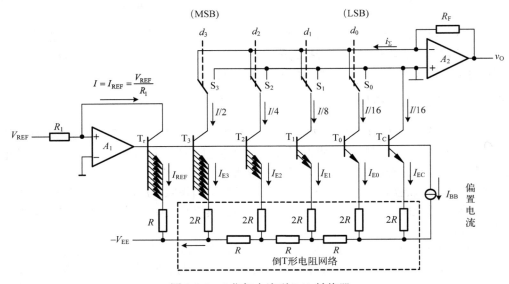

图 8-2-5　4 位权电流型 D/A 转换器

基准电流 I_{REF} 由外加的基准电压 V_{REF} 和电阻 R_1 确定，根据理想运算放大器的工作特点，基准电流 I_{REF} 即三极管 T_r 集电极电流为

$$I = I_{REF} = \frac{V_{REF}}{R_1} \qquad (8\text{-}2\text{-}13)$$

由于 T_3 和 T_r 具有相同的 v_{BE} 而发射极电阻相差一倍，因此 T_3 发射极电流为

$$I_{E3} \approx \frac{I}{2} \qquad (8\text{-}2\text{-}14)$$

T_3、T_2、T_1、T_0 的基极连在一起，发射极连接倒 T 形电阻网络，如果每个三极管的发射结电压降 v_{BE} 相同，则它们发射极输出的电压相同，即输入到倒 T 形电阻网络的电压相同，根据倒 T 形电阻网络的工作原理，则能够在各支路中产生按比例递减的电流。在这种情况下，电路的工作状态与倒 T 形电阻网络 DAC 一样，从左到右流过每个 $2R$ 电阻的电流依次减少 1/2，分别为 $I/2$、$I/4$、$I/8$、$I/16$。

为保证 T_3、T_2、T_1、T_0 的 v_{BE} 相同，发射结的面积按比例递减，比例为 $8:4:2:1$，发

射结的面积减小，发射结的电阻成倍增大，从而使 T_3、T_2、T_1、T_0 的 v_{BE} 相同。在图 8-2-5 中用增加发射极的数目来表示发射结的面积，分别为 8、4、2、1。

输出电压可表示为

$$v_O = i_\Sigma R_F = R_F \left(\frac{I}{2} d_3 + \frac{I}{4} d_2 + \frac{I}{8} d_1 + \frac{I}{16} d_0 \right)$$

$$= \frac{R_F V_{REF}}{2^4 R_1} (d_3 \cdot 2^3 + d_2 \cdot 2^2 + d_1 \cdot 2^1 + d_0 \cdot 2^0) \tag{8-2-15}$$

n 位权电流型 D/A 转换器的输出可以表示为

$$v_O = \frac{R_F V_{REF}}{2^n R_1} (d_{n-1} \cdot 2^{n-1} + d_{n-2} \cdot 2^{n-2} + \cdots + d_1 \cdot 2^1 + d_0 \cdot 2^0) \tag{8-2-16}$$

8.2.4　D/A 转换器的双极性输出方式

D/A 转换器有单极性输出和双极性输出两种工作方式。

当为单极性输出方式时，输入的数字量为无符号的二进制数，输出电压可以为负值和 0，或为 0 和正值。表 8-2-1 所示为 10 位 D/A 转换器单极性输出时，输出模拟电压与输入数字量之间的关系。10 位无符号二进制数表示从 0 到 1023 之间的整数，输出的模拟电压从 $0 \sim -\frac{1023}{1024} V_{REF}$ 或 $0 \sim +\frac{1023}{1024} V_{REF}$。

当为双极性输出方式时，输入的数字量为有符号数的二进制数的补码，输出为正、负极性的模拟电压。表 8-2-2 所示为 10 位 D/A 转换器双极性输出时，输出模拟电压与输入补码、偏移码之间的关系。10 位二进制补码表示从 -512 到 511 之间的整数，输出的模拟电压从 $-\frac{512}{1024} V_{REF}$ 到 $\frac{511}{1024} V_{REF}$。

对于相同的代码，表 8-2-2 中偏移二进制码对应的双极性 D/A 转换器输出与表 8-2-1 中单极性 D/A 转换器的输出相比，偏移量为 $\frac{512}{1024} V_{REF}$。由表 8-2-2 可以看出，补码和对应的偏移码最高位相反，其余位均相同。

表 8-2-1　10 位 D/A 转换器单极性输出时输出与输入关系

十进制数	无符号二进制数										模拟电压
	d_9	d_8	d_7	d_6	d_5	d_4	d_3	d_2	d_1	d_0	v_O
1023	1	1	1	1	1	1	1	1	1	1	$\pm\frac{1023}{1024} V_{REF}$
1022	1	1	1	1	1	1	1	1	1	0	$\pm\frac{1022}{1024} V_{REF}$
⋮					⋮						⋮
513	1	0	0	0	0	0	0	0	0	1	$\pm\frac{513}{1024} V_{REF}$
512	1	0	0	0	0	0	0	0	0	0	$\pm\frac{512}{1024} V_{REF}$

续表

十进制数	无符号二进制数										模拟电压
	d_9	d_8	d_7	d_6	d_5	d_4	d_3	d_2	d_1	d_0	v_O
511	0	1	1	1	1	1	1	1	1	1	$\pm\dfrac{511}{1024}V_{REF}$
⋮					⋮						⋮
1	0	0	0	0	0	0	0	0	0	1	$\pm\dfrac{1}{1024}V_{REF}$
0	0	0	0	0	0	0	0	0	0	0	0

表 8-2-2　10 位 D/A 转换器双极性输出时输出与输入的关系

十进制数	二进制补码										偏移二进制码										模拟电压
	d_9	d_8	d_7	d_6	d_5	d_4	d_3	d_2	d_1	d_0	d_9	d_8	d_7	d_6	d_5	d_4	d_3	d_2	d_1	d_0	v_O
+511	0	1	1	1	1	1	1	1	1	1	1	1	1	1	1	1	1	1	1	1	$+\dfrac{511}{1024}V_{REF}$
+510	0	1	1	1	1	1	1	1	1	0	1	1	1	1	1	1	1	1	1	0	$+\dfrac{510}{1024}V_{REF}$
⋮					⋮										⋮						⋮
+1	0	0	0	0	0	0	0	0	0	1	1	0	0	0	0	0	0	0	0	1	$+\dfrac{1}{1024}V_{REF}$
0	0	0	0	0	0	0	0	0	0	0	1	0	0	0	0	0	0	0	0	0	0
−1	1	1	1	1	1	1	1	1	1	1	0	1	1	1	1	1	1	1	1	1	$-\dfrac{1}{1024}V_{REF}$
⋮					⋮										⋮						⋮
−511	1	0	0	0	0	0	0	0	0	1	0	0	0	0	0	0	0	0	0	1	$-\dfrac{511}{1024}V_{REF}$
−512	1	0	0	0	0	0	0	0	0	0	0	0	0	0	0	0	0	0	0	0	$-\dfrac{512}{1024}V_{REF}$

图 8-2-6 为 10 位双极性输出的 D/A 转换器原理图，将有符号二进制数补码 $N_补$ 的最高位 d_9 取反、$d_8 \sim d_0$ 不变，作为 10 位倒 T 形电阻网络 D/A 转换器数字量输入，运算放大器 A_2 组成偏移电路，将 A_1 的输出电压 v_1 偏移 $\dfrac{512}{1024}V_{REF}$，得到双极性电压 v_O。

根据图 8-2-6 可得

$$v_O = -v_I - \frac{V_{REF}}{2}$$
$$= -\left(-\frac{N_{10}}{2^{10}}V_{REF} - \frac{V_{REF}}{2}\right) - \frac{V_{REF}}{2} = \frac{N_{10}}{2^{10}}V_{REF} \tag{8-2-17}$$

式中，N_{10} 为输入对应的十进制数。

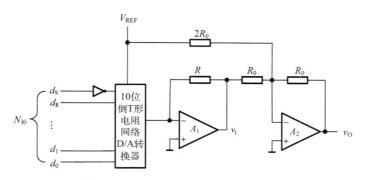

图 8-2-6　双极性输出的 D/A 转换器

8.2.5　集成 D/A 转换器

AD7520 是 10 位的 CMOS 数模转换器集成芯片，如图 8-2-7 所示，芯片包含倒 T 形电阻网络、模拟开关和反馈电阻，输出端为电流输出。使用时需要外接运算放大器和基准电压源。AD7520 因接口简单、通用性好、性价比高等特点得到广泛应用。

AD7520 共有 16 个引脚，各引脚的功能如下。

I_{OUT1}：电流输出端 1，接运算放大器的反相输入端；

I_{OUT2}：电流输出端 2，一般接地；

GND：接地端；

$d_9 \sim d_0$：10 位数字量输入端；

V_{DD}：电源输入端；

V_{REF}：参考电压输入端；

R_F：反馈电阻引出端。

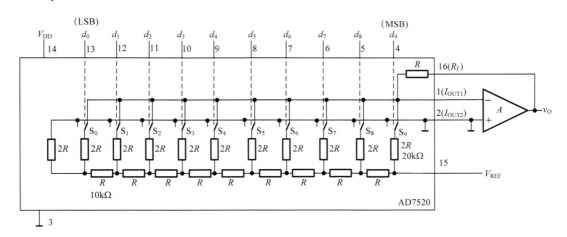

图 8-2-7　AD7520 电路图

图 8-2-7 中的开关 S_i 为 CMOS 模拟开关，其电路如图 8-2-8 所示。T_1、T_2、T_3 构成输入

级，T_4 和 T_5、T_6 和 T_7 分别构成反相器，两个反向相器的输出作为 T_9 和 T_8 的栅极电压，T_9 和 T_8 的漏极接电阻网络中的电阻，源极接电流输出端 I_{OUT1} 和 I_{OUT2}。

当输入数字量 d_i 为低电平时，T_4 和 T_5 构成的反相器输出低电平，T_6 和 T_7 构成的反相器输出高电平，T_8 导通、T_9 截止，阻值为 $2R$ 的电阻经 T_8 接地。当输入数字量 d_i 为高电平时，T_8 截止、T_9 导通，$2R$ 电阻经 T_9 接运算放大器的反相输入端。

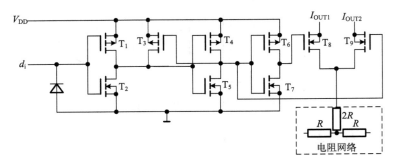

图 8-2-8　CMOS 模拟开关电路

AD7520 单极性输出和双极性输出的电路如图 8-2-9 所示。

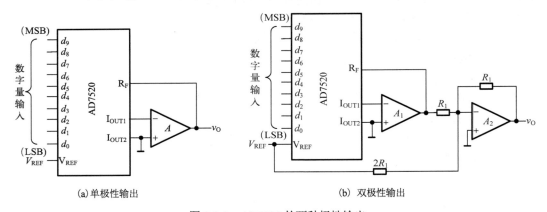

(a) 单极性输出　　　　　　　　　　　　　　(b) 双极性输出

图 8-2-9　AD7520 的两种极性输出

8.3　D/A 转换器的技术指标

D/A 转换器主要技术指标有分辨率、转换误差和转换速度。分辨率和转换误差通常用来衡量 D/A 转换器的转换精度。

8.3.1　D/A 转换器的分辨率

分辨率为 D/A 转换器对输入微小量变化的敏感程度，是 D/A 转换器理论上可以达到的精度，其定义为 D/A 转换器输出的模拟电压可能被分离的等级数。分辨率可以用输入二进制数的位数表示，位数越多，D/A 转换器的分辨率越高。

分辨率还可以用 D/A 转换器最小输出电压与最大输出电压之比表示。最小输出电压是对应于输入数字量最低有效位为 1、其余位均为 0 时的输出电压，记为 V_{LSB}。最大输出电压也称为满刻度（Full Scale Range，FSR）输出电压，是对应于输入数字量各位均为 1 时的输出电压，记为 V_{FSR}。

n 位 D/A 转换器的分辨率可以表示为

$$\frac{V_{LSB}}{V_{FSR}} = \frac{1}{2^n - 1} \tag{8-3-1}$$

【例 8-1】 D/A 转换器满刻度输出电压为 10V，分别求出输入数字量为 4 位二进制数和 8 位二进制数时，D/A 转换器可以分辨出的最小电压是多少？

解　输入为 4 位二进制数时，分辨出的最小电压为

$$\Delta v = \frac{1}{2^4 - 1} \times 10 \approx 0.667V$$

输入为 8 位二进制数时，分辨出的最小电压为

$$\Delta v = \frac{1}{2^8 - 1} \times 10 \approx 0.039V$$

可见，当位数增加时，D/A 转换器对输出电压的分辨能力明显增强。

8.3.2　D/A 转换器的转换误差

转换误差有绝对误差和相对误差两种表示方法。

绝对误差是指对于输入某个数字量时，实际输出模拟电压值与理论输出值之差，通常用最小分辨电压的倍数表示。例如，转换误差 $< \frac{1}{2}$LSB，表示实际输出模拟电压值与理论输出值之间的差值小于输入数字量 LSB 为 1、其余位均为 0 时的输出电压的一半。

相对误差是指对于输入某个数字量时，实际输出模拟电压与理论输出值之差除以满刻度输出电压，通常用百分数表示。例如，D/A 转换器满刻度输出电压为 10V，如果相对误差为 1%，就意味着输出电压的最大误差为 0.1V。百分数越小，精度越高。

误差是一个综合指标，它不仅与 D/A 转换器中元件参数的精度有关，而且还与集成运算放大器的温度漂移以及 D/A 转换器的位数等有关，具体包含参考电压的波动、运算放大器的零点漂移、模拟开关的导通内阻和导通压降，以及电阻网络中电阻阻值的误差。不同原因引起的误差具有不同的特点，对于权电阻网络的 D/A 转换器，由式（8-2-6）可知：

$$\Delta v_O = -\frac{\Delta V_{REF}}{2^n}(d_{n-1} \cdot 2^{n-1} + d_{n-2} \cdot 2^{n-2} + \cdots + d_1 \cdot 2^1 + d_0 \cdot 2^0) \tag{8-3-2}$$

由式（8-3-2）可以看出，V_{REF} 的波动引起的转换误差与输入的数字量的大小成正比，因此，V_{REF} 变化引起的误差为线性误差。

运算放大器零点漂移引起的误差是一个常数，与输入的数字量的大小无关。由于模拟开关的导通内阻和导通压降不能为零，因此它们引起的误差与 V_{REF} 波动和运算放大器零点漂移引起的误差不同，既不是常数，也不与输入的数字量成正比，通常称为非线性误差。电阻网络中电阻值偏差而引起的误差也为非线性误差。

从 D/A 转换器转换误差的影响因素可以看出，为获得高精度的 D/A 转换输出，不仅需要高分辨率的 D/A 转换器，同时还需要高稳定度的 V_{REF} 和高性能的运算放大器。

8.3.3 D/A 转换器的转换速度

当输入的数字量发生变化时，D/A 转换器输出的模拟量并不能立刻达到所对应的值，而是需要一段时间，这段时间的长短取决于 D/A 转换器的转换速度。通常转换速度用建立时间来描述。

建立时间 t_{set} 是指从输入数字量发生变化开始，直到输出电压达到规定误差范围内所需的

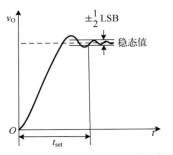

图 8-3-1   D/A 转换器建立时间示意图

时间，如图 8-3-1 所示。一般用 D/A 转换器输入的数字量从全 0 变为全 1，输出电压达到与稳态值相差 $\pm\frac{1}{2}$ LSB（规定的误差范围）所需的时间表示。

另外，在单片集成的 D/A 转换器中是否包含运算放大器，对建立时间 t_{set} 长短的影响较大。如果使用外加运算放大器组成完整的 D/A 转换器，则一般应使用转换速度较快的运算放大器以缩短建立时间，因为普通的运算放大器建立时间过长，会成为 D/A 转换器建立时间的主要部分。

8.4   D/A 转换器的应用

1. 数字量转换为模拟电压

【**例 8-2**】   在 D/A 转换器组成的双极性电路图 8-2-6 中，已知 $V_{REF} = -10V$，求当输入补码为 $N_{补} = (36C)_H$ 和 $N_{补} = (18D)_H$ 时，其输出模拟电压 v_O 分别是多少？

解   输入补码为 $(36C)_H$ 时，输入对应的十进制数为

$$N_{10} = -148$$

输出模拟电压为

$$v_O = (N_{10}/1024) \times V_{REF}$$
$$= (-148/1024) \times (-10)V$$
$$\approx 1.445V$$

输入补码为 $(18D)_H$ 时，输入对应的十进制数为

$$N_{10} = 397$$

输出模拟电压为

$$v_O = (N_{10}/1024) \times V_{REF}$$
$$= (397/1024) \times (-10)V$$
$$\approx -3.877V$$

2. 波形发生器

【例 8-3】　10 位 D/A 转换器 AD7520 和 4 位二进制同步加法计数器 74HC160 组成的波形发生器电路如图 8-4-1(a)所示，已知 $V_{\text{REF}} = -10\text{V}$，时钟信号 CLK 的周期为 2ms，试画出输出电压 v_{O} 的波形。

解　由图 8-4-1(a)可知，74HC160 构成十进制加法计数器，在时钟信号 CLK 作用下，74HC160 的 $Q_3Q_2Q_1Q_0$ 输出状态从 0000～1001 变化，可以得到 AD7520 的输出为

$$v_{\text{O}} = -\frac{V_{\text{REF}}}{2^{10}}(d_9 \times 2^9 + d_8 \times 2^8 + d_7 \times 2^7 + d_6 \times 2^6)$$
$$= -\frac{10}{2^{10}}(d_9 \times 2^9 + d_8 \times 2^8 + d_7 \times 2^7 + d_6 \times 2^6)$$

当 $d_9d_8d_7d_6$ 从 0000～1001 变化时，输出 v_{O} 的波形如图 8-4-1(b)所示。

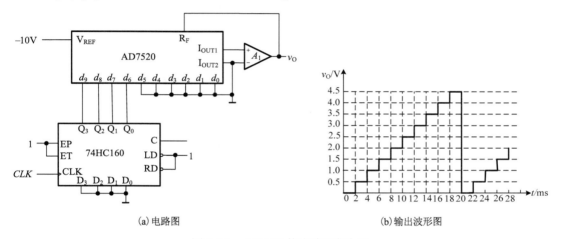

(a) 电路图　　　　　　　　　　　　　　(b) 输出波形图

图 8-4-1　AD7520 构成波形发生器

3. 数字式可编程增益控制电路

【例 8-4】　AD7520 组成的可编程增益控制电路如图 8-4-2 所示，试确定该电路的增益 $A_{\text{v}} = \dfrac{v_{\text{O}}}{v_{\text{I}}}$ 的取值范围。

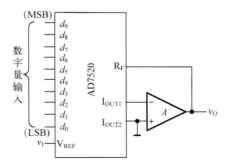

图 8-4-2　AD7520 组成的可编程增益控制电路

解   由图 8-4-2 可以得出

$$v_O = -\frac{V_{REF}}{2^{10}}(d_9 \times 2^9 + d_8 \times 2^8 + \cdots + d_1 \times 2^1 + d_0 \times 2^0)$$

$$= -\frac{v_I}{2^{10}}(d_9 \times 2^9 + d_8 \times 2^8 + \cdots + d_1 \times 2^1 + d_0 \times 2^0)$$

$$A_v = \frac{v_O}{v_I} = -\frac{(d_9 \times 2^9 + d_8 \times 2^8 + \cdots + d_1 \times 2^1 + d_0 \times 2^0)}{2^{10}}$$

当数字量 $d_9 \sim d_0$ 从 0000000000～1111111111 变化时，电路的增益变化范围为 0～ $-\frac{2^{10}-1}{2^{10}}$。

8.5 A/D 转换器

8.5.1 A/D 转换器的基本原理

A/D 转换器的功能是把连续的模拟信号转换成离散的数字信号，因此，A/D 转换器一般包含采样、保持、量化、编码四个步骤，如图 8-5-1 所示。通常，采样和保持由采样保持器完成，量化和编码也是同时完成的。

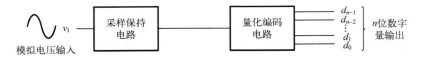

图 8-5-1   A/D 转换器的步骤

A/D 转换器将模拟量转换为二进制的数字量需要时间，因此，采样得到的模拟电压值应当保持一段时间不变，再进行下一次采样，这就是保持功能。完成采样和保持两个功能的电路，称为采样保持电路。采样结束后进入保持时间，将采样得到的模拟量转换为数字量，并按一定的编码形式给出转换结果。

1. 采样和保持

采样是指在采样脉冲的作用下，将时间上、幅值上连续的模拟信号转换成时间上离散但幅值上连续的模拟信号。采样过程如图 8-5-2 所示，$v_I(t)$ 为输入模拟信号，$s(t)$ 为采样信号，$v_O(t)$ 为采样后输出的模拟信号。τ 为采样脉冲的宽度，T_s 为采样周期。当 $s(t)$ 为高电平时，$v_O(t) = v_I(t)$；当 $s(t)$ 为低电平时，$v_O(t) = 0$。

为了保证由采样后的信号无失真地重建原始输入信号，采样频率 f_s 必须大于或等于输入模拟信号中最高频率 $f_{I(max)}$ 的两倍，即

$$f_s \geqslant 2f_{I(max)} \tag{8-5-1}$$

式 (8-5-1) 为采样定理的公式，给出了采样频率的最低取值条件，工程实践中，一般取 $f_s = 3f_{I(max)} \sim 5f_{I(max)}$。

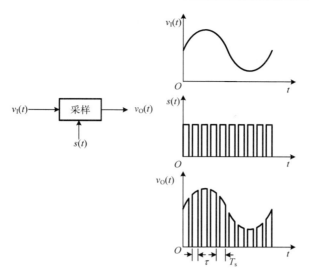

图 8-5-2　采样过程

　　串联型采样保持电路的电路结构如图 8-5-3(a)所示，由运算放大器 A_1、运算放大器 A_2、模拟开关 S 和保持电容 C_H 组成。图 8-5-3(b) 为采样保持电路的波形图，t_1 时刻采样开关 S 闭合，C_H 被迅速充电，电路处于采样阶段。由于两个放大器均工作在单位增益的电压跟随状态，因此采样阶段 $v_O = v_I$。采样阶段结束，采样开关 S 断开，若 A_2 的输入阻抗为无穷大，S 为理想开关，则 C_H 没有放电回路，其两端保持充电时的最终电压值不变，从而保证电路输出端的电压 v_O 维持不变，电路处于保持阶段。

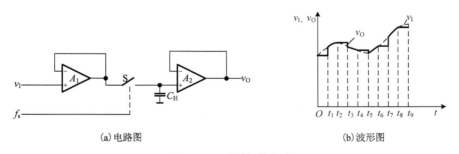

　　(a)电路图　　　　　　　　　　　　　　　(b)波形图

图 8-5-3　采样保持电路

2. 量化和编码

　　经过采样处理后的信号在时间上是离散的，但是幅值仍然是连续变化的。因此，采样保持后的信号需要进一步量化处理，将其变成时间离散、数值离散的数字信号。把采样电压表示为量化单位整数倍的过程称为量化。量化单位是量化所取的最小数量单位，是指数字量的最低有效位(LSB)为 1 时所对应的模拟电压，用 Δ 表示。将量化后的离散电平用二进制代码或其他进制代码表示的过程称为编码。

　　如果 A/D 转换器输出 n 位数字量，则对应 2^n 个量化电平。由于输入模拟电压不一定能被量化单位整除，因而量化过程不可避免地会引入误差，称为量化误差，量化误差属于原理性误差。数字量的位数越多，对模拟量的分割越精细，量化误差的绝对值越小。

量化一般有两种方法，只舍不入法和四舍五入法，采用不同的量化方法，最大量化误差不同。

只舍不入法如图 8-5-4(a) 所示，取 $\Delta = \frac{1}{8}$V，$0 \sim \frac{1}{8}$V 之间的模拟电压都当作 $0 \cdot \Delta$，用二进制数 000 表示；$\frac{1}{8} \sim \frac{2}{8}$V 之间的模拟电压都当作 $1 \cdot \Delta$，用二进制数 001 表示；以此类推，$\frac{7}{8} \sim 1$V 之间的模拟电压都当作 $7 \cdot \Delta$，用二进制数 111 表示。只舍不入法的最大量化误差 $|\varepsilon_{\max}| = \Delta = \frac{1}{8}$V。

四舍五入法如图 8-5-4(b) 所示，取量化单位 $\Delta = \frac{2}{15}$V，$0 \sim \frac{1}{15}$V 之间的模拟电压都当作 $0 \cdot \Delta$，用二进制数 000 表示；$\frac{1}{15} \sim \frac{3}{15}$V 之间的模拟电压都当作 $1 \cdot \Delta$，用二进制数 001 表示；以此类推，$\frac{13}{15} \sim 1$V 之间的模拟电压都当作 $7 \cdot \Delta$，用二进制数 111 表示。与只舍不入法相比，四舍五入法输出数字量对应的模拟电压的数值都是每一个量化区间的中间值，所以最大量化误差 $|\varepsilon_{\max}| = \frac{1}{2}\Delta = \frac{1}{15}$V。

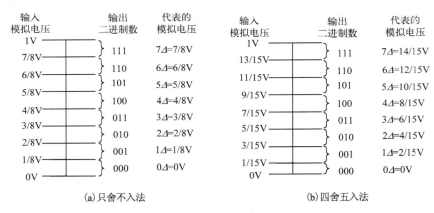

图 8-5-4　量化误差的两种方法

8.5.2　常见的 A/D 转换器

1. 并行比较型 A/D 转换器

3 位并行比较型 A/D 转换器的结构如图 8-5-5 所示，由 7 个阻值为 R 和 1 个阻值为 $\frac{1}{2}R$ 的电阻构成的电阻分压器、运算放大器 $C_1 \sim C_7$ 构成的电压比较器、代码转换器和寄存器组成。并行比较型 A/D 转换器利用比较器直接将输入的模拟信号与参考信号做比较，经代码转换后得到数字信号。

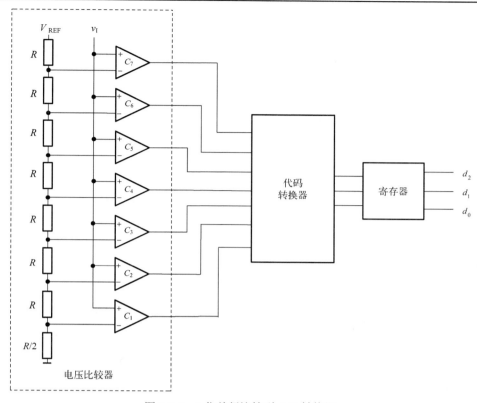

图 8-5-5　3 位并行比较型 A/D 转换器

电阻分压器将基准电压 V_{REF} 分为 7 个电压值，对应为 $\frac{1}{15}V_{REF}$、$\frac{3}{15}V_{REF}$、$\frac{5}{15}V_{REF}$、…、$\frac{13}{15}V_{REF}$，分别输入比较器 $C_1 \sim C_7$ 的反相输入端，作为参考电压。来自采样保持电路的模拟信号 v_I 直接与 7 个参考电压同时比较，在比较器的输出端输出高电平或低电平，经代码转换器转换成数字量存储在寄存器中。图 8-5-5 所示的 A/D 转换器采用四舍五入量化方法，量化单位 $\Delta = \frac{2}{15}V_{REF}$。

设输入电压 v_I 的取值范围为 $0 \sim V_{REF}$，当 v_I 为 $0 \sim \frac{1}{15}V_{REF}$ 时，比较器 $C_1 \sim C_7$ 的输出均为 0，经代码转换器转换成数字量 000；当 v_I 为 $\frac{1}{15}V_{REF} \sim \frac{3}{15}V_{REF}$ 时，比较器 $C_1 \sim C_7$ 的输出为 1000000，经代码转换器转换成数字量 001；以此类推，输入模拟电压、比较器输出以及输出数字量之间的关系如表 8-5-1 所示。

并行比较型 A/D 转换器直接把输入的模拟电压转换成数字量，不需要转换成中间量，属于直接转换型，因此，转换速度较快。图 8-5-5 所示电路的转换时间为比较器、代码转换器和寄存器的延迟时间之和，为几十纳秒。3 位并行比较型 A/D 转换器需要 7 个比较器，n 位并行比较型 A/D 转换器需要 $2^n - 1$ 个比较器，因此，当转换的二进制位数较多时所需的比较器数量过于庞大，这是并行比较型 A/D 转换器的缺点。

表 8-5-1　3 位并行比较器输出与输入关系表

输入模拟电压	比较器输出							输出数字量		
v_I	c_7	c_6	c_5	c_4	c_3	c_2	c_1	d_2	d_1	d_0
$\left(0 \sim \frac{1}{15}\right)V_{REF}$	0	0	0	0	0	0	0	0	0	0
$\left(\frac{1}{15} \sim \frac{3}{15}\right)V_{REF}$	0	0	0	0	0	0	1	0	0	1
$\left(\frac{3}{15} \sim \frac{5}{15}\right)V_{REF}$	0	0	0	0	0	1	1	0	1	0
$\left(\frac{5}{15} \sim \frac{7}{15}\right)V_{REF}$	0	0	0	0	1	1	1	0	1	1
$\left(\frac{7}{15} \sim \frac{9}{15}\right)V_{REF}$	0	0	0	1	1	1	1	1	0	0
$\left(\frac{9}{15} \sim \frac{11}{15}\right)V_{REF}$	0	0	1	1	1	1	1	1	0	1
$\left(\frac{11}{15} \sim \frac{13}{15}\right)V_{REF}$	0	1	1	1	1	1	1	1	1	0
$\left(\frac{13}{15} \sim 1\right)V_{REF}$	1	1	1	1	1	1	1	1	1	1

【**例 8-5**】　在如图 8-5-5 所示的并行比较型 A/D 转换器中，$V_{REF} = 7V$，求电路的量化单位 Δ。当 $v_I = 2.4V$ 时，计算输出数字量 $d_2d_1d_0$，并求出此时的量化误差。

解　由图 8-5-5 可知，量化单位 $\Delta = \frac{2}{15}V_{REF} = \frac{14}{15}V$。

当 $v_I = 2.4V$ 时，$\left(2.4 - \frac{1}{2}\Delta\right)/\Delta = 2.07$，对应的数字量 $d_2d_1d_0$ 为 011。011 对应的模拟量为 $3 \times \Delta = 3 \times \frac{14}{15}V = 2.8V$，此时，量化误差为 $2.8V - 2.4V = 0.4V$。

2. 逐次渐近型 A/D 转换器

逐次渐近型 A/D 转换器是目前广泛采用的直接 A/D 转换器，其结构框图如图 8-5-6 所示。它由 D/A 转换器、电压比较器和逐次渐近寄存器（Successive Approximation Register，SAR）以及控制逻辑电路构成。输入模拟信号 v_I 和 D/A 转换器输出的模拟信号 v'_O 分别接电压比较器的反相输入端和同相输入端，比较器输出作为反馈输入到控制逻辑电路。当 $v'_O \geqslant v_I$ 时，电压比较器输出为逻辑 1；当 $v'_O < v_I$ 时，电压比较器输出为逻辑 0。

转换开始前，将逐次渐近寄存器的各位清零。转换开始，逐次渐近寄存器的最高位置 1，D/A 转换器将输入的数字量 100…00 转换成对应的模拟电压 v'_O，送到电压比较器中与 v_I 进行比较。若 $v'_O \geqslant v_I$，比较器输出 1，此时，数字量过大，控制逻辑电路将逐次渐近寄存器最高位的 1 清除；若 $v'_O < v_I$，比较器输出 0，此时，数字量还不够大，应将逐次渐近寄存器最高位的 1 保留，从而确定了转换结果的最高位的具体数值。然后，再按同样的方式将次高位置成 1，并且经过比较以后确定次高位的 1 是否应该保留。这样逐位比较下去，到最低位为止。比较完毕后，逐次渐近寄存器中的数码就是转换后输出的数字量。

逐次渐近型 A/D 转换器的转换过程类似于用天平称物体质量的过程。首先从最重的砝码开始试放，若砝码重于物体，则砝码移去，否则保留。再加第二个次重的砝码，按着同样的方法判断次重砝码是否保留，直到加完最小的砝码，最后所有留下砝码的质量即为物体的质量。

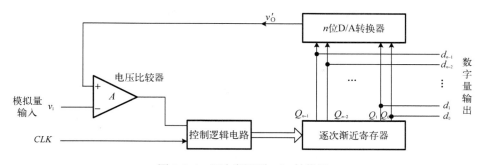

图 8-5-6　逐次渐近型 A/D 转换器

　　输出数字量为 4 位二进制码的逐次渐近型 A/D 转换器的电路结构如图 8-5-7 所示，控制电路由 FF_1、FF_2、…、FF_6 六个 D 触发器构成的环形移位寄存器和 G_1、G_2、…、G_7 七个门电路构成，4 位逐次渐近寄存器由 FF_A、FF_B、FF_C 和 FF_D 四个触发器构成。比较器 C 的同相、反相输入端分别接 D/A 转换器的输出和模拟输入信号 v_I。控制信号 v_P 为高电平时，时钟信号 CLK 能通过与门 G_0。

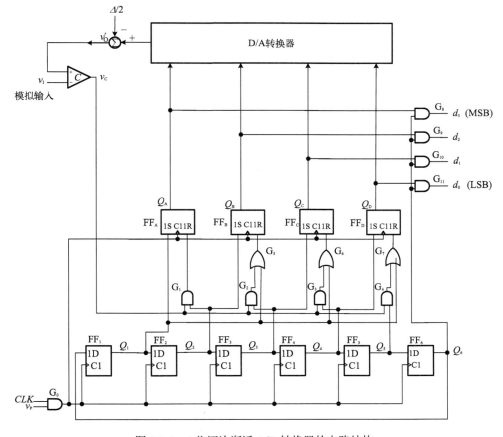

图 8-5-7　4 位逐次渐近 A/D 转换器的电路结构

转换开始前，将 FF_1、FF_2、$\cdots$、FF_6 构成的环形移位寄存器置为 $Q_1Q_2Q_3Q_4Q_5Q_6 = 100000$。

v_P 变为高电平时转换开始，由于 $Q_1 = 1$，第 1 个 CLK 到来后，FF_A 的置位端为高电平，FF_B、FF_C、FF_D 的复位端为高电平，因此，$Q_AQ_BQ_CQ_D = 1000$，D/A 转换器将 1000 转换成模拟电压 v'_O。如果 $v'_O \geq v_I$，则比较器输出 v_C 为高电平；如果 $v'_O < v_I$，则比较器输出 v_C 为低电平，同时环形移位寄存器的 $Q_1Q_2Q_3Q_4Q_5Q_6 = 010000$。

第 2 个 CLK 到来后，FF_B 的输出 Q_B 被置为 1，若在第 1 个 CLK 时，比较器输出 v_C 为高电平（$v'_O \geq v_I$），FF_A 的复位端为高电平，则 FF_A 的输出 Q_A 被置为 0，即输出二进制码的最高位的 1 舍弃；若在第 1 个 CLK 时，比较器输出 v_C 为低电平（$v'_O < v_I$），FF_A 的复位端和置位端均为低电平，FF_A 的输出 Q_A 保持原来的状态，即输出二进制码的最高位的 1 被保留。同时，环形移位寄存器向右移一位，$Q_1Q_2Q_3Q_4Q_5Q_6 = 001000$。

第 3 个 CLK 到来后，FF_C 的输出 Q_C 被置为 1，若在第 2 个 CLK 时，比较器输出 v_C 为高电平（$v'_O \geq v_I$），FF_B 的复位端为高电平，则 FF_B 输出 Q_B 被置为 0，即输出二进制码的次高位的 1 舍弃；若在第 2 个 CLK 时，比较器输出 v_C 为低电平（$v'_O < v_I$），FF_B 的复位端和置位端均为低电平，FF_B 的输出 Q_B 保持原来的状态，即输出二进制码的次高位的 1 被保留。同时，环形移位寄存器向右移一位，$Q_1Q_2Q_3Q_4Q_5Q_6 = 000100$。

第 4 个 CLK 到来后，FF_D 的输出 Q_D 被置为 1，若在第 3 个 CLK 时，比较器输出 v_C 为高电平（$v'_O \geq v_I$），FF_C 的复位端为高电平，则 FF_C 输出 Q_C 被置为 0，即输出二进制码的第三位的 1 舍弃；若在第 3 个 CLK 时，比较器输出 v_C 为低电平（$v'_O < v_I$），FF_C 的复位端和置位端均为低电平，FF_C 的输出 Q_C 保持原来的状态，即输出二进制码的第三位的 1 被保留。同时，环形移位寄存器向右移一位，$Q_1Q_2Q_3Q_4Q_5Q_6 = 000010$。

第 5 个 CLK 到来后，$Q_5 = 1$ 输入到与门 G_4，如果在第 4 个 CLK 时，$v_C = 1$，则 FF_D 输出 Q_D 被置 0；若在第 4 个 CLK 时，$v_C = 0$，则 $Q_D = 1$ 的状态保留。至此，FF_A、FF_B、FF_C 和 FF_D 的状态就是需要输出的数字量。同时环形移位寄存器向右移一位，$Q_1Q_2Q_3Q_4Q_5Q_6 = 000001$。$Q_6 = 1$，可以使 G_8、G_9、G_{10}、G_{11} 门开启，$Q_AQ_BQ_CQ_D$ 可以输出到 $d_3d_2d_1d_0$。

第 6 个 CLK 到来后，环形移位寄存器的输出 $Q_1Q_2Q_3Q_4Q_5Q_6 = 100000$，$Q_6 = 0$，门 G_8、G_9、G_{10}、G_{11} 关闭，信号无法输出，A/D 转换器回到初始状态。

由上述分析看出，逐次渐近型 A/D 转换器转换原理简单，转换速度和转换精度均取决于输出数字量的位数，数字量的位数越多，转换精度越高，转换时间越长。转换速度还与时钟信号频率有关，时钟频率越高，转换速度越快。它的转换速度比并行比较型 A/D 转换器慢，但是比间接 A/D 转换器快。

3. 双积分型 A/D 转换器

双积分型 A/D 转换器又称为电压-时间变换型（简称 *V-T* 变换型）A/D 转换器。它的转换过程是先对输入模拟电压进行积分，转换成与输入电压平均值 V 成正比的时间宽度信号 T，然后在时间 T 内对固定频率的时钟脉冲计数，进而计算出输入模拟电压对应的数字量。与直接 A/D 转换器不同，双积分型 A/D 转换器是一种间接 A/D 转换器。

双积分型 A/D 转换器的原理框图如图 8-5-8 所示，由积分器、比较器、控制逻辑、计数器等电路组成。设模拟量输入 v_I 为正值，参考电压为 $-V_{REF}$。

转换开始之前，将计数器清零，开关 S_1 闭合，使积分电容 C 完全放电，积分器的输出 v_O 为 0。

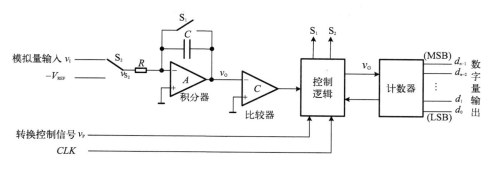

图 8-5-8　双积分型 A/D 转换器

双积分型 A/D 转换器转换分两步进行，工作波形如图 8-5-9 所示。

转换控制信号 $v_P = 1$，转换正式开始，将 S_1 断开，S_2 与输入信号 v_I 接通，电路进行第一次积分，积分器对 v_I 在固定时间内积分，积分器输出电压可表示为

$$v_O(t) = -\frac{1}{RC}\int_0^t v_I \mathrm{d}t \tag{8-5-2}$$

在积分器第一次积分的时间 T_1 内，v_O 为负值，比较器输出高电平，控制逻辑使计数器在时钟信号 CLK 作用下开始计数，经过 2^n 个时钟周期之后，计数器回到全 0 状态。控制逻辑将开关 S_2 由 v_I 转接至 $-V_{REF}$，第一次积分结束，积分时间 $T_1 = 2^n T_C$，T_C 为计数器时钟脉冲周期。

如果输入电压 v_I 在 T_1 时间内的平均值为 V_I，则由式 (8-5-2) 可以得到第一次积分结束时积分器输出电压：

$$v_{O1} = -\frac{T_1}{RC}V_I = -\frac{2^n T_C}{RC}V_I \tag{8-5-3}$$

积分器输出电压与 V_I 成正比，且从 0 开始向负方向线性变化。

控制逻辑将开关 S_2 接至 $-V_{REF}$，第二次积分开始。积分器开始进行反向积分，计数器计数，积分器输出电压 v_O 不断上升。直到积分器的输出 $v_O = 0$ 时，比较器输出低电平，控制逻辑使计数器停止计数。第二次积分结束后，控制逻辑又使开关 S_1 闭合，电容 C 放电，计数器复位，为下一次转换做好准备。

在第二次积分过程中，设积分器的电压从 v_{O1} 上升到 0V 时需要的时间为 T_2，则有

$$v_O(t) = v_{O1} - \frac{1}{RC}\int_{T_1}^{T_1+T_2}(-V_{REF})\mathrm{d}t = 0 \tag{8-5-4}$$

$$\frac{2^n T_C}{RC}V_I = \frac{T_2}{RC}V_{REF} \tag{8-5-5}$$

可得

$$T_2 = \frac{2^n T_C}{V_{REF}}V_I \tag{8-5-6}$$

在积分器第二次积分时间T_2内，计数器的计数值为N，则

$$T_2 = NT_C \tag{8-5-7}$$

$$N = \frac{T_2}{T_C} = \frac{2^n}{V_{REF}}V_I \tag{8-5-8}$$

由式(8-5-8)可以看出，计数值N与输入的模拟电压v_I在T_1内的平均值V_I成正比，实现了从模拟量到数字量的转换。为保证T_2时间内计数器不溢出，需要满足$V_I < V_{REF}$。

当v_I取值不同时，反向积分时间T_2不同，反向积分时间与v_I成正比。

双积分型 A/D 转换器两次积分R、C的参数相同，由式(8-5-8)也可以看出，转换结果与R、C参数以及时钟周期无关，因此，双积分型 A/D 转换器稳定性好。另外，由于双积分型 A/D 转换器是对输入电压在T_1时间内的平均值进行转换，对在T_1时间内平均值为零的干扰信号具有较好的抑制能力，因此其抗干扰能力强。由于转换过程需要两次积分，再考虑转换前的准备时间和转换完的结果输出时间，因此双积分型 A/D 转换器的转换速度慢，一般为 ms 数量级，它适合于对转换速度要求不高的场合。

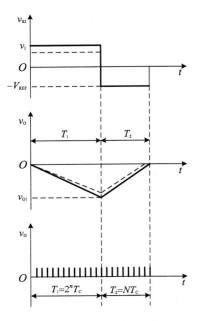

图 8-5-9　双积分型 A/D 转换器电压波形图

8.5.3　集成 A/D 转换器

ADC0809 是 CMOS 集成工艺制造的双列直插式单片 8 位逐次渐近型 A/D 转换器。分辨率为 8 位，有 8 个模拟量输入通道，转换时间为 100μs，输入电压范围为 0～5V。

ADC0809 的原理框图如图 8-5-10 所示，由一个 8 路模拟开关、一个地址锁存器和译码器、一个 A/D 转换器和一个三态输出锁存器组成。多路开关可选通 8 个模拟通道，允许 8 路模拟量分时输入，共用 A/D 转换器进行转换。三态输出锁存器用于锁存 A/D 转换完的数字量，当 OE 端为高电平时，才可以从三态输出锁存器输出转换完的结果。

ADC0809 引脚和功能如下。

$IN_0 \sim IN_7$：8 个模拟量输入；

$D_0 \sim D_7$：8 位数字量输出；

$ADDA$、$ADDB$、$ADDC$：地址输入端，不同地址码选择不同通道的模拟量输入；

V_{CC}：+5V；

GND：地；

$V_{REF(+)}$、$V_{REF(-)}$：参考电压正、负输入端；

$START$：A/D 转换启动信号输入端，下降沿到来时启动 A/D 转换，上升沿到来时，片内寄存器复位；

ALE：地址锁存允许信号输入端，上升沿时，将地址码锁存在地址锁存器内；

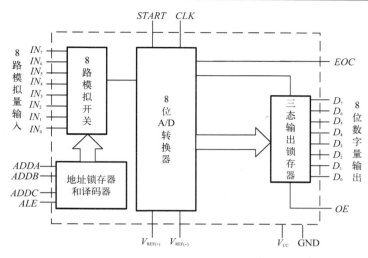

图 8-5-10　ADC0809 的原理框图

EOC：转换结束信号输出引脚，转换结束时为高电平；

OE：输出允许控制输入端，*OE*=1 时，三态输出锁存器打开，允许转换结果数据输出到数据总线上；

CLK：时钟信号输入端。

ADC0809 工作时序如图 8-5-11 所示。*ADDA*、*ADDB*、*ADDC* 输入 3 位地址，通道地址选择表如表 8-5-2 所示。*ALE* 上升沿到来，将地址存入地址锁存器中，选择某一路的模拟量作为输入。*START* 上升沿将寄存器复位，下降沿启动 A/D 转换，之后 *EOC* 变为低电平，指示转换正在进行。A/D 转换完成，*EOC* 变为高电平，结果存入三态输出锁存器。*OE* 输入高电平时，输出三态门打开，转换结果的数字量输出到数据总线上。

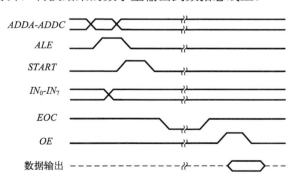

图 8-5-11　ADC0809 的工作时序图

表 8-5-2　ADC0809 通道地址选择表

ADDC	*ADDB*	*ADDA*	选通的通道	*ADDC*	*ADDB*	*ADDA*	选通的通道
0	0	0	IN_0	1	0	0	IN_4
0	0	1	IN_1	1	0	1	IN_5
0	1	0	IN_2	1	1	0	IN_6
0	1	1	IN_3	1	1	1	IN_7

8.5.4　A/D 转换器的技术指标

1. A/D 转换器的转换精度

A/D 转换器的转换精度通常用分辨率和转换误差描述。分辨率表示 A/D 转换器对输入模拟信号的分辨能力，用输出数字量的位数表示，输出数字量的位数越多，分辨率越高。输出数字量为 n 位二进制的 A/D 转换器能将输入模拟电压区分为 2^n 个不同等级，能分辨的最小电压为满量程的 $1/2^n$。

输入模拟电压满量程为 5V，当输出为 10 位二进制数时，A/D 转换器可以分辨的最小模拟电压为 $5V \times 2^{-10} \approx 4.88mV$；当输出为 12 位二进制数时，可以分辨的最小模拟电压为 $5V \times 2^{-12} \approx 1.22mV$。

转换误差表示实际输出的数字量与理论输出的数字量之间差别，通常用最低有效位的倍数表示。有时也由满量程输出的百分数给出转换误差。

2. A/D 转换器的转换速度

A/D 转换器的转换速度通常用转换时间来描述。转换时间指的是以转换控制信号到来开始到输出端得到稳定数字信号为止的时间。A/D 转换器的转换速度主要由转换电路的类型决定，不同类型的转换电路构成的 A/D 转换器转换速度相差较大。

并行比较型 A/D 转换器的转换速度最快。例如，8 位二进制输出的并行比较型 A/D 转换器转换时间为几十纳秒以内。逐次渐近型 A/D 转换器的转换速度稍慢，间接 A/D 转换器的转换速度通常更慢。此外，对于高速 A/D 转换时还应将采样保持电路的时间计入转换时间之内。

本 章 小 结

D/A 和 A/D 转换器是连接数字系统和模拟系统的桥梁，用以实现数字信号和模拟信号的相互转换，是现代数字系统的重要部件。

权电阻网络 D/A 转换器的优点是结构简单、所需的电阻数量不多，缺点是电阻网络中电阻阻值之间相差过大。倒 T 形电阻网络 D/A 转换器电阻网络中电阻取值仅有 R 和 $2R$ 两种，电阻网络中流经电阻 $2R$ 的电流与数字量无关，各支路电流直接流入运算放大器的输入端，不存在传输时间差，转换速度高。

权电流型 D/A 转换器利用恒流源电路和高速电子开关，提高转换精度和转换速度。双极性输出的 D/A 转换器可以实现正、负极性的模拟电压输出。

D/A 转换器主要技术指标有分辨率、转换误差和转换速度。分辨率和转换误差通常用来衡量 D/A 转换器的转换精度。分辨率可以用输入二进制数码的位数表示，还可以用 D/A 转换器最小输出电压与最大输出电压之比表示。转换误差有绝对误差和相对误差两种表示方法。转换速度通常用建立时间来描述。

A/D 转换器的功能是把连续的模拟信号转换成离散的数字信号，一般包含采样、保持、量化、编码四个步骤。A/D 转换器可分为直接 A/D 转换器和间接 A/D 转换器。并行比较型和逐次渐近型属于直接 A/D 转换器，把输入的模拟电压转换成数字量，不需要转换成中间量，转换速度较快。双积分型 A/D 转换器属于间接 A/D 转换器，转换精度高。

A/D 转换器的主要技术指标有转换精度和转换速度，转换精度通常用分辨率和转换误差描述。分辨率用输出数字量的位数表示，输出数字量的位数越多，分辨率越高。转换误差表示实际输出的数字量与理论输出的数字量之间差别，通常用最低有效位的倍数表示。转换速度用转换时间来描述。转换时间是指从转换控制信号到来开始到输出端得到稳定数字信号为止的时间。

习　　题

8-1　在图 8-2-2 所示的权电阻网络 D/A 转换器中，若取 V_{REF} =5V，求当输入数字量为 $d_3d_2d_1d_0$ =1011 时，输出电压 v_O 的大小。

8-2　在图 8-2-3 所示的倒 T 形电阻网络 D/A 转换器中，若取 V_{REF} = –8V，求当输入数字量为 $d_3d_2d_1d_0$ =1101 时，输出电压 v_O 的大小。

8-3　在图 8-2-7(a) 所示的集成 D/A 转换器 AD7520 电路中，若取 V_{REF} = –10V，求当输入数字量 $d_9d_8d_7d_6d_5d_4d_3d_2d_1d_0$ 分别为 1000000000 和 0000000001 时，输出电压 v_O 的大小。

8-4　同步 4 位二进制加法计数器 74HC161 和集成 D/A 转换器 AD7520 组成的电路如图题 8-4 所示，若取 V_{REF} =12V，计算输出电压 v_O 的范围，并画出输出电压 v_O 波形图。

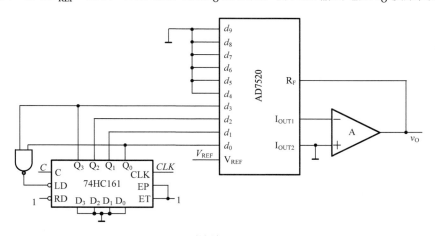

图题 8-4

8-5　单向移位寄存器 74HC164(功能表如表题 8-5 所示)与倒 T 形电阻网络单片集成 D/A 转换器 AD7520 所组成的电路如图题 8-5 所示，串行输入端 D_A 端在时钟作用下依次输入数据 10000000，若取 V_{REF} =10V，试求输出电压 v_O 的大小，并画出输出电压 v_O 波形图。

表题 8-5

输入				输出								功能
CLK	R'	D_A	D_B	Q_0	Q_1	Q_2	Q_3	Q_4	Q_5	Q_6	Q_7	
×	0	×	×	0	0	0	0	0	0	0	0	置零
↑	1	1	D	D	Q_0	Q_1	Q_2	Q_3	Q_4	Q_5	Q_6	右移
↑	1	D	1	D	Q_0	Q_1	Q_2	Q_3	Q_4	Q_5	Q_6	右移

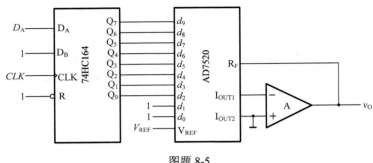

图题 8-5

8-6　在 A/D 转换过程中，什么是量化？量化的方法有哪几种？哪种量化方法的误差最小？

8-7　3 位 ADC 输入模拟电压满量程为 10V，当输入为 7V 时，求此 ADC 采用自然二进制码输出数字量为多少？

8-8　逐次渐近型 8 位 ADC 电路中，若基准电压 V_{REF} =5V，输入电压 v_I =4.22V，求其输出数字量为多少？如果其他条件不变，改用 10 位 ADC 电路，则输出数字量应为多少？

8-9　在图 8-5-8 所示的双积分型 ADC 电路中，若计数器为 8 位二进制，时钟信号频率为 1MHz，试计算 ADC 的最长转换时间是多少？

第9章 硬件描述语言 Verilog HDL

9.1 概　述

　　硬件描述语言(Hardware Description Language，HDL)是一种以文本的形式来描述数字电路和系统的硬件结构和行为的编程语言，是电子设计自动化(Electronic Design Automation，EDA)技术中最主要的设计输入方法。使用硬件描述语言设计系统，在功能设计和逻辑验证阶段，不必过多考虑门级和工艺的具体细节，因此可以缩短研发周期，提高研发效率，同时也便于复杂逻辑系统的开发。

　　使用硬件描述语言设计数字电路能在不同的层次上描述系统的硬件功能，可以采用自顶向下的模块化设计方法，且硬件描述与工艺无关，易于对设计进行存储、修改、管理和复用，设计效率高。

　　超高速集成电路硬件描述语言(Very-High-Speed Integrated Circuit Hardware Description Language，VHDL)和 Verilog HDL 是目前可编程逻辑器件设计中常用的两种硬件描述语言，作为电气电子工程师学会(Institute of Electrical and Electronics Engineers，IEEE)的工业标准硬件描述语言，绝大多数 EDA 厂商都支持 VHDL 和 Verilog HDL。

　　VHDL 在 20 世纪 80 年代被提出，1987 年被 IEEE 以及美国国防部正式确认为标准硬件描述语言，自 1993 年以来，不断更新和扩展。VHDL 具有较强的行为描述能力，缺点是门级描述能力相对较差。

　　Verilog HDL 是在 1983 年由 Gateway Design Automation 公司开发的硬件描述语言，并于1995 年正式成为 IEEE 规定的标准硬件描述语言。Verilog HDL 是一门类 C 语言，语法与 C 语言接近，但是 Verilog HDL 作为硬件描述语言，还具有特定的语言要素。

　　相比于 VHDL，Verilog HDL 的设计更加简洁。Verilog HDL 有以下优点。

　　(1)Verilog HDL 具有出色的底层硬件描述能力。Verilog HDL 语法中具有丰富的开关级和门电路级的描述，可以根据需求选择不同的底层电路结构，这种功能在专用集成电路(Application Specific Integrated Circuit，ASIC)的设计中至关重要。

　　(2)Verilog HDL 的语法规则相对简单，在实现硬件功能时所需要的程序代码更少、更加简洁。

　　(3)Verilog HDL 对数据类型的定义较为宽松，在程序设计时可以减少对数据类型以及数据逻辑的设计，开发难度较低，更容易实现电路综合。

9.2　Verilog HDL 语言要素

9.2.1　标识符与关键字

　　标识符用来定义常量、变量、端口、模块或实例的名字。Verilog HDL 的标识符可以由英文字母、数字、下划线和$符号构成，其中标识符的第一个字符必须是英文字母或者下划线，不能是数字或$符号。如 Sys_clk_50、_Bus_A、Pay_$等都是合法的标识符，而$_key、2tx、divide_1/2 等都是非法标识符。此外，标识符区分英文字母大小写。

关键字是用于端口定义、数据类型定义、赋值标识等操作的特殊标识符，关键字都使用小写字母定义。Verilog HDL 中有约 100 个关键字，这些关键字不能被作为标识符使用。常用的关键字有 module、always、input、output、wire、reg 等。

在 Verilog HDL 中有两种注释方式：//表示单行注释，以//开始到本行结束都属于注释语句；/*……*/表示多行注释，/*和*/之间的语句都是注释语句。合理使用注释符可以增加程序的可读性。

9.2.2　常量及其表示

常量的值在程序运行过程中不发生改变。Verilog HDL 中的常量包括整数型常量、实数型常量、字符串常量和符号常量。

1. 整数型常量

整数型常量的格式为

<位宽>' <进制> <数字>

位宽为二进制数的宽度，若未指定位宽，则位宽由机器系统决定，至少为 32 位。若位宽和进制都未指定，则默认为十进制，位宽至少为 32 位。进制有 4 种，二进制整数(b 或 B)、十进制整数(d 或 D)、十六进制整数(h 或 H)、八进制整数(o 或 O)。

例如，十进制数 12 可以写成 4'd12、4'hC、4'o14 和 4'b1100。位宽不必保持为 4 位，若有需求可以使用更大的位宽。5'd12 也表示十进制数 12，但位宽为 5 位。

在位宽前加一个减号可以表示负数，对应正数的加号可以省略。

Verilog HDL 用四种基本逻辑值表示逻辑状态，逻辑值和逻辑状态的对应关系如下。

0 代表逻辑 0、逻辑假。

1 代表逻辑 1、逻辑真。

X 或 x 代表不确定或未知的逻辑状态。

Z 或 z 代表高阻态，z 的另一种表示方法可以写成问号 "?"。

为了增加可读性，Verilog HDL 允许在数字间插入下划线_作为分隔，下划线本身没有实际意义，如 16'b1100_0100_1000_1111。

2. 实数型常量

实数可以用十进制表示，如 0.5、2.8 等。Verilog HDL 还支持使用科学记数法表示数字，例如，2.5e3 表示十进制数 2500.0，使用科学记数法表示数字时，e 不区分大小写，例如，3E-2 表示十进制 0.03。当使用 Verilog HDL 表示小数时，小数点两侧都必须存在数字，".07" "18." 都是错误的用法。

3. 字符串常量

字符串是位于双引号中的字符序列。字符串不能分成多行书写。例如，"Hello World!" 共包含 12 个字符，在表达式和赋值语句中，字符串中的每个字符用 8 位 ASCII 码表示。

4. 符号常量

Verilog HDL 用 parameter 定义标识符代表符号常量，采用标识符代表常量可以提高程序的可读性和可维护性，格式如下：

```
parameter 参数名 1=表达式，参数名 2=表达式，…；
```

赋值语句的右边必须为常数表达式，即只能包含数字或先前定义过的符号常量，经常用来定义波特率和变量宽度等。

例如：

```
parameter Baud_rate = 9600, addrwidth = 16；
```

9.2.3　变量

变量的值在程序运行过程中可以改变。Verilog HDL 中常用的变量类型包括线网型（nets type）、寄存器型（register type）和存储器型（memory type）。

1. 线网型

线网型表示结构之间的物理连接，包括 wire 型和 tri 型。wire 型变量用来表示单个门驱动或连续赋值语句驱动的线网型数据。线网型变量不能存储值，必须由驱动元件驱动，如果没有驱动元件连接到线网型变量上，则 wire 型变量的值为 z。

wire 型变量的定义格式如下：

```
wire [n-1:0] 变量名 1，变量名 2，…，变量名 n；
```

其中，[n-1:0]代表变量的位宽，位宽也可以用[n:1]的形式定义。

例如：

```
wire a, b;           //定义两个 1 位线网型变量 a 和 b
wire [7:0] c;        //定义一个 8 位线网型变量 c
```

2. 寄存器型

寄存器型表示一个抽象的数据存储单元，通过赋值语句可以改变寄存器存储的值。寄存器型变量只能在 always 和 initial 语句块中赋值，未赋值的寄存器型变量的初值为不定态，即初始值为 x。常用 register 型变量有 4 种：reg 代表触发器，integer 代表 32 位带符号整数型变量，real 代表 64 位带符号实数型变量，time 代表 64 位无符号时间型变量。reg 是寄存器变量中使用最广泛的，integer、time 和 real 型寄存器变量都是纯数学的抽象描述，不对应具体硬件电路。

reg 型变量的定义格式如下：

```
reg [n-1:0] 变量名 1，变量名 2，…，变量名 n；
```

例如：

```
reg flag;            //定义一个 1 位寄存器型变量 flag
reg [31:0] cnt;      //定义一个 32 位的寄存器型变量 cnt
```

3. 存储器型

存储器型是由若干个相同宽度的 reg 型变量构成的数组。Verilog HDL 通过 reg 型变量建立数组来对存储器建模，可描述 RAM 和 ROM 等，memory 型变量通过扩展 reg 型变量的地址范围来生成，格式如下

```
reg[n-1:0]      存储器名[m-1:0];
```

或

```
reg[n-1:0]      存储器名[m:1];
```

其中，n 为每个存储单元的位宽；m 为存储单元的个数。

例如：

```
reg[n-1:0] regn;              //定义一个 n 位的寄存器变量 regn
reg memn [n-1:0];             //由 n 个 1 位寄存器组成的存储器 memn
```

若要对某存储器中的存储单元进行读/写操作，则需要指明该单元在存储器中的地址。

9.2.4　运算符

Verilog HDL 的运算符包括算术运算符、逻辑运算符、位运算符、关系运算符、等式运算符、缩位运算符、移位运算符、位拼接运算符和条件运算符。根据运算符所带操作数个数的不同，可分为单目运算符、双目运算符和三目运算符。单目运算符带一个操作数，双目运算符带两个操作数，三目运算符带三个操作数。表 9-2-1 列举了运算符的含义以及基本用法。

表 9-2-1　Verilog HDL 运算符

类型	符号	功能
算术运算符	+ − * / %	加法 减法 乘法 除法 取模
逻辑运算符	&& || !	逻辑与 逻辑或 逻辑非
位运算符	& | ^ ~	按位与 按位或 按位异或 按位取反
关系运算符	> < >= <=	大于 小于 大于等于 小于等于
等式运算符	== != === !==	等于 不等于 全等 非全等

续表

类型	符号	功能
缩位运算符	&	缩位与
	~&	缩位与非
	|	缩位或
	~|	缩位或非
	^	缩位异或
	~^或^~	缩位同或
移位运算符	>>	右移
	<<	左移
位拼接运算符	{, }	位拼接
条件运算符	? :	条件运算

1. 算术运算符

算术运算符用于实现操作数之间的算术运算，Verilog HDL 中的算术运算有 5 种："+"为加法或正值运算符、"−"为减法或负值运算符、"*"为乘法运算符、"/"为除法运算符、"%"为取模运算符或求余运算符。两个整数进行除法运算时，结果为整数，小数部分被略去。"%"运算符要求两侧均为整数，求模运算结果值的符号位取第一个操作数的符号位。算术运算符多为双目运算符，当"+"和"−"用作正值和负值运算符时，为单目运算符。

例如：

```
7/2             //结果为 3
7%2             //结果为 1
-7%2            //结果为-1
7%-2            //结果为 1
```

2. 逻辑运算符

Verilog HDL 的逻辑运算符有 3 种："&&"为逻辑与、"||"为逻辑或、"!"为逻辑非。逻辑运算符把操作数当作布尔变量，进行逻辑运算后的结果为布尔值(1、0 或 x)。如果操作数的每一位都是 0，则该操作数为逻辑 0；如果操作数中有 1，则该操作数为逻辑 1；如果操作数中存在不定态 x，则逻辑运算的结果也为 x。"&&"和"||"为双目运算符，"!"为单目运算符。

例如：

```
(1>0)&&(1<0)        //结果为 0
(1>0)||(1<0)        //结果为 1
!(1>0)              //结果为 0
4'b1001&&4'b1101    //结果为 1
4'b1001&&4'b10x1    //结果为 x
```

3. 位运算符

Verilog HDL 的位运算符有 5 种："~"为按位取反、"&"为按位与、"|"为按位或、"^"为按位异或、"~^"或"^~"为按位同或。"~"为单目运算符，其余 4 种为双目运算符。位运算中双目运算符要求将两个操作数对应位逐位进行运算，若对两个位宽不同的操作数进行位运算，则此时会将两个操作数右对齐，位宽较小的操作数会先在高位补 0，然后再与另

一个操作数进行位运算，位运算结果的位宽与操作数中最大的位宽相等。

例如：

```
A=4'b1101&4'b1011        //A 的结果为 4'b1001
B=～4'b1101              //B 的结果为 4'b0010
C=4'b1101&2'b11          //C 的结果为 4'b0001
```

4. 关系运算符

关系运算符用于比较两个操作数之间的大小，常用的关系运算符有大于 ">"、小于 "<"、大于等于 ">="、小于等于 "<="。若关系为真，则运算结果为 1；若关系为假，则运算结果为 0；若某操作数为不定值 x，则运算结果为 x。

例如：

```
3'b111>3'b101           //结果为 1
3'b101<=3'b101          //结果为 1
```

5. 等式运算符

等式运算符包含等于 "=="、不等于 "!="、全等 "==="和非全等 "!=="。使用等于运算符时，两个操作数必须逐位相等，结果才为 1；若某些位为 x 或 z，则结果为 x。全等运算符用于比较两个操作数的一致性，只有两个操作数的相应位完全一致，返回值才为 1。表 9-2-2 和表 9-2-3 给出了 "=="与 "==="的真值表，用于区分两者的区别。

表 9-2-2　等于运算符

==	0	1	x	z
0	1	0	x	x
1	0	1	x	x
x	x	x	x	x
z	x	x	x	x

表 9-2-3　全等运算符

===	0	1	x	z
0	1	0	0	0
1	0	1	0	0
x	0	0	1	0
z	0	0	0	1

例如：

```
4'b1010==4b'1x10        //结果为 0
4'b1x10===4b'1x10       //结果为 1
```

6. 缩位运算符

缩位运算是对单个操作数从低位到高位进行递推运算，先将操作数的最低位与第 2 位进行运算，再将运算结果与第 3 位进行相同的运算，以此类推，直至最高位，结果为 1 位二进

制数。常用的缩位运算符有与"&"、与非"～&"、或"|"、或非"～|"、异或"^"、同或"～^"。缩位运算符均为单目运算符。

例如：

```
&4'b1011                //结果为 0
```

计算时首先将最低位的 1 和次低位的 1 相与得到 1，将运算结果 1 和次高位的 0 相与得到 0，然后再将 0 和最高位的 1 相与，得到最终的运算结果 0。

7. 移位运算符

移位运算符用于完成操作数的移位，有左移运算符"<<"和右移运算符">>"。
格式如下：

```
A>>n
```

或

```
A<<n
```

将操作数 A 右移或左移 n 位，用 0 填补移出的空位。
例如：

```
4'b1101>>1              //结果为 4'b0110
4'b1101<<1              //结果为 5'b11010
```

8. 位拼接运算符

位拼接运算符可以将两个或多个信号的某些位拼接起来。
格式如下：

```
{信号 1 的某几位，信号 2 的某几位，…，信号 n 的某几位}
```

例如：

```
a=4'b1010              //a 为一个 4 位的二进制数 1010
b=5'b10010             //b 为一个 5 位的二进制数 10010
{a,b}=9'b1010_10010    //a 和 b 拼接的结果为 9'b1010_10010
{a,b[4]}=5'b1010_1     //a 和 b 的最高位拼接的结果，其值为 5'b1010_1
```

9. 条件运算符

条件运算符是三目运算符，它的作用是根据条件确定表达式的值，当条件为真时，信号取表达式 1 的值；条件为假时，信号取表达式 2 的值。条件运算符由问号"?"和冒号":"组成。

格式如下：

```
信号=条件?表达式 1:表达式 2
```

例如：

```
assign data_out=sel?in0:in1;
```

assign 是 Verilog HDL 中的连续赋值语句，当 sel=1 时，data_out=in0；sel=0 时 data_out=in1。

10. 运算符的优先级

当多个运算符同时出现在一个表达式中时，应按照运算符优先级的高低对表达式进行计算，Verilog HDL 运算符优先级如表 9-2-4 所示，同一行的运算符优先级别相同。除条件运算符 "?:" 以外，在表达式中都按照由左向右的顺序执行，也可以使用括号改变运算的顺序。

表 9-2-4　Verilog HDL 运算符优先级

运算符	优先级
! ~	最高优先级
* / %	
+ −	
≪ ≫	
< <= > >=	
== !==== ! ===	
& ~&	
^ ~^	
| ~|	
&&	
||	
? :	最低优先级

9.2.5　Verilog HDL 程序的基本结构

Verilog HDL 程序中，模块是描述电路的基本单元。模块以关键字 module 开始，以关键字 endmodule 结束。在编写程序时，可以有一个或多个模块，不同模块之间通过端口进行连接。模块主要包含 4 部分：模块声明、端口定义、数据类型定义和逻辑功能描述。模块的一般格式如下：

```
    module 模块名(端口名 1，端口名 2，端口名 3，…);
      端口定义(input, output, inout);
      数据类型定义(wire, reg 等);
      逻辑功能描述;
    endmodule
```

1. 模块声明

模块声明的格式如下：

```
    module 模块名(端口名 1，端口名 2，端口名 3，… );
```

模块声明以 module 开头，接着是模块名和端口名列表，模块名是模块唯一的标识符，端口名表示模块的输入、输出端口的名字。

2. 端口定义

端口定义格式如下：

```
input   端口名 1, 端口名 2, …, 端口 n;      //输入端口
output  端口名 1, 端口名 2, …, 端口 n;      //输出端口
inout   端口名 1, 端口名 2, …, 端口 n;      //双向端口
```

3. 数据类型定义

对模块内用到的所有信号都需要进行数据类型定义，数据类型有 wire 型和 reg 型。输入端口和双向端口不能为 reg 型，如果信号的数据类型没有定义，则默认为是 wire 型。数据类型定义的格式如下：

```
wire 变量 1, 变量 2, …, 变量 n;
reg  变量 1, 变量 2, …, 变量 n;
```

4. 逻辑功能描述

逻辑功能描述是模块中最重要的部分，通常有 3 种描述方法：结构描述、数据流描述和行为描述。

1）结构描述

结构描述方式指在设计中调用已经定义过的低层次模块对电路的功能进行描述，或者直接调用 Verilog HDL 内部预先定义的基本门级元件描述电路的结构。调用元件也称为元件例化，调用门元件的格式如下：

```
门元件名字 例化门元件名称 (端口列表);
```

普通门端口列表顺序为(输出，输入 1，输入 2，输入 3，……)，对于三态门端口列表顺序为：(输出，输入，使能控制端)。例化门元件名称可以省略。

例如：

```
and A1(out, in1, in2);           //2 输入与门
bufif1 tri1(out, in, EN);        //高电平使能的三态门
```

2）数据流描述

数据流描述方式是使用连续赋值语句对电路的功能进行描述，多用于组合逻辑电路。连续赋值语句的格式如下：

```
assign 目标变量名=表达式;
```

只要等式右侧的表达式的值发生改变，就会重新对左侧目标变量进行赋值。目标变量类型必须是 wire 型，output 和 inout 引脚都是 wire 型变量，不需要特别的变量声明。等号右面的表达式可为 reg 型和 wire 型等。

例如，2 输入与门的数据流描述方式：

```
module logic_and (c, a, b);      //模块声明
    input a, b;                  //输入端口定义
    output c;                    //输出端口定义
    assign c=a&b;                //连续赋值语句
endmodule
```

3) 行为描述

行为描述方式是使用过程块和一些类似于高级语言的语句表示输入与输出之间的关系，不需要包含任何结构方面的信息。

Verilog HDL 的行为描述以过程块为基本组成单位，一个模块的行为描述由一个或多个并行运行的过程块组成。

过程块的定义如下：

```
过程语句 @(敏感事件列表)              //敏感事件列表可省略
块语句开始
块内局部变量说明
过程赋值语句
高级程序语句
块语句结束
```

行为语句包括过程语句、块语句、赋值语句、条件语句和循环语句等。

9.2.6　行为描述语句

1. 过程语句

过程语句包含 initial 和 always 两种结构的说明语句，在一个模块(module)中，可以有多个 initial 和 always 过程块。initial 语句常用于仿真中的初始化，initial 过程块中的语句仅执行一次；always 块内的语句则不断重复执行。

1) initial 语句

initial 语句的格式如下：

```
initial
    begin
        语句1;
        语句2;
          ⋮
        语句n;
    end
```

2) always 语句

always 语句格式如下：

```
always @(敏感事件列表)
```

always 的敏感事件可以是边沿触发，也可以是电平触发，但单个 always 块的触发方式只能选择一种。敏感事件列表可以由单个信号组成也可以由多个信号组成，中间可以用关键字 or 连接或者使用"，"来代替 or。关键字 posedge 表示上升沿，negedge 表示下降沿。

在 always 块中被赋值的只能是 reg 型变量。每个 always 块在仿真一开始便开始执行，在执行完块中最后一个语句后，继续从 always 块的开头执行。如果 always 块中包含一个以上的语句，则这些语句可以放在 begin_end 块里。

例如：

```
always @(a)                          //当信号a的值发生改变时触发
always @(a or b)                     //当信号a或信号b的值发生改变时触发
always @(*)                          //当块中任一输入信号改变时触发
always @(posedge clk or negedge rst) //当clk的上升沿到来或rst的下降沿到来时触发
```

2. 块语句

块语句是将两条或多条语句组合在一起，使其在格式上更像一条语句，以增加程序的可读性。块语句有两种：顺序块语句 begin_end，用来标识顺序执行的语句；并行块语句 fork_join，用来标识并行执行的语句。

顺序块 begin_end 内的语句是顺序执行的，每条语句的延迟时间是相对于前一条语句的仿真时间而言的，直到最后一条语句执行完，程序流程控制才跳出该顺序块。

顺序块的格式如下：

```
begin: 块名                          //块名可以省略
    块内声明语句;                     //块内声明语句可以省略
    语句1;
    语句2;
        ⋮
    语句n;
end
```

其中，块名为块的名字，是一个标识符，可以省略。块内声明语句可以是参数声明、reg 型变量声明、integer 型变量声明、real 型变量声明。

3. 赋值语句

赋值语句分为连续赋值语句和过程赋值语句。

1) 连续赋值语句

assign 语句为连续赋值语句，用于对 wire 型变量赋值，它主要用来对组合逻辑电路的行为进行描述。

例如：

```
assign c=a&b;                        //a、b、c均为wire型变量
```

2) 过程赋值语句

位于过程块 initial 语句或 always 语句内的赋值语句称为过程赋值语句，过程赋值语句只能对 reg 型变量进行赋值。通常有非阻塞(non-blocking)赋值方式和阻塞(blocking)赋值方式。

(1) 非阻塞赋值方式。

```
always @(posedge clk)
    begin
            b<=a;
            c<=b;
    end
```

b 的值被赋成新值 a 的操作，并不是立刻完成的，而是在 begin_end 块结束时才完成，块内的多条赋值语句在块结束时同时赋值，c 的值的变化时刻比 b 的值的变化时刻滞后一个时

钟周期。

（2）阻塞赋值方式。

```
always @(posedge clk)
    begin
            b=a;
            c=b;
    end
```

b 的值立刻被赋成新值 a，完成该赋值语句后才能执行下一句的操作，因此被称为阻塞赋值方式，这里 c 的值与 b 的值一样。

关键字 always 的功能在描述组合逻辑电路时与 assign 语句相似，都可以用来给变量赋值。但是 always 过程块中赋值的变量必须是 reg 型，而 assign 连续赋值语句中赋值的变量必须是 wire 型。

高级程序语句如 if、case 和 for 语句等将在 9.4 节具体实例中加以介绍。

9.3　Verilog HDL 描述门电路

本节利用结构描述和数据流描述的方式分别描述门电路。

Verilog HDL 具有非常强大的门级描述能力，可以通过描述门电路的连接方式实现电路的功能，这种硬件设计的方法又称为门级描述。Verilog HDL 中内置了多个门级描述，可以更好地用于门电路级的设计。

【例 9-1】　使用 Verilog HDL 结构描述方式完成多种门电路的描述。

```
module logic_gate(inpt0,inpt1,inpt2,opt_and,opt_or,opt_not);
    input wire inpt0,inpt1,inpt2;    //定义 3 个输入 inpt0, inpt1, inpt2
    output wire opt_and,opt_or;        //定义与门和或门的输出 opt_and 和 opt_or
    output wire[2:0] opt_not;          //定义 3 个非门的输出 opt_not
    and lg_and2 (opt_and, inpt0, inpt1);             //实现 2 输入与门
    or lg_or3 (opt_or, inpt0, inpt1, inpt2);          //实现 3 输入或门
    not lg_not[2:0] (opt_not, { inpt2, inpt1, inpt0});  //实现 3 个非门
endmodule
```

利用 Verilog HDL 中预先定义的门级元件实现门电路。

【例 9-2】　使用 Verilog HDL 数据流描述方式完成四路 2 输入与非门的描述。

```
module logic_4nand (c,a,b);          //定义模块名称 logic_4nand
    input wire[3:0] a;                //定义线网型输入变量 a
    input wire[3:0] b;                //定义线网型输入变量 b
    output wire[3:0] c;               //定义线网型输出变量 c
    assign c=~(a&b);                  //实现四路 2 输入与非逻辑
endmodule
```

在程序设计的过程中，只需要使用连续赋值语句 assign 描述数据的流动过程和逻辑关系，就可以实现电路的设计，因此这种设计方法称为数据流描述。

9.4　Verilog HDL 描述组合逻辑电路

本节以数据选择器、译码器、编码器、数值比较器和加法器等数字电路中常用的基本模块为例，使用行为级描述，介绍了它们的 Verilog 基本语法结构和使用实例。这些基本模块可以作为数字逻辑电路的基本构建单元，通过组合调用，可以构建出功能更强大、结构更复杂的数字逻辑电路。

1. 数据选择器

【例 9-3】　用条件运算符实现二选一数据选择器。

```
module data_selector(data_out,data_0,data_1,sel);
    input data_0,data_1;                    //定义数据输入端口
    input sel;                              //定义位选输入端口
    output data_out;                        //定义数据选择器输出端口
    assign data_out=(sel)?data_1:data_0;    //条件运算符实现数据选择器功能
endmodule
```

使用条件运算符可以实现二选一数据选择器，但是，当数据选择器的输入信号数量增加时，使用条件运算符就变得非常烦琐。在 Verilog HDL 中，可以用条件语句实现分支的描述，条件语句根据条件表达式的真假，决定下一步进行的操作。Verilog HDL 语言有 3 种常用的条件语句，具体语法格式如下。

方式 1：

```
if(表达式)
    语句或语句块 1；
```

方式 2：

```
if(表达式 1)
    语句或语句块 1；
else
    语句或语句块 2；
```

方式 3：

```
if(表达式 1)
    语句或语句块 1；
else if(表达式 2)
    语句或语句块 2；
        ⋮
else if(表达式 m)
    语句或语句块 m；
else
    语句或语句块 n；
```

if 后面的表达式为逻辑表达式或关系表达式。if 语句执行时，先判断表达式的值，若为 0、x 或 z，则按"假"处理；若为 1，则按"真"处理，并执行相应的语句。方式 3 中，从

表达式 1 开始依次进行判断，直到表达式 m 被判断完毕，如果所有的表达式都不成立，则执行语句 n，这种判断上的先后次序，隐含着优先级关系。

在 if 和 else 后面有多个语句时可以用关键词 begin 和 end 将几个语句包含起来成为一个复合块语句。if 语句也可以嵌套，如果 if 与 else 的数目不一样，则也可用 begin_end 块语句来确定 if 与 else 的配对关系。

【例 9-4】 使用 if…else 语句描述四选一数据选择器。

```verilog
module data_selector (data_out,in_data,sel);
    input [3:0] in_data;
    input [1:0] sel;
    output reg data_out;
    always @(*)
        begin
            if (sel==2'b00)
                    data_out=in_data[0];
            else if (sel==2'b01)
                    data_out=in_data[1];
            else if (sel==2'b10)
                    data_out=in_data[2];
            else
                data_out=in_data[3];
        end
endmodule
```

2. 译码器

Verilog HDL 语言中可以使用 case 语句实现多分支结构，case 语句的语法格式如下：

```
case(表达式)
    分支表达式 1:
        语句或语句块 1;
    分支表达式 2:
        语句或语句块 2;
            ⋮
    分支表达式 n:
        语句或语句块 n;
    default:
        语句 n+1;
endcase
```

case 语句执行时，首先计算表达式的值，然后与各分支项表达式相比较，与哪个分支表达式相等，就执行对应的语句。如果和所有分支表达式都不相等，则执行 default 后面的语句。如果每个分支表达式项有多条语句，则用 begin_end 块语句将多条语句形成一个整体。

case 语句还有 casez 和 casex 两种形式，在 casez 语句中，若分支表达式某些位的值为高阻态 z，则不考虑对这些位的比较，可用"？"来代替 z；在 casex 语句中，若分支表达式某些位的值为高阻态 z 或不定态 x，则不考虑对这些位的比较。

【例 9-5】　利用 case 语句实现低电平输出的 3 线-8 线译码器。

```
module decoder_3to8(code_in,decode_out);
    input [2:0]code_in;
    output reg [7:0]decode_out;
    always @(code_in)
        begin
            case(code_in)
                3'b000: decode_out = 8'b11111110;
                3'b001: decode_out = 8'b11111101;
                3'b010: decode_out = 8'b11111011;
                3'b011: decode_out = 8'b11110111;
                3'b100: decode_out = 8'b11101111;
                3'b101: decode_out = 8'b11011111;
                3'b110: decode_out = 8'b10111111;
                3'b111: decode_out = 8'b01111111;
            endcase
        end
endmodule
```

3. 编码器

【例 9-6】　分别用 if 语句和 case 语句实现输入和输出均为低电平有效的 8 线-3 线优先编码器。

1）用 if 语句实现

```
module PriorityEncoder_8to3( input [7:0]in, output reg [2:0]out);
    always @(*)
        begin
            if(~in[7])        out=3'b000;
            else if(~in[6]) out=3'b001;
            else if(~in[5]) out=3'b010;
            else if(~in[4]) out=3'b011;
            else if(~in[3]) out=3'b100;
            else if(~in[2]) out=3'b101;
            else if(~in[1]) out=3'b110;
            else if(~in[0]) out=3'b111;
            else               out=3'b111; //其他情况下输出为 111
        end
endmodule
```

2）用 case 语句实现

```
module PrioEncoder_8to3(input [7:0]in, output reg [2:0]out);
    always @(*)
        begin
            casex(in)
                8'b0xxxxxxx: out=3'b000;
```

```
              8'b10xxxxxx: out=3'b001;
              8'b110xxxxx: out=3'b010;
              8'b1110xxxx: out=3'b011;
              8'b11110xxx: out=3'b100;
              8'b111110xx: out=3'b101;
              8'b1111110x: out=3'b110;
              8'b11111110: out=3'b111;
              default: out = 3'b111; //其他情况下输出为 111
           endcase
        end
 endmodule
```

4. 数值比较器

【例 9-7】　用 if 语句描述 8 位数值比较器。

```
  parameter bit_width =8;
  module compare_n(X,Y,XGY,XSY,XEY);
      input[bit_width-1:0] X,Y;
      output XGY,XSY,XEY;
      reg XGY,XSY,XEY;
      always@(X or Y)//当 X 或者 Y 的值发生改变时，执行 always 块中的内容
         begin
             if(X == Y)      XEY=1;
             else            XEY=0;
             if(X>Y)             XGY=1;
             else        XGY=0;
             if(X<Y)             XSY=1;
                 else            XSY=0;
         end
  endmodule
```

使用 parameter 定义数值比较器的位宽，在引用模块时通过修改 bit_width 的值就可以更改比较器的位数。在编写程序时，使用符号常量可以使编写的程序有更好的可复用性。

5. 加法器

Verilog HDL 中的循环语句分四种：for 语句、repeat 语句、while 语句和 forever 语句。for 语句的格式如下：

```
  for(循环变量赋初值；循环结束条件；循环变量增值)
      语句或语句块；
```

【例 9-8】　用 for 语句实现 4 位加法器。

```
  module Adder_4bit (input [3:0]a, input [3:0]b, output reg [4:0]sum);
      integer i;
      reg [4:0]carry;
      always @(*)
```

```
        begin
          carry[0] = 0;
          for ( i = 0; i < 4; i = i+1)
            begin
              sum[i] = a[i] ^ b[i] ^ carry[i];
              carry[i+1] = (a[i] & b[i]) | (carry[i] & (a[i] ^ b[i]));
            end
          sum[4] = carry[4];
        end
      endmodule
```

9.5　Verilog HDL 描述触发器

D 锁存器的特点是在时钟信号的特定电平下输出状态随输入变化,属于时钟电平敏感型;而边沿触发器的状态变化都是发生在时钟信号的边沿,属于时钟边沿敏感型。在使用 always 语句描述时,锁存器和触发器的敏感事件表不同。

1. 锁存器和触发器

【例 9-9】高电平有效的 D 锁存器的行为描述。

```
module D_latch  (CLK,D,Q);
    input CLK,D;
    output reg Q;
    always @(CLK or D)
    if(CLK==1)                                    //CLK 高电平有效
    Q<=D;
endmodule
```

【例 9-10】　上升沿触发的 D 触发器的行为描述。

```
module D_flip_edge (CLK,D,Q,RST);
    input CLK,D,RST;
    output reg Q;
    always @(posedge CLK or negedge RST)
        if(RST==0)
            Q<=0;
        else
            Q<=D;
endmodule
```

2. JK 触发器

【例 9-11】根据特性方程设计 JK 触发器。

```
module JK_flip(J, K, CLK,Q, NQ);
    input J, K, CLK;
    output reg Q, NQ;
    always @(posedge CLK)                    //在时钟信号上升沿时执行
        Q <= (J&(~Q)|(~K)&Q);                //JK 触发器的特征方程
    always @(*)
        NQ<=~Q;                              //反相输出端赋值
endmodule
```

9.6　Verilog HDL 描述时序逻辑电路

9.6.1　Verilog HDL 层次化的设计方法

1. 同步计数器

【例 9-12】　用 Verilog HDL 描述 4 位二进制同步加法计数器。同步计数器的输入端有异步清零端 RD、同步预置数控制端 LD、计数控制端 EP 和 ET、时钟信号 CLK、预置数输入端 D。输出端有计数输出端 Q、进位端 C。

```
module counter_16(RD,LD,EP,ET,CLK,D,Q,C);
    input RD,LD,EP,ET,CLK;
    input [3:0] D;
    output reg [3:0] Q;
    output C;
    always @(posedge CLK or negedge RD)  //敏感信号为时钟上升沿和复位下降沿
        begin
            if (~RD)
                Q <= 4'b0000;            //RD 为 0 时计数器复位
            else if (~LD)
                Q <= D;                  //LD 为 0 时计数器置数
            else if (EP&ET==0)
                Q <= Q;                  //EP 和 ET 中有 0 时保持状态
            else if (Q==4'b1111)
                Q<=4'b0000;              //当计数器计满时归 0
            else
                Q<=Q+1'b1;               //计数器正常计数
        end
    assign C=EP&ET&(Q==4'b1111);         //当计数控制端都为 1 且计数到最大值时 C 置 1
endmodule
```

在上面的程序中，敏感条件为时钟信号的上升沿和复位信号的下降沿，这样当复位信号出现 0 时，无论时钟当前时刻处于什么状态，过程块中的语句同样都会被执行，这样就实现了异步复位。而预置数控制信号 LD 并不在 always 过程块的敏感条件中，因此，只有时钟信

号上升沿到来时，才能进行预置数，即同步预置数。过程块中的语句使用 if…else if…else 的
分支结构，是为了确定判决条件的优先级，即先判断复位，再判断置位，再判断计数控制端。

2. 异步计数器

【例 9-13】　用 Verilog HDL 描述异步十六进制计数器的功能。

采用模块例化的方法，利用例 9-10 中设计的 D 触发器构成异步十六进制计数器。

模块例化的格式如下：

　　　　　<子模块名><例化名>（<端口列表>）；

子模块名在子模块编写时已经确定，本例中对应的子模块名为 D_flip_edge，例化名可以
自定义，一般不和子模块名相同，这里取 D0_inst、D1_inst、D2_inst 和 D3_inst 为例化名，
分别代表 4 个 D 触发器。信号端口可以通过位置或名称关联，但是关联方式不能混合使用。

位置关联方式需要严格按照模块定义的端口顺序连接，不用标明定义时规定的端口名。

名称关联方式使用 "." 符号，需要标明模块定义时规定的端口名。

```
module counter (input clk,RST,output [3:0] Q,output C);
    wire D0, D1, D2, D3;
    assign D0 = ～Q[0];
    assign D1 = ～Q[1];
    assign D2 = ～Q[2];
    assign D3 = ～Q[3];
    D_flip_edge D0_inst (.CLK(clk), .D(D0), .Q(Q[0]),.RST(RST));//4 个 D 触
发器
    D_flip_edge D1_inst (.CLK(～Q[0]), .D(D1), .Q(Q[1]),.RST(RST));
    D_flip_edge D2_inst (.CLK(～Q[1]), .D(D2), .Q(Q[2]),.RST(RST));
    D_flip_edge D3_inst (.CLK(～Q[2]), .D(D3), .Q(Q[3]),.RST(RST));
    assign C =Q[0]&Q[1]&Q[2]&Q[3];//描述进位输出
endmodule
```

使用 Verilog HDL 完成复杂逻辑电路设计时，可以采用层次化的设计方法将电路分解
成多个子模块，每个子模块完成一个特定的功能，然后将这些子模块组合起来构成顶层模
块，完成整体电路。合理地利用分层设计的方法，可以让程序更加直观清晰，也便于减少
重复工作。

3. 层次化的设计方法

【例 9-14】　用【例 9-12】中的十六进制计数器构成二百五十六进制计数器。

十六进制计数器的 Verilog HDL 程序已经在例 9-12 中实现了，需要将设计好的十六进制
计数器作为子模块，构成顶层模块。在顶层模块中引用子模块，对其端口进行相关连接的过
程称为模块例化，模块例化可以理解为模块调用，通过模块例化建立描述的层次。

```
module counter_256(RD,LD,EP,ET,CLK,D,Q,C_out);
    input RD, LD,EP,ET,CLK;
    input [7:0] D;                  //定义计数器输入端
    output[7:0] Q;                  //定义计数器状态
    output C_out;
    wire CLK_H;                     //定义一个线网型变量用于子模块之间的信号传递
```

```
        wire C;
        counter_16 cnt_1 (            //例化16进制计数器cnt_1，作为低位计数器
            .RD (RD),                 //端口名称关联
            .LD (LD),
            .EP (EP),
            .ET (ET),
            .CLK (CLK),
            .D (D [3:0]),
            .Q (Q [3:0]),
            .C (CLK_H
            );
        counter_16 cnt_2 (            //例化16进制计数器cnt_2，作为高位计数器
            .RD (RD),                 //端口名称关联
            .LD (sys_LD),
            .EP(EP),
            .ET (ET),
            .CLK (~CLK_H),
            .D (D [7:4]),
            .Q (Q [7:4]),
            .C (C)
            );
        assign C_out=C&CLK_H;         //256进制计数器的进位输出
    endmodule
```

9.6.2　有限状态机的设计

　　有限状态机是一种用来描述数字电路状态和行为的模型，它由一组状态、输入和输出组成，每个状态都对应着一种特定的行为。有限状态机又可以分为摩尔有限状态机(Moore Finite State Machine)和米利有限状态机(Mealy Finite State Machine)，其结构如图 9-6-1 所示。

　　摩尔有限状态机的输出仅取决于内部状态，与外部输入无关。米利有限状态机的输出不仅取决于内部状态，还与外部输入有关。

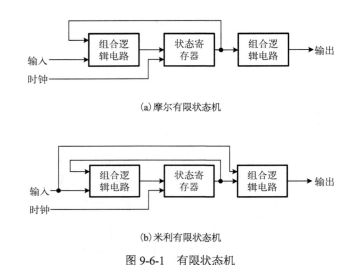

(a)摩尔有限状态机

(b)米利有限状态机

图 9-6-1　有限状态机

状态机的设计有三种方式。

一段式是指用一个 always 块来描述状态机,在该块中既描述状态转移和状态转移规律,又描述状态机的输出。

二段式是指用两个 always 块来描述状态机,其中一个 always 块采用时序逻辑描述状态转移和状态转移规律,另外一个 always 块采用组合逻辑描述状态机输出。

三段式是指用三个或更多的 always 块来描述状态机。一个 always 块采用时序逻辑描述状态转移;另一个 always 块采用组合逻辑描述状态转移规律;最后一个 always 块描述状态输出,输出可以是组合电路输出,也可以是时序电路输出。

【例 9-15】 用三段式设计例 5-8 的状态机。

```verilog
module State_Mechine(input clk,input A,input RST,output Y);
                                //序列检测器输入端为 A, 输出端为 Y
    reg INPUT;                  //内部输入暂存器
    reg If_Receive_Right_Sequence;   //定义是否接收到正确序列的标志位
    assign Y = If_Receive_Right_Sequence;
    reg[1:0] Current_State_register; //状态机有三个状态, 使用 2 位的状态寄存器
    reg[1:0] Next_State_register;
    parameter          Initial_State = 2'b00; //初始状态
                       First_State = 2'b01;    //第一状态
                       Second_State = 2'b11;   //第二状态
    always@(posedge clk or negedge RST)        //用时序逻辑描述状态转移
        begin
            if(RST==0)
                begin
                    Current_State_register<=Initial_State;
                end
            else
                begin
                    Current_State_register<=Next_State_register;
                end
        end
    always @(*)  //用组合逻辑描述输入和状态转移规律
        begin
            if(RST==0)
                begin
                    Next_State_register=Initial_State;
                end
            else
                begin
                    INPUT=A;                    //将输入 A 暂存到 INPUT 中
                    case(Current_State_register)//描述状态转移规律
                        Initial_State: begin
                            if(INPUT) Next_State_register=Initial_State;
                            else      Next_State_register=First_State;
                        end
```

```
                    First_State:   begin
                        if(INPUT) Next_State_register=Second_State;
                        else        Next_State_register=First_State;
                    end
                    Second_State: begin
                        if(INPUT) Next_State_register=Initial_State;
                        else        Next_State_register=First_State;
                    end
                    default:        Next_State_register=Initial_State;
                endcase
            end
    always@(posedge clk or negedge RST)  //描述状态机输出
        begin
            if(RST == 0)
                If_Receive_Right_Sequence<=0;
            else
                begin
                    if(Current_State_register==Second_State)
                        begin
                            if(Next_State_register==Initial_State)
                                If_Receive_Right_Sequence<=1;
                            else
                                If_Receive_Right_Sequence<=0;
                        end
                    else
                        If_Receive_Right_Sequence<=0;
                end
        end
    endmodule
```

本 章 小 结

　　硬件描述语言是一种以文本的形式来描述数字电路和系统的硬件结构和行为的编程语言，是电子设计自动化技术中最主要的设计输入方法。使用硬件描述语言设计数字电路能在不同的层次上描述系统的硬件功能，可以采用自顶向下的模块化设计方法，且硬件描述与工艺无关，易于对设计进行存储、修改、管理和复用，设计效率高。

　　相比于 VHDL，Verilog HDL 的语法规则相对简单，在实现硬件功能时所需要的代码更加简洁。Verilog HDL 语法中具有丰富的开关级和门电路级的描述，可以根据需求选择不同的底层电路结构，这种功能在专用集成电路的设计中至关重要。

　　标识符用来定义常量、变量、端口、模块或实例的名字。Verilog HDL 的标识符可以使用英文字母、数字、下划线和"$"符号构成，其中标识符的第一个字符必须是英文字母或者下划线，不能是数字或"$"符号。用于端口定义、数据类型定义、赋值标识等操作的特殊标识符为关键字，关键字都使用小写字母定义。

Verilog HDL 中常量的类型包括整数型常量、实数型常量、字符串常量和符号常量。常用的变量类型包括线网型、寄存器型和存储器型。Verilog HDL 的运算符包括算术运算符、逻辑运算符、位运算符、关系运算符、等式运算符、缩位运算符、移位运算符、位拼接运算符和条件运算符。

模块是 Verilog HDL 描述电路的基本单元。模块以关键字 module 开始，以关键字 endmodule 结束。在编写程序时，可以有一个或多个模块，不同模块之间通过端口进行连接。模块主要包含模块声明、端口定义、数据类型定义和逻辑功能描述。逻辑功能描述方法有结构描述、数据流描述和行为描述。

有限状态机是一种用来描述数字电路状态和行为的模型，它由一组状态、输入和输出组成，可分为摩尔有限状态机和米利有限状态机。状态机的设计有一段式、二段式和三段式三种方式，三段式状态机代码层次清晰，方便理解和程序维护。

习　　题

9-1　判断以下哪些常量为 Verilog HDL 中正确的常量表示方法。

(1) 3.8e6　　　(2) 2_4E2　　　(3) 3'd223　　　(4) 5'd-15　　　(5) 3'O904

(6) 4'B1_00_1　(7) 4'HABCD　(8) 16'b11　　　(9) 0x7F　　　(10) 3_7

9-2　判断以下哪些标识符为 Verilog HDL 的合法标识符。

(1) $dollor　　　　(2) hello world　(3) verilog　　　(4) Input　　　(5) 38coder

(6) modulate　　　(7) _filp　　　(8) _049　　　　(9) decoder8-3　(10) _2'b11

9-3　计算下列表达式的结果。

(1) ~4'b0101&3'b110　　(2) 3'b110+3'b101<<1　　　(3) ~^6'b101101

(4) &2'b11= =1'b1　　　(5) {2'b11,1'b0}= = =3'b110　(6) 4'b1001-3'd2

9-4　简述 wire 型、reg 型和 parameter 型的区别，并举例说明在什么情况下寄存器型变量在综合时不会出现寄存器。

9-5　分别使用行为级描述和结构描述实现 2 位全加器，并比较两种设计方法的区别。

9-6　举例说明阻塞赋值与非阻塞赋值的差异。

9-7　为什么在组合逻辑电路的设计中要避免锁存器的产生？

9-8　使用 Verilog HDL 设计六十八进制计数器。

9-9　采用三段式描述方式设计一个 101 序列检测的状态机。

参 考 文 献

Floyd T L, 2019. 数字电子技术[M]. 11 版. 余璆, 熊洁译. 北京: 电子工业出版社.

康华光, 2014. 电子技术基础数字部分[M]. 6 版. 北京: 高等教育出版社.

李雪飞, 2016. 数字电子技术基础[M]. 2 版. 北京: 清华大学出版社.

潘松, 黄继业, 2010. EDA 技术实用教程——Verilog HDL 版[M]. 4 版. 北京: 科学出版社.

齐海英, 张志成, 韩彬彬, 2017. 数字电子技术基础[M]. 成都: 电子科技大学出版社.

夏宇闻, 韩彬. 2017. Verilog 数字系统设计教程[M]. 4 版. 北京: 北京航空航天大学出版社.

阎石, 2016. 数字电子技术基础[M]. 6 版. 北京: 高等教育出版社.